海洋工程丛书

海洋立管设计

白 勇 戴 伟 孙丽萍 王 玮 著

哈尔滨工程大学出版社

内 容 简 介

《海洋立管设计》一书对于几种常见的海洋立管系统：顶端张力式立管、钢悬链线式立管、柔性立管和自由站立式立管，以及立管和水下生产系统中重要的配套连接设备——脐带缆，进行了详细的介绍，系统阐述了立管系统和脐带缆系统的发展历程、构造特点、功能用途、设计规范、设计方法、分析方法、安装方法、监测方法以及可靠性计算方法等。本书旨在通过图文并茂的方式，使读者对海洋立管工程相关的问题和要点有初步的认识和理解，为深入研究立管相关的工程实际问题打下良好的基础。

本书结构体系合理，论述简明，有较强的科学性和实用性，除作为高等学校船舶与海洋工程专业本科生和研究生的教学参考书之外，还可以供从事船舶与海洋工程研究、设计和运营的科技人员参考。

图书在版编目(CIP)数据

海洋立管设计/(挪)白勇等著. —哈尔滨:哈尔滨工程大学出版社,2014.7
ISBN 978 - 7 - 5661 - 0686 - 5

Ⅰ. ①海…　Ⅱ. ①白…　Ⅲ. ①海上油气田 - 水下管道 - 水下管道 - 海底铺管　Ⅳ. ①TE973.92

中国版本图书馆 CIP 数据核字(2014)第 149883 号

出版发行	哈尔滨工程大学出版社
社　　址	哈尔滨市南岗区东大直街 124 号
邮政编码	150001
发行电话	0451 - 82519328
传　　真	0451 - 82519699
经　　销	新华书店
印　　刷	哈尔滨市石桥印务有限公司
开　　本	787mm × 1 092mm　1/16
印　　张	20.25
字　　数	506 千字
版　　次	2014 年 8 月第 1 版
印　　次	2014 年 8 月第 1 次印刷
定　　价	65.00 元

http://www.hrbeupress.com
E-mail:heupress@ hrbeu.edu.cn

前　言

　　21 世纪是海洋的世纪，随着人口数量的急剧增长、现代文明的飞速发展以及陆地资源的日益枯竭，人们必将加大对海洋资源和海洋空间的开发力度。作为海洋油气资源开发的重要水下设备，海洋立管是连接海底井口与海上结构物并进行油气开采与传输的唯一途径。它分类较多，结构与功能复杂多样，已经日益成为科研与工程实践研究的重点。我国在深海工程领域的研究方兴未艾，对海洋立管的研究更是在很多方面处于空白，远远落后于欧美等海洋工程强国的设计与研究水平。

　　海洋立管是现代海洋工程结构系统中的重要组成部分之一，同时也是薄弱、易损的构件之一。海洋立管内部一般有高压的油或气流通过，外部承受波浪、海流荷载的作用。由于立管所处的海洋环境的复杂性，其影响因素也较多，基于工程实践的立管系统设计与计算对于海洋石油的开采有着非常重要的影响。目前市面上还没有一套完整的书籍介绍海洋立管的设计与开发，因此，作者结合二十多年来从事海洋石油开发的项目中的一些工程实际问题，系统地介绍了海洋立管系统在海洋石油工程中应用的基本理论。

　　海洋立管从功能上分为钻井立管和生产立管两大类，从结构形式上又分为顶端张力式立管、钢悬链线式立管、柔性立管和混合式立管等几种类型。本书针对不同的功能和结构形式，系统阐述了立管的发展历程、构造特点、功能用途、设计规范、设计方法、分析方法、安装方法与监测方法，并对不同立管形式在实际应用中的选择标准和方法进行了详细的陈述。最后，本书还对立管结构中的一种重要的附属连接系统——脐带缆做了详尽的介绍。本书旨在通过图文并茂的方式，使读者对海洋立管工程相关的问题和要点有初步的认识和理解，为深入研究立管相关的工程实际问题打下良好的基础。

　　由于编者能力有限，且时间较短，难免出现疏忽与纰漏，望各位专家和同仁给予批评指正。同时也衷心希望本书能给您带来帮助，我们将由衷感到欣慰。

　　本书编写过程中得到了浙江大学、哈尔滨工程大学和杭州欧佩亚海洋工程有限公司等单位和人士的大力支持和帮助。其中初稿编撰过程中得到了许良彪、艾尚茂、高峰、边栎鑫、秦飞和李鹤楠等的大力支持与帮助，中期校核过程中得到了唐继蔚、周佳、齐博、王子涵和杨旭等协助，后期格式校核得到了白淑华的帮助，在此一并表示谢意。

此外，本书在编撰过程中，参考或引用了一些专家学者的论著，在此表示衷心感谢。

著　者

2014 年 6 月

目　　录

第一章 专业术语和缩写

一、术语定义

内壳（Carcass）	柔性管截面的最里层，用于防止由于静水压力或者在柔性管内外层覆盖物之间的环状空间的气体组成物引起的管破损
阴极保护 （Cathodic Protection（CP））	一种对金属结构的保护方法，通过对处在易发生电学腐蚀的金属结构使用一种更加活泼的金属（阳极）或者其他装置来防止电学腐蚀
有限元建模 （Finite Element Modelling）	一种对要分析的结构或者力学系统进行建模的数值计算方法
伸缩接头 （Flex Joints）	应用于薄板弹性体和钢结构的接头，多用于钢悬链立管的安装。允许立管和接头之间存在有限的位移
跳接软管 （Flexible Jumper）	一种短柔性管，用于立管工程中连接浮式生产系统和自由悬垂立管
环形焊缝 （Girth Welds）	在圆周方向焊接，通常在管节点处。这些节点通常是立管中最容易发生疲劳的关键位置
悬挂器 （Hanger）	这些悬挂系统用于控制在不同立管外套间的载荷分布，允许载荷从张力器传递到立管系统元件
静水力塌陷 （Hydrostatic Collapse）	在上下部立管围壁接触处，一种严重的局部屈曲情况，这是由外部压力大大超过内部压力引起的
J-型铺设 （J-Lay Installation）	一种管子的铺设方法，铺设管子的轮廓像"J"型，管子从铺管船的提升塔上使用纵向张紧器铺设
龙骨接头 （Keel Joint）	一种用于对外部套管局部疲劳关键区域加强的接头。它通过使用一个圆轮或者圆球集中安装在首部，在龙骨接头周围使用热安装形式。使用法兰与立管连接
清管 （Pigging）	一种管子清理、检查和录制的活动，通常使用一种叫作清管器的装置，放下一根管线，用管线自身内部的产品压力推动
拉管 （Pull Tubes）	一种在甲板顶部和单浮筒顶部之间的管子，其中钢悬链立管在它里面。拉管把水流从管子中分离出来，并且在底部出口提供支持
卷筒型铺设 （Reel Lay Installation）	一种管子铺设方法，管子被卷在一个大半径圆筒上装在铺管船上，这种卷筒方式通常发生在张紧状态，包括管子在铺管船上反向弯曲的变形矫正

旋转门闩式连接器 (Roto-latch Style Connector)	一种在塔底部和海床地基结构之间的连接器,允许塔以类似于传统伸缩接头的方式存在一定旋转
S型铺设 (S-lay Installation)	一种管子安装方法(管线和立管),铺管装置像"S"型一样,使用水平张紧器和用于控制过度弯曲的托管架,将管子沿近于水平的方向铺设
应力节 (Stress Joint)	一种应力节,用于在有限长度内提供从管子刚度到接头末端的弯曲刚度能平滑过渡
吸力锚 (Suction Anchor)	一种定位锚,利用静水力插入到海床里。是一种带有开放式底部和封闭式顶部的大直径圆筒
张力接头 (Tension Joint)	在所有可预测的设计工况下,一种把要求的张紧力传递到生产立管顶部的接头
回接器 (Tie-back Connector)	一种在生产立管和完井间的连接器,可以整体组装成完整的终端连接装置
连接 (Tie-in)	一般用于描述管线和设施、其他管线系统的连接或者某个管线不同截面的组合连接。也代表对现有系统的增加或者修改,比如连接重建管线,插入三通器,卷轴部件,或者阀门等

二、缩写

三维(3D)	3 Dimensions
三层聚乙烯(3LPE)	3 Layer Polyethylene
三层聚丙烯(3LPP)	3 Layer Polypropylene
美国船级社(ABS)	American Bureau of Shipping
交流电(AC)	Alternative Current
声觉多普勒流剖面仪(ADCP)	Acoustic Doppler Current Profiler
美国评估协会(AEA)	American Evaluation Association
美国钢结构协会(AISI)	American Iron and Steel Institute
偶然性限制状态(ALS)	Accidental Limit State
美国国家标准协会(ANSI)	American National Standard Institute
美国石油协会(API)	American Petroleum Institute
美国力学工程协会(ASME)	American Society of Mechanic Engineering
美国检测与原料协会(ASTM)	American Society for Testing and Materials
自动化超声检测(AUT)	Automated Ultrasonic Testing
边界元模型(BEM)	Boundary Element Models
捆绑式混合式立管(BHR)	Bundled Hybrid Risers
防喷器(BOP)	Blowout Preventer

英国标准(BS)	British Standard
苯并噻唑	Benzothiazole
编码分配多重处理(CDMA)	Code Division Multiple Access
控制深度拖曳法(CDTM)	Control Depth Towing Method
计算流体力学(CFD)	Computational Fluid Dynamics
联邦规范(CFR)	Code of Federal Regulation
重心(CoG)	Centre of Gravity
阴极保护(CP)	Cathodic Protection
抗腐蚀合金(CRA)	Corrosion Resistant Alloy
Cameron 垂向连接(CVC)	Cameron Vertical Connection
近距离肉眼检查(CVI)	Close Visual Inspection
非潜水维护组(DMaC)	Diverless Maintained Cluster
挪威船级社(DNV)	Det Norske Veritas
双覆盖式弧形焊接(DSAW)	Double Submerged Arc Welding
数字信号处理(DSP)	Digital Signal Processing
工程关键性评估(ECA)	Engineering Criticality Assessment
等值管(EP)	Equivalent Pipe
工厂可接受测试(FAT)	Factory Acceptance Test
溶解环氧(FBE)	Fusion Bonded Epoxy
频域(FD)	Frequency Domain
频段电磁感应(FDEMS)	Frequency Dependent Electromagnetic Sensing
有限元(FE)	Finite Element
有限元分析(FEA)	Finite Element Analysis
前端工程设计(FEED)	Front End Engineering Design
有限元方法(FEM)	Finite Element Method
快速傅里叶变换(FFT)	Fast Fourier Transform
浮式生产系统(FPS)	Floating Production System
浮式生产储油卸油轮(FPSO)	Floating Production Storage and Offloading Vessel
浮式生产单元(FPU)	Floating Production Units
浮式储油卸油轮(FSO)	Floating Storage and Offloading Vessel
墨西哥湾(GoM)	Gulf of Mexico Region
气 - 油比率(GOR)	Gas Oil Ratio
玻璃合成聚亚安脂(GSPU)	Glass Syntactic Polyurethane
普通视觉检查(GVI)	General Visual Inspection
高密度聚乙烯(HDPE)	High Density Polyethylene
高密度聚丙烯(HDPP)	High Density Polypropylene

水听器(HF)	Hydrophone
氢诱导裂化(HIC)	Hydrogen Induced Cracking
高度完整压力保护系统(HIPPS)	High Integrity Pressure Protection System
高温高压(HPHT)	High Pressure/High Temperature
混合式立管(HR)	Hybrid Riser
健康,安全,环境(HSE)	Healthy, Safety and Environment
高温(HT)	High Temperature
连接组合(HUC)	Hook Up andCommissioning
影响系数(IC)	Influence Coefficients
外加电流阴极保护(ICCP)	Impressed Current Cathodic Protection
内径(ID)	Inside Diameter
整体维护管理系统(IMMS)	Integrated Maintenance & Management System
国际标准化组织(ISO)	International Organization for Standardization
工业化接头大纲(JIP)	Joint Industry Program
地面空气温度(LAT)	Land Air Temperature
长基线(LBL)	Long Baseline
底龙骨过渡连接(LKTJ)	Lower Keel Transition Join
水下钻井立管包(LMRP)	Lower Marine Riser Package (for drilling)
限制工况设计(LSD)	Limit State Design
低应力接头(LSJ)	Lower Stress Joint
最大曲率(MBR)	Maximum Curvature
麻省理工学院(MIT)	Massachusetts Institute of Technology
离岸移动钻井单元(MODU)	Mobile Offshore Drilling Unit
平均海拔(MSL)	Mean Sea Level
海运科技组织(MTO)	Marine Technology Organization
平均水位(MWL)	Mean Water Level
国家腐蚀工程师协会(NACE)	National Association of Corrosion Engineers
无损评估(NDE)	Non-Destructive Evaluation
无损检测(NDT)	Non-Destructive Testing
挪威石油目录(NPD)	Norwegian Petroleum Directory
挪威标准(NS)	Norsk (Norwegian) Standard
外径(OD)	Outside Diameter
离岸科技会议(OTC)	Offshore Technology Conference
插上和放弃(P&A)	Plug and Abandon
个人电脑(PC)	Personal Computer
聚乙烯(PE)	Polyethylene

管中管(PIP)	Pipe In Pipe
管线末端支管(PLEM)	Pipeline End Manifold
发生等级概率(POR)	Probability of Occurrence Rating
聚丙烯(PP)	Polypropylene
生产立管张紧器(PRT)	Production Riser Tensioner
生产说明水平(PSL)	Product Specification Level
预先开始安全检查(PSSR)	Pre Start – up Safety Review
聚氨酯泡沫(PUF)	Polyurethane Foam
聚偏二氟乙烯(PVDF)	Polyvinylidene Fluoride
修理和维护(RAM)	Repair and Maintenance
幅值响应算子(RAO)	Response Amplitude Operator
立管末端安装(REF)	Riser End Fitting
平方根(RMS)	Root Mean Square
远程控制工具(ROT)	Remotely Operated Tool
水下潜器(ROV)	Remotely Operated Vehicle
推荐实例(RP)	Recommended Practice
相对位相转换法(RPSK)	Relative Phase Shift Keying
立管塔锚(RTA)	Riser Tower Anchor
应力幅度因子(SAF)	Stress Amplitude Factor
应力集中系数(SCF)	Stress Concentration Factor
钢悬链立管(SCR)	Steel Catenary Riser
单一形式混合式立管(SHR)	Single Hybrid Risers
系统整体化测试(SIT)	System Integration Test
单一线位移立管(SLOR)	Single Line Offset Riser
可服务限制工况(SLS)	Serviceability Limit State
选择性方式处理(SMA)	Selective Modes Approach
指定最低屈服强度(SMYS)	Specified Minimum Yield Strength
离岸钢产品(SPO)	Steel Products Offshore
硫化物应力腐蚀开裂(SSC)	Sulfide Stress Cracking
触地点(TDP)	Touch Down Point
触地区域(TDZ)	Touch Down Zone
通过流线(TFL)	Through Flowline
张力腿平台(TLP)	Tension Leg Platforms
聚四氟乙烯(TLPE)	Teflon® Lined Polyethylene
锥形应力接头(TSJ)	Tapered Stress Joint
顶部张力因子(TTF)	Top Tension Factor

顶部张力立管(TTR)	Top Tensioned Riser
联合王国大陆架(UKCS)	United Kingdom Continental Shelf
联合王国离岸操作员协会(UKOOA)	United Kingdom Offshore Operators Association
上部龙骨过渡接头 (UKTJ)	Upper Keel Transition Joint
极限限制工况(ULS)	Ultimate Limit State
板材和 U 型或 O 型管(UOE)	Pipe formed from plate, via a U-shape, then an O-shape, then Expanded
上部立管连接器组合体(URCP)	Upper Riser Connector Package
超声测试(UT)	Ultrasonic Test
极限拉伸强度(UTS)	Ultimate Tensile Strength
涡激运动(VIM)	Vortex-Induced Motions
涡激振动(VIV)	Vortex-Induced Vibration
工作应力设计(WSD)	Working Stress Design
交联聚乙烯(XLPE)	Cross-linked Polyethylene
声发射检测技术	AET
置信度	Confidence Rating
失效影响程度	COR(Probability of Occurrence Rating)
差分全球定位系统	DGPS
差动可调磁阻换能器	DVRT
引发失效的概率	IPR(Initiator Probability Rating)
线性可调差动换能器	LVDT
最大许用操作压力系统	MAOP(Maximum Allowable Operating Pressure)
变更管理	MOC(Management of Change)
按单生产	MTO(Make to Order)
中部水深拱曲	MWA(Mid-Water Arch)
聚酰胺 - 11	PA - 11
质量保证	QA(Quality Assurance)
质量控制	QC(Quality Control)
立管完整性管理	RIM(Riser Integrality Management)
放射线检测	RT
直观检测技术	VIT

第二章 海洋立管介绍

一、概述

立管系统是指用于连接水面浮体和海床井口的隔水套管系统。它是浮式生产系统用于向（或从）船上传送液体的基本装置，也是深海生产系统中最复杂的一类设备。

20 世纪 50 年代，海洋立管第一次应用于加利福尼亚的离岸钻井驳船上，之后，直到1961 年，钻井立管才真正地在动态定位驳船 CUSS－1 上用于钻井。从那时候起，立管主要用于四个目的：钻井、完井、生产/注入和输出。这四个使用方向在细节、尺度和材料方面均有很大不同，后文将详细叙述其各自的功能和特征。

生产立管，是配合浮式平台开采油气使用的，它比钻井立管出现晚，其第一次应用是在20 世纪 70 年代，结构形式是以顶端张力式钻井立管为基础开发的。从那时起，四种普遍的立管样式就存在了，包括钢悬链立管（SCR）、顶端张力式立管（TTR）、柔性立管（Flexible Risers）和混合式立管（Hybrid Risers）。

在水深上，除非特殊说明，本文中的深水定义均指水深超过 500 米，超深水为水深超过2 000 米。在过去的 10 年里，立管技术已经取得了从 300 米到 2 500 米的飞速进步。水深的增加使得立管设计中要考虑的问题更加复杂。从浅水到深水，立管设计面临着如下挑战：

（1）流动保障（Flow Assurance）。确保管中流体能顺畅流过。

（2）涡激振动（VIV）。这是深水立管设计的主要挑战，它的直接后果是立管系统的疲劳损坏。

（3）安装（Installation）。目前有若干种安装方法，但是对于深水应用来说，各种安装方式有其相对适用的范围和限制。图 2－1 显示了柔性立管对于 S 型、J 型和圆筒铺设方法相对应的适用水深。不管哪种安装方法，都面临诸如疲劳、折断、干扰和碰撞等各种挑战。

（4）弹性接头的应用降低了立管悬挂位置的弯矩，它可以用来承受高压、高温和酸性的工作环境，其多重应用的特征也是研究的热点。

（5）立管和土壤的相互作用会引起立管触地点的振动，导致这一区域的疲劳损伤，所以需要对这一特殊区域的相互作用加以研究。

（6）操控（Operation）。深水的特殊环境条件使得操控在一定程度内受限，很多任务都由水下潜器（ROV）来完成，这也是立管系统研究的热点之一。

通常，深水立管的设计考虑以下因素：

（1）进行安全、有效、可靠的立管设计，包括在强度、疲劳、优化和热学上来改善性能，降低临界条件；

（2）实现更快、更低成本的离岸建造和安装；

（3）提高进度的灵活性，比如安装船的可用性以及预安装能力。

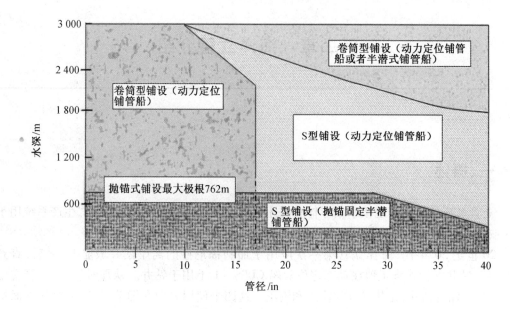

图 2 - 1　不同水深和管子直径所对应的铺管安装方法示意图

提高长期完整性,确保立管能够为未来的维护、升级以及额外的运载提供便利。

二、立管类型

1. 钢悬链立管（Steel Catenary Riser, SCR）

钢悬链立管(如图 2 - 2, 2 - 3 所示)最初用于固定平台上的输出管道,它与自由悬垂柔性立管有很多相似之处,都要求立管底部末端水平,立管顶端与垂向一般成20°以内的角

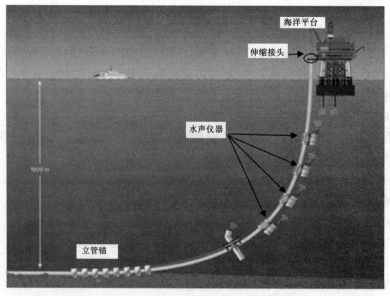

图 2 - 2　钢悬链立管(SCR)简图

度,在这种布置形式下,立管呈流线型向下方延伸,以一种简单的悬链方式悬挂在平台上。在钢悬链立管上有一个重要的部位叫作应力节(或称弹性接头),其作用是在立管和生产船舶之间提供一种平缓的刚性过渡。

钢悬链立管的应用在深水领域的油气输出和注水管线方面具有很好的效益,能够很好地控制成本。因为在深水应用中,大直径的柔性立管存在着技术和经济方面的限制,而钢悬链立管是一种没有中间浮体和漂浮装置的自由悬挂立管,这一结构形式大大降低了建造和施工难度。此外,

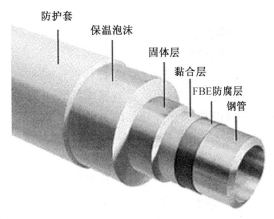

图 2 - 3　钢悬链立管(SCR)横截面图

当立管被提起或者下压到海床位置时,钢悬链立管自身具有补偿这种垂直运动的特点,不过,它也需要安装应力接头,以保证立管在浪、流和顶部船体运动的影响下能够旋转。

在敏感性方面,由于正常情况下立管中的有效张力较低,因此钢悬链立管对浪和流等环境载荷的变化很敏感,由涡激振动(VIV)引起的疲劳破坏也是致命的,而涡激振动抑制装置的应用能有效地将振动降低到可接受的程度,常用的装置有螺旋列板和整流罩。

在钢悬链立管的应用历史方面,螺旋钻井平台是第一个使用钢悬链立管的浮式生产设施(2 860 英尺①,墨西哥湾,1993 年),同时它采用了 12 英寸②的管线进行油气输出。从那时起,钢悬链立管就开始在各种严酷的环境中广泛应用。接着是在 20 世纪 90 年代末期,巴西的 P - 18 半潜平台使用了钢悬链线立管作为输出管线。最近,钢悬链线立管开始大量应用于和 FPSO 相关联的生产立管中。

2. 顶端张力式立管（Top Tensioned Riser,TTR）

顶端张力式立管是一种较长且带有弹性的环形圆筒立管,用于连接海床和浮动平台。这种立管需要承受定常流动以及随时变化的波浪流动。在顶部需要通过张紧器为立管提供张力以确定顶部和底部在环境载荷作用下与垂直方向保持一定的角度。此外,因为顶部和底部连接处的旋转运动受到限制,在浪和流载荷的作用下,普通的顶端张力式立管对于垂直运动比较敏感,因此需要顶部张紧装置来补偿垂直运动引起的张力损失。如果顶端张力降低过大,就会引起立管上较大的弯矩,特别是当立管处在很强的海流环境中时,这种弯矩就会更加明显。如果有效张力变成了负值(如压缩),就会出现失稳。

顶部张紧器的应用,会使立管重力超出它的表观重力。对于生产用的顶端张力式立管来说,立管张力的要求通常比钻井用顶端张力式立管低一些,它们通常成组出现,排成矩形或者圆形阵列。

通常情况下,顶端张力式立管直接连接在平台井口和油田井口之间。这种立管要能承受漏液失效产生的管型压力,一般用作 TLP(张力腿平台)和 Spar(单浮筒干采油树生产平

---

①　1 英尺 = 12 英寸 = 0.304 8 m

②　1 英寸 = 25.4 mm

台)平台的生产立管。相对于其他类型平台,TLP 和 Spar 的垂直和旋转运动较小,因此刚性的顶端张力式立管是这两种平台比较理想的选择。

在 TLP 上,顶端张力式立管和平台下面的井口直接连接,再通过液压连接器和水下井口相连,液压连接器的上面是锥形的应力接头,用于控制立管的曲率和应力。在水面附近,立管由平台上的液压气动张紧轮支撑,张紧轮允许立管相对平台发生轴向运动。顶端张力式立管通常设计应用于浅水,因此随着水深增加,就需要新的设计方法。图 2 - 4 与图 2 - 5 分别展示了典型的顶端张力式立管系统在 Spar 与 TLP 平台的应用配置图。

顶端张力式立管第一次是应用在 20 世纪 50 年代的固定式平台海底钻探工程中,当时,第一个真正意义上的张紧器是由一个与线缆相连的装置组成的,这

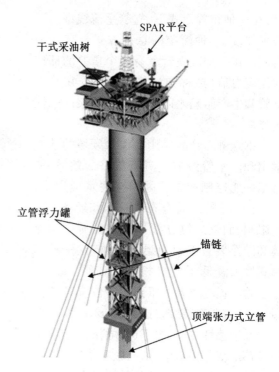

图 2 - 4　典型顶端张力式立管系统配置示意图

些线缆通过跨过滑轮组支撑着立管,我们可以称之为重力式张紧器。后来,重力式张紧器被气动式张紧器代替了。气动式张紧器使用一个液压圆筒控制活塞的冲程和张力。顶端张力式立管在 1984 年开始在浮式生产设施上使用,当时是安装在北海海域的 Hutton TLP 上,那里的水深达到 148 m。到 2005 年,全球已经有 29 个干采油树生产平台使用顶端张力式立管,其中有 17 个张力腿平台和 12 个 Spar 平台。其中,第一个 Spar 平台是 Neptune,由

图 2 - 5　张力腿平台示意图

Technip 公司在 1996 年开始投入运营的,这个平台的水深仅为588 m,而现在的技术已超过1 524 m。截止到目前,已投产的最深的 Spar 平台是墨西哥湾的 Shell Perdido(2008),归Great White 所有,水深 2 400 m。如今海洋开采已经达到了 3 050 m 水深,如何扩展现有的生产技术来满足深水中的钻井需求,已经成为了工业界面临的主要挑战。除了水深,立管重力、深水环境里的高温高压也是直接影响立管设计的挑战,都成为了研究和设计中的热点问题。

3. 柔性立管（Flexible Riser）

柔性立管是由柔性管发展而来的,是带有一定弯曲刚度的多层组合管,这种结构通常表现出很强的顺应性。柔性立管结构由很多层(内壳)组成,外层由不锈钢材料制成,可以承受外部压力,内层结构就像控制内部液体的障碍层,由碳钢结构组成的压力铠装可以承受很强的环状压力,由碳钢结构组成的抗拉伸铠装的作用是承受张力载荷。柔性立管的结构组成可以使它应用于整个立管,或者应用在较短的动态立管单元中(如跨接软管)。

柔性立管已成为深水和浅水立管以及世界上众多输出油管系统所面临的许多问题的成功解决方案。经实践证实,柔性立管非常适合用作离岸工程中的生产输出立管,以及输出油管系统。

图 2-6 与图 2-7 是典型的柔性立管系统图和截面示意图。

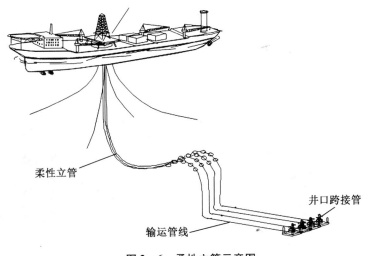

图 2-6 柔性立管示意图

4. 混合式立管（Hybrid Riser）

作为一种新型的生产立管,混合式立管是由顶端张力式立管发展来的,它的主要特点是利用柔性跳接软管来连接刚性立管和浮式结构,这种结构允许浮式结构和刚性立管之间发生一定的相对运动。

混合式立管的雏形是捆绑式立管。第一个捆绑式立管于 1975 年应用在北海的 Argyll地区,它是在低压钻井立管的建造中产生的,包括一个核心管和许多附属的生产立管,它们通过一个引导器连接在一起。这个引导器有一个漏斗结构,以便这些附属的立管能在安装完核心管之后从平台上依次布置下去。中部的核心管也可以作为输出立管,这种系统结构工作状态良好,但是因为每个附属立管有各自的张紧器而使得结构变得较为复杂。

捆绑式立管第二次应用是在 20 世纪 80 年代的 Placid 地区,这种立管包含一个作为大约 50 个附属管线引导器的核心管,而不再装备有张力器结构。这种立管通过使用合成泡沫浮力舱和半潜浮筒组合物来提供张力,它们直接安装在半潜生产平台的下面。核心管的底端由钛合金应力节作为终端结构,这一结构形式使其本身具有较好的弹性。因为附属管是自由悬垂的状态,因此必须在应力节处使它们穿过一个引导管来防止弯曲。在立管系统的顶端处,立管是通过一个油气输出跨接软管来和平台进行连接的,这种结构的应用,标志着混合式立管的第一次真正意义上的成形应用。

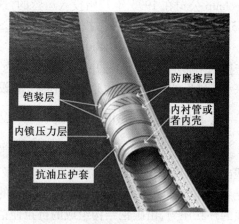

图 2-7　典型的柔性立管截面图

　　混合式立管的主要部分(捆绑式混合式立管)是核心管和浮力张紧系统,浮力系统由浮筒或者合成泡沫组成,次级生产和输出管线穿过浮力舱,可以沿着轴向自由移动,这一结构特点的目的是顺应热量和压力导致的膨胀和扩张运动。核心管通过液压连接器和应力节与立管根部连接在一起,次级管线需要连接到海床基部的刚性管上,并且将海底的出油管和水面下 30 米到 50 米处的鹅颈管末端连接在一起。柔性立管安装在鹅颈和半潜式生产船的下浮体边缘之间,为流体提供一条通向船体的流通路径,并且允许刚性立管和平台之间存在一定的相对运动。图 2-8 为捆绑式混合式立管系统的结构示意图。

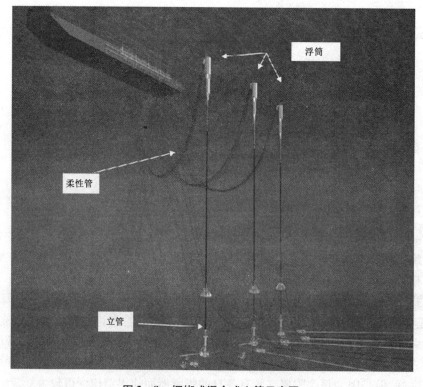

图 2-8　捆绑式混合式立管示意图

三、典型立管工程步骤

本节所述的设计步骤是由多年来积累的工程经验得来的。立管工程步骤大致分成六个部分,分别是概念设计(Conceptual Design)、前端工程设计(Front End Engineering Design, FEED)、详细设计(Detailed Design)、建造(Construction)、试运行和检测(Commissioning & Test)以及运营(Operation)。

概念设计阶段的任务是确定切实可行的立管形式和构造,同时需要考虑海洋环境和客户的要求。前端工程设计阶段需要确定立管的横截面形式和辅助设施的基本属性,并且为确定立管总体概念形式的基础分析提供指导。详细设计阶段要进行立管系统的强度和疲劳分析。建造阶段是立管工程的实施阶段,这一步骤要将前期在电脑或图纸上进行的所有分析工作转化到实际的立管施工上。在这个阶段,为了确定立管设计是否可行,要进行基本的立管工程分析。检测阶段的目的是评估立管系统,以及一整套与其相关的管理系统的可行性。表2-1详细说明了典型立管工程的工序。

表 2-1　典型立管工程的工序

步骤	描述	项目
概念设计	确定可行的立管工程概念和构造,同时要考虑到海洋环境和客户要求	1. 找出可行性立管构造 2. 主要布局和干扰分析 3. 海底工程和船体设计的干扰
前端设计	用于确定横截面、辅助设施的基本属性,并且为确定立管总体概念的基础分析提供指导	1. 横截面设计和辅助设施设计 2. 强度和疲劳设计 3. 动态分析 4. 触地点分析,特别是对钢悬链立管 5. 安装工程 6. 管线和辅助设施的采购
详细设计	为满足立管系统的强度和疲劳要求进行分析	1. 强度分析 2. 涡激振动和波浪疲劳分析 3. 合格检测,$S-N$ 曲线 4. 安装分析
建造	确定立管设计是否可行,以及在现有建造技术条件下进行基本的立管建造的可行性	1. 工程支持 2. 强度、疲劳和干扰重分析 3. 完整性管理
试运行和检测	评价立管系统,以及完整性管理系统	1. 国内可接受检测(FAT) 2. 组装测试 3. 合格测试 4. 系统完整性测试(SIT)* 5. 接通试运行(HUC)

表 2 - 1(续)

步骤	描述	项目
运营	在钻井、完井和修井过程中,对不同的运行条件和偶然载荷情况,确定许用的操作规范	1. 危险认定和评估 2. 预开始安全检测(PSSR) 3. 操作手册 4. 操作人员 5. 交接班 6. 同时运行 7. 意外事故方案

* 系统完整性测试(SIT)的具体内容包括:(1)运行立管和防喷器(BOP);(2)测试立管和防喷器的紧急解脱次序(EDS);(3)插入套管并且进行粘合连接;(4)对岩心的样品进行系统的测试;(5)测试金属线测井系统的属性(测量它的构成特性)。

四、立管发展历史的回顾

立管系统的发展是伴随着近代石油工业的发展而快速进步的,立管从浅水到深水领域的应用见证了石油工业的发展历程。近些年,立管系统已经逐步在超深水领域中得到了应用,它在石油工业的海底钻探和石油生产中的作用越来越重要。立管系统是深水工程领域中起连接作用的最关键的组成部分。从海底管线和生产系统到主船体的漂浮系统,正是立管系统形成了流体与其他装置之间连接的管道。深水立管系统的动态特性决定了它将面临概念化和材料的双重技术挑战。

1. 近期安装的立管系统

表 2 - 2 列出的是在世界范围内,近期安装的立管工程实例。

表 2 - 2   近期安装的立管工程

立管类型	浮式生产系统类型	水深	年份	地区	国家
钢悬链立管 (SCR)	TLP(张力腿平台)	872 m/2 860 ft	1993	Auger	USA
	半潜式平台	605 m/1 985 ft	1997	Marlin	USA
	TLP	509 m/1 670 ft	1998	Morpeth	USA
	TLP	1 006 m/3 300 ft	2001	Allegheny	USA
	TLP	640 m/2 100 ft	2002	Typhoon	USA
	TLP	869 m/2 850 ft	2003	Matterhorn	USA
	半潜式平台	1 920 m/6 300 ft		Na kika	USA
	TLP	1 311 m/4 300 ft		Marco Polo	USA
	FPSO(浮式生产储卸油轮)	1 245 m/4 085 ft	2004	Bonga	Nigeria
	Spar(单浮筒平台)	914 m/3 000 ft		Front Runner	USA

表 2 - 2(续)

立管类型	浮式生产系统类型	水深	年份	地区	国家
顶端张力式立管(TTR)	Spar	588 m/1 930 ft	1996	Neptune	USA
	Spar	792 m/2 599 ft	1998	Genesis	USA
	Spar	1 025 m/3 453 ft	1999	Boomvang	USA
	Spar	1 436 m/4 800 ft	2000	Hoover/Diana	USA
	Spar	1 653 m/5 423 ft	2002	Horn Mountain	USA
		678 m/2 223 ft		Medusa	USA
		1 121 m/3 678 ft		Nansen	USA
	Spar	1 710 m/5 610 ft	2003	Devils Tower	USA
		960 m/3 150 ft		Gunnison	USA
	Spar	1 015 m/3 330 ft	2004	Front Runner	USA
		1 324 m/4 344 ft		Holstein	USA
		1 347 m/4 420 ft		Mag Dog	USA
	Spar	1 555 m/5 100 ft	2006	Constitution	USA
	Spar	2 400 m/7 874 ft	2008	Gulf of Mexico	USA
柔性立管(Flexible Riser)	FPSO	125 m	1999	Balder	Norway
	FPSO	80 m	2000	Asgard	Norway
	FPSO	100 m	2001	Banff	UK
	FPSO	78 m	2001	Ceiba	Equitorial Guinea
	TLP	640 m/2 100 ft	2002	Typhoon	USA
	FPSO	90 m/297 ft	2002	Anasuria	UK
	FPSO	1 280 m/4 200 ft	2007	Kikeh	Malaysia
混合式立管(Hybrid Riser)	半潜式平台	469 m/1 540 ft	1988	Green Canyon	USA
	FPSO	670 m/2 228 ft	1995	Garden Banks	USA
	FPSO	1 400 m/4 550 ft	2001	Girassol	Angola
	FPSO	1 220 m/4 000 ft	2005	Kizomba	Angola

2. 设计方面的挑战

设计者通常要根据详细的说明和推荐规范来设计立管,然而,由于海洋条件等外部因素的影响,有时需要做一些必要的修改。每一根立管在满足结构完整性的同时,还要满足生产率、压力、腐蚀、侵蚀和温度的要求。运行过程中要考虑当遇到极限风暴条件、系泊失效、海洋污染、管线之间的相互作用等情况时的防备解脱系统,以及立管在这些外部载荷作用下的保护措施。这些都需要在设计阶段加以考虑,以确保立管设计的安全性问题。

深水海流对立管有着显著的影响,浅水海流的作用也不可忽略,海流的作用随着水深、幅度和方向的变化而变化。一般情况下立管直径越大,所受的载荷也越大。在深水中,这些载荷能够产生很大的弯曲作用力,并且不论水深如何,海流的脉动都会引起很大的疲劳载荷,这些对立管的寿命都是不利的因素。表2-3列出了目前各种类型的立管在设计中遇到的挑战。

表2-3　设计挑战的实例

立管类型	设计挑战	解决方案
钢悬链立管	柔性接头的完整性	更好的材料
顶端张力式立管	疲劳	抑制装置;增加顶端张力
柔性立管	在直径、水深与壁厚等方面的限制	使用新材料;更好的设计
混合式立管	成本;地基安装与设计	简化系统;使用小规模立管(单一形式混合立管)

对于钢悬链立管来说,常见的设计方面的挑战是如何保持立管顶端柔性接头的完整性,除此以外,钢悬链立管还要考虑疲劳破坏的问题,这一类破坏通常发生在两个位置:底部触地点和悬垂段部分。钢悬链立管顶端必须能够承受全部的立管重力,同时抵消船舶的运动,而触地点和它上面的部分也都是应力危险区,因此,必须采用更好的材料或者其他的装置对这一区域进行加强。

顶端张力式立管由于具有特殊的构成形式,因而对涡激振动(VIV)非常敏感,通常情况下,直接的后果是疲劳破坏。因此,需要在顶端张力式立管上使用一些抑制装置,或者采用增加顶端张力的方法来抑制涡激振动。

对于柔性立管来说,设计方面的挑战是立管对直径、水深和壁厚的限制,详细参看图7-5和图7-6,所列举的六种柔性立管构造都无法避免上面提到的各项挑战问题。因此,设计者必须考虑采用新材料和新设计来代替传统的多层截面形式。

近些年,混合式立管由于成本高,还没有得到广泛的应用。混合式立管由跳接软管和垂向的海底基座组成,为了尽可能地降低成本,需要考虑简化和缩小系统构造形式。

总体来说,深水立管在应用方面面临的挑战如下:

(1)新的主要载荷的组合(如深水和流载荷);

(2)新概念(复合式立管);

(3)新材料(钛合金);

(4)新的临界失效模式(如海流导致的涡激振动疲劳)。

五、立管基础设计阶段的设计数据

立管设计的数据应该包括以下项目:

(1)储层流体的数据;

(2)环境数据;

(3)操作数据。

储层流体数据对立管概念选择和尺寸材料选择很重要,这两类数据通常是从油藏储存工程师那里获得的。水深、海流、波浪和海床等环境数据在立管总体分析中会用到,比如,浪和流的数据用于进行极限条件响应分析,这些数据可以由实地测量或者经验得到。操作数据对于保障流动顺畅性具有很重要的作用。

1. 储层流体数据

储层流体数据一般包括:

(1)储层特性 包括储层深度、储层结构类型和储层期等;

(2)产品特性 流入/关井压力、温度、密度、气 – 油率、含水率、气泡点、化学成分、腐蚀性(H_2S 和 CO_2)、沙、乳胶、蜡含量、沥青质和水合物、流量、API 重力、所含水的氯/盐/PH 值、黏性、浊点、倾点和潜在浓缩比、矿物质水成分的形成等;

(3)注入特性 浑浊度、水和气中的油裕量、缩尺概率、压力、温度、腐蚀、过滤要求等。

2. 环境数据

环境数据包括:

(1)水   深度、能见度、盐度、温度、地形高度、电阻系数、氧含量;

(2)流   流速、剖面形状、方向、分布和出现周期;

(3)海床 土壤描述、摩擦角、土壤剪切强度、深度轮廓和承载能力、普通"麻点"缺陷、浅层油气、地震数据、海床地貌、暴风条件下的稳定性、电阻系数、密度、海生物;

(4)波浪 波高、波长、波频、方向、波浪分布和出现周期;

(5)天气 气温、风速、风向、分布和出现周期;

(6)冰山 尺度、出现频率、方向、速度。

随着水深的增加,当拉力载荷增加时,立管上的弯曲载荷就会降低。在浅水里,水面浮体面临的主要问题是运行范围的限制,即使较小的位移也能产生较大的弯曲载荷。浮体对于波浪的响应运动也会产生很大的载荷,尤其会对立管的疲劳寿命周期产生重要影响。

在深水中,波浪和浮体运动对立管产生的影响会小一些,因而立管的疲劳寿命更长。然而,剧烈的海流运动也会增加立管上的弯曲载荷,导致疲劳寿命变短、运行范围减少。进行深水设计时,需要增加立管的管壁厚度来承受增加的张力载荷,但这一措施会导致立管刚度增加、弯曲载荷变大,同时也会引起疲劳寿命变短。

波浪对立管的作用力一部分需要通过浮体来传递,浮体的特征决定了波浪作用力的响应程度,相对于深水环境,浅水中立管的运动更加显著。尤其是当立管和浮体运动发生耦合时,立管的强度和疲劳寿命的许用范围都会发生变化。

3. 操作数据

立管系统处理和运行时的数据要求如下:

(1)生产系统的要求 流速、流态、流动控制要求,井口以及处理设施的压力(流入和关闭)和温度、隔热、循环和加热要求;

(2)注入系统(水或气)的要求 流速、流态、流动控制和过滤要求,井口以及处理设施的压力(流入和关闭)和温度要求;

(3)化学品注入要求 流体类型、特性、流速、流动控制要求,井口和处理设施处的压力和温度要求；

　　(4)流管清洁要求　往返或双向管；

　　(5)检测要求　进行的检测类型,检测周期,通道要求,清管要求,障碍检测；

　　(6)钻井和生产要求；

　　(7)弃船要求。

六、立管载荷

　　常见的三种立管载荷分别是功能载荷、环境载荷和偶然载荷。

　　功能载荷是立管必不可少的一部分,比如立管、组件和腐蚀涂层等的重力。立管的外部组件是引起立管应力、应变的主要因素。

　　环境载荷包括风、浪、流和可能存在的冰冲击载荷,它是引起立管动态特征的主要原因。

　　偶然载荷是在立管使用期间偶然发生的,比如高空坠物引起的不可忽视的载荷。

　　表2-4详细列出了立管的载荷种类。

表2-4　立管载荷种类

载荷类型	载荷	引起的载荷环境
功能载荷	1.立管、组件和腐蚀涂层的重力 2.由于内容物和外部静水力引起的压力 3.浮力 4.热效应 5.名义顶端张力	1.海生物、附体、管型材料的重力 2.由于内容物流动、冲击、阻塞或者清管产生的载荷 3.安装载荷 4.浮体限制载荷
环境载荷	1.浪载荷 2.流载荷	1.风载荷 2.地震载荷 3.冰载荷
偶然载荷	1.坠物 2.定位能力的部分损失 3.船体影响	1.张紧器失效 2.立管干扰 3.爆炸和火灾 4.连续变动的热量 5.操控故障

1. 载荷情况的说明

　　实际情况下的载荷可以定义为功能、环境和偶然载荷的组合,这取决于立管的布置方向和浪流载荷沿某一方向的变化,极端情况下,波浪和流载荷的组合与设计的状态有关,可以由具体的分析确定。在初步设计和概念设计阶段,只需要考虑关键性的载荷情况,而在详细设计阶段,就需要考虑所有的载荷情况了。

2. 负载系数

负载系数依据载荷种类选定,载荷的组合形式就是不同类型载荷与特定载荷系数之间的结合,然后利用有限元模型法计算载荷的影响。

立管设计中应该使用恰当的载荷系数,对于特定的设计情况,可以根据详细的有限元法(FEM)分析和可靠性方法进行计算,而且分析的详细过程应该有所记录便于后期校核。

七、典型的立管失效模式

众所周知,深水环境下的立管系统是十分脆弱的。疲劳失效是设计者首先应该考虑的一种失效模式,其他的失效模式包括腐蚀、侵蚀、管阻塞和流动约束等。其中疲劳失效的主要来源是涡激振动和水面浮体的运动。在立管设计中需要优先考虑一些可动部位的疲劳强度问题。另外,腐蚀和侵蚀失效也会影响到立管的整体性。同时,还必须防止发生管道阻塞或者流动限制失效,确保立管中液体流动的顺畅。

一般来说,立管系统有五种典型的失效模式:疲劳失效、腐蚀失效、侵蚀失效、管阻塞/流动限制失效和立管节点失效。

1. 疲劳失效

疲劳是一种逐步性局部结构破坏,发生在材料承受循环载荷的位置。疲劳强度对应的最大应力通常比极限拉应力小,也可能在材料的屈服应力极限以下。详细的解释见第七章。

2. 腐蚀失效

腐蚀失效是由于材料与周围环境发生化学反应,导致材料内本质属性发生的损坏。用术语来讲,腐蚀就是当水和氧气发生化学反应时,金属电子的丢失。铁原子被氧化导致铁的削弱是电化学腐蚀的典型实例,也就是所谓的生锈,这种破坏通常会产生氧化物或盐。腐蚀也可以是陶器材料的降级,以及由于太阳的紫外线辐射引起的聚合物弱化。

钢性立管和柔性管的金属结构在水、CO_2 和 H_2S 环境中易受腐蚀。

3. 侵蚀失效

侵蚀失效是由沙粒或者液滴的反复摩擦作用引起的材料损失。侵蚀是指实体(沉淀物、土壤、岩和其他颗粒)从它所处的固有环境中脱落,通常是由风、水或者冰的传递、土壤或其他材料受重下滑引起的,或者发生在生物侵蚀、掘穴生物破坏的情况中。

当沙粒冲击柔性管道的内壳或者内层聚合物覆层时也会发生侵蚀,侵蚀失效一般发生在与弧形的管截面相关联的位置。

4. 管阻塞或者流动限制失效

由于沥青水合物、蜡、水锈和管子内壁沙粒沉淀物的影响,管中可能出现阻塞物,对管子内部液体的正常流动形成障碍,尤其在深水运行条件下(低温和高压)容易遇到阻塞情况。

在管内低温情况下,输送碳氢化合物的管道易受到蜡或者水合沉淀物的影响,石蜡或者水合沉淀的形成会引起管内阻塞,限制液体流动,导致管内压力增加,如果置之不理,最终会导致压力层的破裂甚至管道塌陷。

5. 立管节点失效

立管节点是由无缝管构成的,在末端有机械连接件。对于钻井立管来说,通过连接件上延伸的法兰将立管与节流和压井管线连接起来。立管以类似钻杆的方式操作,需要把它们一根一根地串成串,并且利用张紧器将连接件旋紧。立管节点的失效模式有密封渗漏、插销破裂、焊接疲劳和螺栓破损等形式。

八、立管分析工具

立管分析工具是一些经过特殊编制的程序,通常用于顶端张力式立管、钢悬链立管、柔性立管、锚线和管线等细长管线的分析。立管分析中包括实际强度分析、疲劳分析、涡激振动分析和干扰分析,有限元模型法也是立管分析中常用的一种方法。

立管有限元建模分析中的重要特征包括:

(1)基于小应变理论的梁或杆单元;

(2)材料的非线性特征类型;

(3)三维空间的无限的旋转和平移;

(4)材料和几何特性决定的刚度;

(5)允许变截面特性。

有限元分析的结果如下:

(1)节点坐标;

(2)节点处的曲率;

(3)轴向力、弯矩、剪切力和扭矩。

1. 时域分析和频域分析

时域和频域分析的目的是确定船体运动以及波浪载荷直接作用在系统上产生的影响。时域分析的结果是时间序列对应的响应参数的变化,如应力、应变和弯矩等。频域分析的结果用于确定系统的固有频率和特征向量等。

时域和频域分析结果需要分别存储,便于后续的绘图和计算应用,其中一些输出结果如下:

(1)图形

①系统的几何形状;

②沿管线的力的变化;

③管壁上的力;

④几何形状随参数的变化;

⑤时间序列响应;

⑥船体的运动传递函数;

⑦系统整体动态行为的模拟,包括辅助船和波浪作用。

（2）数据

①支持力；

②管壁的力；

③波浪和船体运动时,随时间变化的速度和加速度。

立管设计中有多种分析工具,包括：

（1）通用的有限元程序　ABAQUS,ANSYS 等(用于进行立管整体和局部分析)；

（2）立管分析工具　Flexcom,Orcaflex,Riflex 等(用于模拟立管动态运动和计算相关项目)；

（3）立管涡激振动(VIV)分析工具　Shear 7,VIVA,VIVANA,Deeplines,Flexriser 以及基于 CFD 的软件(用于模拟和预测立管疲劳速率或寿命)；

（4）耦合运动分析软件　HARP；

（5）立管安装分析工具　OFFPIPE,Orcaflex,Pipelay 等。

九、立管和水下系统的设计规范

立管设计规范已经由国际标准化组织(ISO),美国石油协会(API),挪威石油协会(NDP),健康、安全和环境协会(HSE),挪威标准协会(NS),英国标准协会(BS),挪威船级社(DNV)和美国船级社(ABS)等协会制定出来,这些规范用于设计满足国际标准和要求的立管。

立管设计中可以使用的规范包括：

（1）API RP16Q《钻井立管规范》；

（2）API 2RD《与浮式系统相连接立管规范》；

（3）API 17B 和 17J《柔性立管规范》；

（4）API RP17G《完井和修井立管规范》；

（5）DNV OS F 201《动态立管规范》；

（6）ISO13628 -5《刚性管脐带管结构规范》。

1. 水下生产系统的规范和标准

每个石油生产国都有一套管理自然资源开采的规范,因此水下生产系统设计的第一步是依据具体的情况选择合适的规范。

石油工业的标准化起源于美国,因此美国的很多标准在石油工业中占据着主导地位,这一点也在发展日趋成熟的标准和说明中有所体现,许多基础的规范都是由美国 API 协会制定的,这个协会由美国石油开采、生产、运输和精炼公司组成。美国企业在全球范围进行开发项目,而有些国家又缺少类似的标准,因此美国的企业就将美国工业的方法和标准带到了这些国家。随着时间推移,美国标准经过一系列的修改和完善,被许多国家采用,从而带来了新一轮的国家和工业化标准的发展。

水下工程需要遵循的标准取决于经营者所要开发的区域类型,运营者有义务遵循适当的国家规范,用于基础的设计和操作。在实践中,需要依据一些规范和建议进行某个区域的开发,可以是国家的、国际的、工业化的或者特定公司的标准。为确保投资的安全,开发中的股份持有者通常要求独立的第三方(船级社)对设计和建设过程进行等级划分,船级社会监督设计、建造的全过程,确保它们满足规范、标准和指导方针的要求。

水下生产系统需求的增加需要有其独立的标准,第一个 API 17 系列标准包括以下方面的内容:

(1)RP17A　水下生产系统的设计和运行;

(2)RP17B　柔性立管;

(3)RP17C　过出油管(Through Flowline,TFL)系统;

(4)Spec17D　水下井口和采油树设备;

(5)Spec17E　水下生产控制管路;

(6)RP17G　完井立管系统设计与运行;

(7)RP17I　水下管线安装;

(8)Spec17J　非环形柔性管;

(9)Spec17K　环形柔性管。

1999 年,国际标准化组织(ISO)在 ISO 13628 系列标准里发表了第一个水下生产系统的应用标准,命名为《水下生产设计运行规范》。到目前为止,已经发表了下述的一系列 ISO 13628 标准:

(1)ISO 13628 - 1　通用的要求和推荐;

(2)ISO 13628 - 2　水下和海上应用的柔性管系统;

(3)ISO 13628 - 3　过出油管系统;

(4)ISO 13628 - 4　水下井口和采油树设备;

(5)ISO 13628 - 5　水下控制管线;

(6)ISO 13628 - 6　水下生产控制系统;

(7)ISO 13628 - 7　修井/完井立管系统;

(8)ISO 13628 - 8　远程控制机器人(ROV)和水下生产系统的结合;

(9)ISO 13628 - 9　远程控制工具(ROT)干预系统。

2. 刚性立管的设计标准

API RP 2RD 规范是一个使用 Von Mises 屈服强度校核标准、基于应力准则的规范,也可以作为外部过压(塌陷)情况的设计标准来应用。它的设计参数如表 2 - 5 所示。

表 2 - 5　API RP 2RD 规范中的设计参数

载荷组合	正常运行	极限 (百年一遇)	临时	流体测试	幸存 (千年/万年一遇)
功能和环境载荷	0.67	0.8	0.8	0.9	1.0

(1)设计标准的许用极限状态

结构设计中的关键问题是载荷、抵抗力和许用标准。对于设计载荷和极限状态,不同的许用标准考虑的设计条件不同,在立管设计中应该包括下面的许用标准:

①周向强度许用标准;

②屈服强度许用标准;

③潜在的碰撞许用标准；

④破裂强度许用标准；

⑤弯曲强度许用标准；

⑥疲劳强度许用标准。

对于不同的设计条件,通常采用两种设计方法确定许用标准：

①工作应力设计(WSD)　API；

②极限状态设计(LSD)　DNV,ISO(也叫做载荷与阻力系数设计,LRFD)。

工作应力设计(WSD)是利用单一使用系数确定所有带定量的显式或隐式的设计标准。极限状态设计(LSD)是使用部分安全系数的"确定性"设计标准。极限状态种类包括可服务限制状态(正常运行时可接受的限制)、极限状态(用于极端情况)、疲劳极限状态(循环载荷情况)和偶然性载荷状态(不规则载荷情况)。这两种分析方法的比较如表2-6所示。

表2-6　工作应力设计和极限状态设计的比较

工作应力设计(WSD)	极限状态设计(LSD)
(1)容易使用	(1)具有成本效益
(2)对于传统设计可以给出与载荷与阻力系数设计(LRFD)一样的结果	(2)允许优化设计
	(3)稳定的安全水平
(3)包括(隐式)设计标准	(4)较少依靠假设

极限状态设计中应用的阻力系数,包括特征阻力系数和材料系数(通常取1.15),可以依据如下的失效模式进行特征阻力系数的定义：

①屈服(Yielding)　额定最小屈服强度(SMYS)；

②脆性断裂(Brittle fracture)　材料韧性；

③疲劳(Fatigue)　$S-N$ 曲线和应力集中系数(SCF)。

API发布了一套金属立管设计规范——API RP 2RD,目前面临的新的技术挑战必须要由新的指导方针进行解释说明,如：

①载荷的不确定性,旋涡分离(如涡激振动(VIV)和土壤相互作用)；

②强度标准；

③环形焊接的疲劳寿命；

④动态立管卷起时的塑性应变对疲劳的影响；

⑤疲劳合格检测；

⑥工程关键性评估(ECA)对于焊缝瑕疵检测周期和瑕疵可接受标准的确定。

(2)动态立管规范 DNV OS F201

在离岸石油和天然气工业中,关于结构设计和静态、动态载荷下的立管系统,挪威船级社的 DNV OS F201 规范给出了详细的标准、要求和指导规范。制定这套标准的主要目的是为合同事宜提供技术参考,内容涵盖了设计、材料、制造、检测、运行、维护和立管系统重新评估等许多方面。

这套标准的主要优势是通过载荷与阻力系数设计,提供了一个最先进的极限状态函数,使得这套标准具有更高的可靠性。原则上,该标准对于浮体类型、水深、立管构造和应用是没有限制的。

3. 深水柔性立管设计标准

柔性立管已经应用了几十年,早期的柔性管道是由硫化橡胶和保护装甲组成的粘合式软管。它主要是根据管道的爆炸压力与设计压力的比值来设计的。

20 世纪 70 年代早期,对具有更高可靠性的非粘合式柔性管道的开发投入了大量的资金,因此对柔性管道应用的信心得到大幅提高,柔性管道也因为适合于许多深水工程应用而得到广泛认可。然而,由于当时没有通用的工业标准,柔性管道的使用在一定程度上受到了限制。

20 世纪 80 年代晚期,Veritec 公司(1987)基于 JIP 规划(Joint Industry Program)开发了一套柔性立管的通用设计规范。这些规范是根据制造商的生产设计方法以及离岸工程设计规范发展来的,是当时柔性立管最尖端的设计典范。除了巴西,这一时期其他国家地区对于柔性立管的使用都比较少,然而柔性立管使用的条件和要求(温度、压力和直径)却在持续增加。这一时期许多石油公司制订了自己的规范,导致工业界面临着如下的问题:

①许多经营者有自己的规范;

②生产者使用企业内部的设计标准,同时为满足运行商要求而额外准备文献的工作通常繁重并且代价高;

③通用的设计标准没有及时更新而不能适合工业需求。

设计方面的要求通常分成以下两类:

①在说明书中需要包括可以审查的强制性要求;

②强制性的要求以及柔性立管设计指导都需要包含在单独的工业标准中,如 API RP 17B,另外,工业标准中还需要包括经验范围以外的立管的设计方法。

(1)粘合式柔性立管规范 API 17K

API 17K 规范提出了粘合柔性立管在安全、尺寸和功能互换等方面的技术要求,柔性立管都需要按照这些统一的标准进行设计和制造。

每一项内容的设计都有规定的最低限定要求,如材料选择、制造、测试、标记甚至粘合式立管的包装等都要依据现有的规范和标准进行。

粘合式立管一般只应用在张力腿平台(TLP)和 Spar 平台的干采油树生产方案中,而在承受动态载荷的立管设计中不太适用,因为它的强度和疲劳抗力相对于非粘合立管要小一些。

(2)非粘合柔性立管规范 API 17J

非粘合立管经常应用于承受动态载荷的水下立管系统,API 17J 规范中列出了设计柔性立管前需要考虑的参数,这些基本参数(除了外部环境条件)是关于管内状态的一些特征参数,如压力、温度和流体成分等,这些参数确定了管道结构设计时采用的标准,如材料的选择和壁厚的确定等。

API 17J 规范列举了柔性立管系统的一系列要求,如检测、环境监测、气体出口和安装等要求。规范中也涉及了在立管许用寿命内可以施加的许用载荷的大小,一旦在设计阶段确定了管截面形状,就要通过计算确保这些许用载荷在管子设计寿命内不超出标准要求,如果出现任何异常,都必须重新选择管截面的形式。在正常运行条件下,抗拉防护层的最大载荷不能超过 0.67 倍的极限拉伸强度(UTS)。压力防护层也有它允许承担的最大载荷,即极限拉伸强度(UTS)的 0.55 倍。在异常情况和安装条件下,许用载荷可能增加到 0.85 倍的极限拉伸强度(UTS),工厂验收的测试载荷会增加到 0.91 倍的极限拉伸强度(UTS),因此必须确保立管系统能满足不同的设计要求。

API 17J 规范也规定了设计中其他一些需要考虑的情况和限制因素,要求之一是在不使压力防护层解锁的情况下立管能承受的最小弯曲半径。在设计中最重要的一个任务是利用公式验证立管在极限条件下工作时不会超过最小弯曲半径。管子中最易发生过度弯曲的两个部位是触地点和悬挂点的顶部区域。一旦通过计算得到了最小弯曲半径,还需要设计安装辅助设备,如弯曲加强环或者弯曲抑制器等,确保立管在所有可能遇到的极限条件下都不会超过这个最小弯曲半径。

API 17J 规范中包含了柔性立管各层设计中会用到的信息,另外,管件安排设计、弯曲加强环和弯曲抑制器的设计信息,也都可以从上述规范中查到。除了局部截面设计以外,柔性立管的整体静态、动态都需要校核分析。不过,由于非粘合式柔性立管阻尼系数比较大(由于许多非粘合层的存在),所以,此类柔性立管一般不会产生涡激振动(VIV)引起的疲劳破坏。这样一来,柔性立管一般不需要安装轮翼板或者整流板来限制 VIV,这也意味着它的疲劳破坏通常都是由于波浪运动和安装损伤引起的。但是,柔性立管还是需要进行详细的疲劳分析,而且管道生产商需要证明管道的疲劳寿命是服役年限的十倍,以保证柔性立管在疲劳性能上的安全。

API 17J 规范中也有与立管的制造以及使用前的合格检测程序有关的详细指导方针。

在安装方面,需要有恰当的步骤,不正确的安装会导致张力超出装甲层的张力极限、立管的过度弯曲或者冲击破坏等危险。规范中记载有安装时柔性管发生破坏的实例,例如,如果立管外保护层发生偶然性的破裂,就不可以进行管道更换。

API 17J 规范中也有关于抗崩塌安全性(Safety against Collapse)的设计信息。API 17J 规范是基于工作应力的设计规范,目前的规范是依据管道抗压能力的 67% 的许用标准设计的,这就意味着内壳的实际应力必须小于内壳的额定最小屈服强度(SMYS)的 67% 。

表 2 - 7 显示了 API 17J 规范中依据水深确定的应力许可应用参数值。

表 2 - 7　API 17J 规范

水深 D	许可应用参数值
$D \leqslant 300$ m	0.67
300 m $< D <$ 900 m	$(D - 300)/600 \times 0.18 + 0.67$
$D \geqslant 900$ m	0.85

注释: API 17J　1999 年 11 月第二版。

对水深不足 300 m 的情况,许可应用值如表 2 - 7 所示,深水中由于存在一些和静水压力有关的不确定因素,许可应用值会随水深而逐渐增加,在 900 m 水深处就达到了最大值 0.85。

(3)柔性立管规范 API 17B

与柔性立管有关的另一个文献是 API 17B,它不属于任何组织,因此不是一个真正意义上的规范。然而,API 17B 中的许多规范在实践中逐步得到了完善,为维护柔性立管的完整性以及确保安全高效运行提供了额外的安全保障。API 17B 包含了一整套完善的管理程序,以及检测和监督措施,可以用于管理破坏性风险或立管失效等。API 17B 也提供了一些对设计和分析有用的信息,可用于校核立管设计安全性和服务寿命的计算准确性。API 17B 阐述了各种用于设计计算的方法,可以最大限度地提高柔性立管的利用效率和成本效率,对立管经营者和制造商都是一个很有用的工具。

第三章 立管系统的选择

一、概述

由于操作人员和安装承包商所关心的问题不一致,立管的选择是一个综合性的决定。深水立管的选择要考虑如下参数:环境、总体覆盖范围、工程施工能力、经验、技术/性能、安装能力等。深水立管的选择与浅水立管的选择大不相同。

在确定合适的立管系统时有以下五个步骤:

(1)确定可供选择的立管系统;

(2)找出立管系统的关键部分;

(3)评估运行成本;

(4)对比不同系统的生命周期;

(5)确定可行性低成本立管系统。

立管选择步骤中的关键问题是技术的可行性和立管的成本。这一章节描述了四种类型立管的技术应用和限制因素,还有成本估计方法等。

二、可用的立管系统选择类型

目前有四种可供选择的立管类型,分别是钢悬链立管、顶部张力立管、柔性立管以及混合式立管。如前几章所述,SCR 是自由悬垂的,不带有中间浮筒或者漂浮装置;TTR 很长,通常使用柔性圆筒来连接平台和海床,混合式立管是柔性立管和 TTR 的组合,它们通过柔性跳接软管和立管塔连接在一起。

立管系统的选择取决于许多因素,将会在下面的内容中进行讨论。立管的应用随着作业区域的变化而变化。作业区域的环境状况和水深对立管类型的选择有很大影响,表 3 - 1 显示了在不同区域使用的不同立管类型。

表 3 - 1 立管应用区域

	最适合应用于	已经应用的地区
钢悬链立管	1. FPSO 2. 半潜船	1. 墨西哥湾的 TLP 输出立管 2. 西非的 FPSO 3. 墨西哥湾的半潜船
顶部张力立管	干采油树 (TLP, Spar)	1. 墨西哥湾的 TLP/Spar 生产立管 2. 南海的 TLP

表 3 - 1(续)

	最适合应用于	已经应用的地区
柔性立管	1. FPSO 2. 半潜船 3. 浅水	1. 南海的 FPSO 2. 浅水船舶 3. 墨西哥湾的回接装置
混合式立管	西非的局部地区结构	早期西非的立管系统

1. 钢悬链立管(SCR)

SCR 有许多优于 TTR 的优势,它不需要垂荡补偿装置,没有水下连接和过渡到固定管线需要的柔性跳接软管,更重要的是,需要的井口甲板空间显著减少。同时,生产和注入立管的相似性也使得平台下面靠近井口位置的所有立管的间距可以减小。

生产立管和输出立管之间不同响应需要增加相互之间的间隔。在立管布置形式上,当作备用空隙的间距也是不可缺少的。同样,不同尺寸的输出立管以及含有不同流体的输出管线也需要增加间隔,这些同时也增加了甲板间距的要求和备用空隙的数目。

一般来说,相比于 TTR,SCR 的主要劣势是它在海床上活动轨迹的长度。如果遇到的是软土条件,触地点附近就会出现管线自我嵌入的问题,因而限制了这一区域的顺应性能并增加了应力的幅度。

一些 SCR 存在的另一个主要问题是在立管触地点位置有较大的弯曲应力,触地点附近的张力通常较低,因此立管很容易弯曲。除了较高的静态触底弯曲曲率外,波浪通过立管引起的严重的动态响应也会使得形式更加恶劣。

钢悬链立管同样具有一些优于柔性立管的优势,它成本更低。SCR 可以看作是柔性立管的直接替代物。它们可以用于更大的直径、压力和温度情况下,而且很容易获得。钢缆线要比柔性缆线便宜得多,可以用于更深的水中,且不会增加成本。使用较大的直径可以降低船体位置的阻塞情况,也可以简化船体形状主体上转塔的设计以及半潜平台上门廊的建造工作,能实现较高的生产流速,进而对生产平台进行更有效的利用。随着钢悬链立管的发展,尽管它们在浅水中受到限制,但是对于高温、高压区域的开采机会显著增加。然而,SCR 对疲劳的敏感性限制了船体和立管之间的相对运动,这一点在设计中需要着重考虑。

SCR 的响应对于船体运动和环境载荷很敏感,因为 SCR 的疲劳问题很重要,特别是在触地点位置和立管顶部。虽然可以通过立管布局和壁厚设计的优化将疲劳控制在一定的程度内,但如果运动很剧烈,就很难达到规定的设计疲劳寿命或者应力水平,此时需要一个运动最优化的船体形式。

此外,需要考虑作用在立管门廊上较大的有效载荷,因此必须加强门廊设计方案和对于船舶总体浮力影响的要求。对于如 FPSO 类型的船体,纵摇引起的垂荡运动也可能限制到多数边缘位置 SCR 在靠近船体重心区域的悬挂点布置,进而导致船体上层建筑设计和总体布局的复杂化,同时,危险品在甲板上布局的限制也会导致立管在不恰当的门廊位置悬吊起来。钢悬链立管比较适合于带有系绳系统的平台,如 TLP。波浪引起的平台运动大部分都是横向的,带有一定小角度的垂向运动或者随着系绳作的反向摇摆运动。与柔性管线中陡波和缓波(LAZY WAVE)类似的安排形式可以提高立管抵抗动态载荷和船体运动的能力,因而可以承受更大的船体运动位移。

深水中 SCR 的安装通常是使用 J 型铺设方法完成的,以每天 2～3 km 的铺设速度,雇佣成本达到了每天 350 000 美元。

SCR 面临着热量和工艺流程挑战的困难,在立管外部较厚的、低密度隔离材料的使用在很大程度上降低了立管的稳定性,这也会导致触地点过度的疲劳问题,同时,SCR 的一些固有的设计形式使得它不容易实现立管底部的气举,可能的 SCR 根部气举解决方法需要一个独立的气举立管、水下多支管和管接头流体管线,所有这些都需要很大的海床空间。虽然双层 SCR 能够解决许多热量和工艺流程方面的问题,但是这种立管的重力也会导致与生产船之间接口设计和载荷设计方面的问题,而且安装工作耗时耗财。

2. 顶部张力立管

这项技术适合于边际油气田,应用于水下钻井和完井回接到直接位于水下井口上部浮式生产系统的情况。平台和 TTR 之间的相对运动应该是最小的,而且,性能相对稳定的 TTR 广泛用于 TLP 平台和 Spar 平台,这也在一定程度上简化了在极限工况时(如飓风)的断开问题,进而可以避免立管的损失。

对于半潜平台,由于张紧系统需要的空间和复杂性很难满足,利用带有多根金属线、液压蓄力器和千斤顶的张紧系统来拉伸的立管数量受到了限制。TLP 立管的张紧器则要比半潜平台上的张紧器简单得多,原因在于 TLP 上的冲程要求更小(TLP 的低垂荡运动),因而可以应用多种立管。Spar 平台上的立管则是通过较深的中心井口处的内部浮力舱来张紧的。

对于浮体和立管的耦合运动,TTR 通过一个带有多重金属线的张紧系统对跳接管长度进行了优化设计。然而,相对于混合式立管(捆绑式和单一式混合式立管),TTR 对于船体运动很敏感,特别是船体的垂荡运动。

3. 柔性立管

柔性立管用于悬链系泊的设施上,包括半潜平台和船体形状的浮体上,以及 TLP 平台上的输入和输出管线。

柔性立管可以比刚性立管(TTR,SCR 和 HR)适应更大的平台运动,它们甚至适用于恶劣海况中的半潜平台和转塔系泊船,而刚性立管却不适合。但柔性立管也存在一些限制性因素,特别是在深水中。

虽然柔性立管成本很高,但它可以用于较小的和边际深水油田开发中。这种立管直径较小,限制因素主要是较高的静水压力和不利的节流阀端盖影响引起的塌陷失效。有限的直径/内压等级组合(通常是 5 000 psi 时为 11 英寸,2 000 psi 时达到 16 英寸)限制了输入和输出可选择的办法,进而限制了它的可用性。它们也可用于井口和生产设施之间的短距离开发。在这些类型的应用中,用过的管线可以从海底回收,然后运回陆上基地,最后送交检查和维护清洁,以确保二次利用的安全和有效性。在主要的不规则海床地区,需要利用柔性立管来满足弹性要求。

柔性管本身有一些内在优势,如构造形式的简化、最小的水下基础设施和安装便利等。然而,也存在一些技术和经济方面的限制。由于采用高级塑性材料和制造方法,柔性管线的采购成本很高,不能一直通过它的低安装成本来补偿。工业界已经认识到,在深水中浮体和

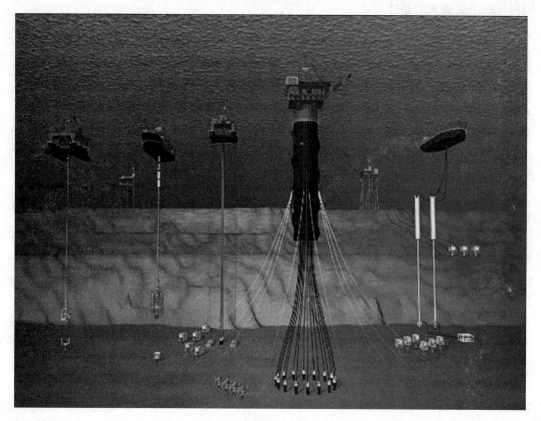

图 3 - 1　浮式生产系统和顶部张力立管概况示意图

海床之间使用柔性管需要进行特别的柔性管设计,目的是承受外部的极限静水压力和较高的顶部张力。因此,柔性管的直径就会受到限制。此外,输出柔性管管线的尺寸也面临着制造能力的挑战,反复的温度周期变化也会增加聚酯材料内部的应力。这些都需要在设计方面进行认真的考虑。

尽管成本依旧很高,柔性管系统的发展已经随着压力等级、直径、应用水深和抗腐蚀材料的改进而得以进步。刚性管系统的主要优势在于其成本效益。

4. 混合式立管

混合式立管几乎可以用于所有的浮体,包括 FPSO。由于它通过一个柔性跳接管与船体解除了耦合作用,因此会存在较大的动态响应。因此,船体对立管的影响也会很小。此时浮体只需要支撑跳接管的重力,这也减小(参考传统的悬链构造)了施加在 FPS 上的载荷(水平和垂向上的载荷)。

自由悬垂立管,如混合式立管,占地空间比较小,并且不需要在海床上安装立管管线,因而可以实现管线路径的优化布局。这种方式可以实现较紧凑的水下布局,同样可以降低成本,为生产、完井和钻井提供便利。混合式立管也为不利天气情况下系统的紧急断开提供了便利。

混合式立管的另一个优势在于它可以避免在立管主要部位发生疲劳,束状结构可以使立管在长度方向上保持相对稳定,原因在于立管顶部的位置较低并且借助柔性跳接软管解除船体的耦合运动。混合式立管的安装成本也比较低,可以在一定程度上补偿较高的硬件成本。安装过程中可以采用牵引,或者采用单独混合式立管螺纹连接形式。

关于混合式立管还存在一些和单一立管束应用有关的问题,就像把所有的鸡蛋都放在一个篮子一样,中心管单元的失效会带来严重的后果。这种立管使用时的关键是跳接软管的应用,通过它与钢管束、水下浮筒、柔性接头和立管下部定位锚的连接接口需要进行精确的工程分析研究。

关于自由站立立管在位布局的主要问题是它与其他立管、动态脐带管线或者锚泊线的相互影响。理想情况下,相同类型的立管应该聚集在一起,并且施加在立管上的拉力要进行优化,目的是确保每个立管可以产生相似的位移响应。

如果混合式立管通过托运方式或者螺纹耦合连接形式进行安装,安装成本会比较低。这种立管有优异的热学性能和流动保障性能,特别是对于在立管底部带有转换阀的双层管设计形式,性能更加优异。

5. 四种类型立管的各自优缺点

四种类型立管的各自优缺点见表 3 − 2。

表 3 − 2　立管的优缺点

立管类型	优点	缺点
钢悬链立管	1. 简单,成本相对较低 2. 可用于高温、高压环境 3. 直径和水深的范围很广 4. 管线系统的一部分	1. 疲劳问题 2. 主体区域的布局 3. 柔性接头完整性问题 4. 触地点的挑战 5. 较低和适中的船体运动 6. 静水环境
顶部张力立管	1. 干采油树方案(TLP,Spar) 2. 直接连接于井口 3. 直接连接于水面采油树 4. 未来连接的弹性很大	1. 有限的钻井距离 2. 超深水中较重的立管重力 3. 高温高压下较大的立管重力 4. 较高的成本
柔性立管	1. 较少的疲劳问题 2. 适合于 FPSO 3. 水下连接很方便简洁 4. 有最简化的构造 5. 最小的水下基础设施 6. 便于安装	1. 直径限制 2. 水深限制 3. 温度限制 4. 高成本 5. 质量很大 6. 操作困难 7. 触地点挑战
混合式立管	1. 较好的强度和疲劳性能 2. 船体附近布局简单 3. 技术上具有可行性 4. 适合高强度的螺纹连接	1. 地基的问题 2. 硬件设施过于复杂

三、立管系统的关键部位

立管系统的关键部位必须在立管的初步设计阶段确定，不同的立管系统，关键部位也不同。在进行立管设计时，所有关键部位必须考虑周全。

钢悬链立管的关键部位包括立管主体、悬挂系统、VIV 系统、阴极保护系统和立管连接接头设计。立管主体需要考虑的主要参数包括直径、壁厚、材料、覆层以及总长度。悬挂系统的主要参数包括悬挂角度、立管顶部结束的位置和立管顶部张力。VIV 系统的主要参数包括轮箍长度和整流器的长度。阴极保护系统的主要参数是阳极的设计。

顶部张力立管的关键部位包括立管主体、张紧系统、VIV 系统、阴极保护系统、立管接头设计和浮力系统。主体部位需要考虑的主要参数包括直径、壁厚、材料、覆层和立管总长度。悬挂系统的主要参数有悬挂角、立管顶部末端位置和立管顶部张力。VIV 系统的主要参数包括轮箍长度和整流器长度。

柔性立管的关键部位包括立管主体、浮力舱、柔性管截面和终端部件系统。主体部位需要考虑的主要参数包括直径、壁厚、材料、覆层以及长度。终端部件系统的主要参数包括加强筋、锥形口和限流器。

混合式立管的关键部位包括立管主体、悬挂系统、浮力舱、柔性跳接软管和吸力桩。主体的主要参数包括直径、壁厚、材料、覆层和总长度。悬挂系统中需要强调的是悬挂角度、立管顶部末端位置和顶部张力。混合式立管中浮力舱和吸力桩对于系统至关重要。浮力舱的主要尺寸和舱数必须在设计阶段之前或者设计阶段中加以确定。对于吸力桩来说，关键的参数是主尺度、渗入长度和材料，这些因素必须在设计混合式立管时详细考虑。

表 3 – 3 列出了四种立管类型对应关键部位的详细内容。

表 3 – 3　四种类型立管的关键部位

立管类型	关键部位
钢悬链立管	一、立管主体 　1. 直径 　2. 壁厚 　3. 材料 　4. 覆层 　5. 立管总长度 二、悬挂系统 　1. 悬挂角度 　2. 立管顶部终端位置 　3. 顶部张力 三、VIV 抑制系统 　1. 轮箍长度 　2. 整流器长度 四、阴极保护系统 　阳极设计 五、立管接头设计 　1. 柔性接头 　2. 应力节

表 3 – 3（续）

立管类型	关键部位
顶部张力立管	一、立管主体 　1. 直径 　2. 壁厚 　3. 材料 　4. 覆层 　5. 立管总长度 二、张紧系统 三、VIV 抑制系统 　1. 轮箍长度 　2. 整流器长度 四、阴极保护系统 　　阳极设计 五、立管接头设计 六、浮力
柔性立管	一、立管主体 　1. 直径 　2. 壁厚 　3. 材料 　4. 覆层 　5. 立管总长度 二、柔性管截面 三、终端部件设计 　1. 顶部加强筋 　2. 锥形口 　3. 环面排出孔 四、悬挂系统
混合式立管	一、立管主体 　1. 直径 　2. 壁厚 　3. 材料 　4. 覆层 　5. 立管总长度 二、立管横截面 三、浮力舱 四、吸力锚 五、柔性跳接软管

四、成本估计

立管系统从建造到安装的成本主要由以下几部分组成：

(1) 工程管理、工程和采购成本；

(2) 材料成本；

(3) 离岸安装成本。

对于通过托运方式安装的立管，还存在两种额外的成本，即工厂筹备成本和陆上组装成本。成本估计主要是通过前期获得的机构内部数据以及工程和卖方报价得到。

1. 工程管理、工程和采购成本

工程管理的成本通常用百分数(如1%)的形式估计,将这个百分数应用在需要采购的直接原料总价值上,再加上所有立管的安装成本即可,这其中不包括通过托运方式安装的立管。如果要计算该部分成本还应该加上陆上建造的成本。

采购成本通常也使用一个百分数(如3%)来估计,将这个百分数直接使用在所有需要采购的原料的总价值上即可。

2. 材料成本

这一章节将立管系统分成了几个部分,如表3-4所示。每个单元的成本率都应该事先估计。在工程、采购、建造和安装合同中,必须要考虑采购成本的构成。

表3-4　立管钢结构

主要部分	描述	
钢管 (Steel Pipe)	子单元	管子,管子运输工具,输送管纵向焊接垫板,输送管纤维环,复合管等
	主要单元	弯管
	子单元	常规弯管,复合弯管
	主要单元	预制构件项目,特别是用于混合式立管的项目
	子单元	吸力锚,柔性悬挂系统,浮力舱,锻造件等
柔性跨接管 (Flexible Jumpers)	动态管束,维修处理,气体输出和注水	
腐蚀保护 (Corrosion Protection)	覆层:溶解环氧(FBE),聚四氟乙烯(TLPE),液体环氧涂层(Liquid epoxy paint),内部聚乙烯衬里(Internal PE liner),焊接连接器(WeldLink connectors),阴极保护(Cathodic protection),内部注入(Inhibited injection)	
绝缘保护 (Insulation Protection)	管线周围铸胶玻璃合成聚亚安脂(GSPU)(注意不同管线的成本不同),隔离舱壁周围铸胶玻璃合成聚亚安脂	
浮力泡沫装置 (Buoyancy Foam)	泡沫舱,泡沫保护层	
法兰 (Flanges)	美国国家机械工程师协会(ASME)/美国国家标准化组织(ANSI)法兰,转轴法兰,对焊法兰,覆层法兰	
水下液压连接 (Hydraulic Subsea Connecting)	水下液压连接,运行工具,分析、测试、记录和每个连接处的合格证书	
其他事项 (Other Items)	浮力舱或者气罐,门闩连接器,内部间隔装置,ROV插入	

3. 安装成本

目前广泛用于深水立管安装的几种方法列举如下：

（1）对于柔性立管和 SCR 采用 J 型铺设；

（2）对于 TTR 和使用螺纹连接的单一混合式立管采用钻机；

（3）对于捆绑混合式立管采用拖曳安装方法。

对于深水立管系统来说，J 型铺设是一种传统的安装方法，但是安装操作中曲率较大而存在风险，并且成本较高（每天 1~2 千米，30~50 万美元）。使用螺纹连接的单一混合式立管可以很好地节省时间，然而，这种方式会限制最大的立管直径。不论是控制深度托运（CDTM）还是表面托运，尽管比其他方法速度更快、经济性更好，但是也有其自身的限制因素，因为存在着由海况引起的疲劳损伤问题并且操作步骤十分复杂。

安装成本可以按照立管类型和安装阶段进行分类，下面列出了立管安装中的主要阶段：

（1）下水阶段　该阶段仅仅存在于托运方式安装的立管。立管应该在陆上进行建造，在最终托运到预定安装位置前，先存放在水中。在这个阶段内，通常会使用两个拖船来进行托运，其中一个辅助船以及一些浮筒在海岸附近的水中辅助托运操作。这个阶段内的动员和复员设备的费用已经包括在工厂筹备成本中了。

（2）托运阶段　该阶段同样仅存在于采用托运方式安装的立管。通常采用两个拖船将立管从路上建造地点托运到预定位置，然后进行直立，此时也会有一个辅助船用于托运、监控和协助水下控制。船舶导航和定位的费用以及表面潜水的费用也包括在这个阶段内。

（3）安装和建造阶段　这是 J 型铺设方法中特有的。其中应该有 J 型安装船和一个水下组装船。安装船主要用于锚泊铺设、J 型铺设操作、单一混合式立管的连接以及 ROV 辅助支持等。组装船用来辅助水下连接、管轴连接、柔性管连接和其他辅助设备安装。

（4）运输阶段　在运输阶段通常都会有一个拖船、货驳船和补给船。拖船和货驳船用于将吸力锚、立管管线、底部管轴、柔性跳接软管和其他设备运到作业地点，补给船对整个阶段提供辅助支持。

在成本估计中，每个阶段都必须要计算的内容有：操作时间、等待时间、天气条件和机器故障。以下是立管安装阶段的成本估计。

（1）操作时间　这一项需要把每个阶段中各项活动持续的总天数加在一起，同时还有对应的成本。

（2）等待时间　这一项包括了每个安装阶段的等待时间，持续的天数可以通过每个阶段工作的天数总和进行估计，然后再乘上某个预先确定的百分比即可。安装船的使用顺序还需要进行优化，以尽可能地降低 J 型铺设和水下建造阶段的等待时间，因为这两个阶段的日安装成本都十分高。

4. 拖曳安装方法的补充

工厂筹备、修改、工程、采购和承包合同的成本已经统一简化到工厂筹备费用中，当然这一项也可以利用一定的立管制造成本比率进行估计。

五、不同系统寿命周期成本的比较

2002 年,Steve Hatton,John McGrail 和 David Walters 针对 SCR 和 COR 立管的成本比较进行了个案研究,这个研究中考虑到了深水生产立管需要在立管根部安装气举装置的概念,研究中仔细审查了三种方案的成本,这三种方案分别是在环面中带有气举装置的螺纹式同轴偏移立管(CORTM)、环面中有气举装置的焊接双层悬链线立管和带有单独焊接气举装置的焊接生产钢悬链立管。

在这项研究中校核的主要立管参数分类见表 3-5,表 3-6 给出了安装成本估计。

表 3-5　主要参数和参数值

参数		值
水深		2 000 m
生产立管外径		8 in
气举立管的外径压力	单一管立管	4 in
	双层立管	1 000 磅/平方英寸(psi) 关井油管压力
安装要求		2 in

表 3-6　安装成本估计

立管类型	参数	值
同轴偏移立管(COR)	离岸移动钻井单元的日成本	150 000 美元/天
	螺纹连接式立管的安装速度	2 000 m/天
	同轴偏移立管(CORTM) 与船偏移距离	250 m
双层钢悬链立管	J 型铺设成本	300 000 美元/天
	焊接形式双层管铺设速度	500 m/天
	海床上的 SCR 长度	500 m
单一钢悬链立管	J 型铺设成本	300 000 美元/天
	采用 8″焊接形式的 SCR 铺设速度	750 m/天
	采用 4″焊接形式的 SCR 铺设速度	900 m/天
	海床上的长度	500 m

输出结果如图 3-2,图 3-3 所示。

需要注意,这项研究并没有考虑安装船动员和复员的成本,这些可能会对 SCR 方案的成本有很大的影响,因为此种形式需要的安装船每日成本更高,并且还需要单独地放下和提起操作,这也会在一定程度上增加成本。

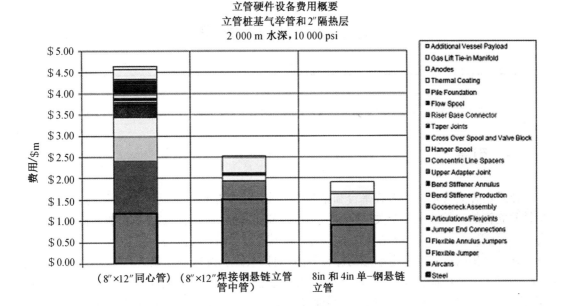

图 3-2 硬件成本对比图

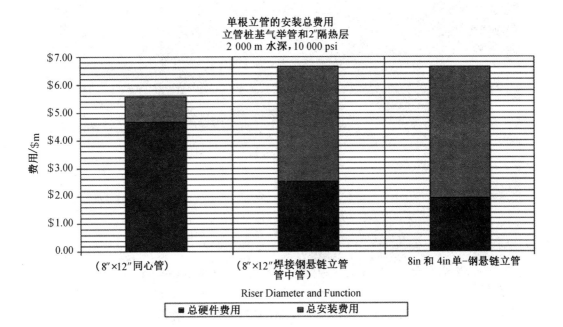

图 3-3 安装成本对比图

第四章　钻井立管

一、引言

　　浮式钻井立管常在半潜式平台和钻井船上使用,如图4-1所示。随着水深的增加,保持钻井立管的完整性是一个关键问题。对于以双重作业、动力定位为基础的半潜式平台而言,钻井立管的设计和分析尤其重要。为保证其整体安全性,需要对其进行一系列动态分析。动态分析的目的是确定船舶的漂移界限,对回收及调配限制。最近几年,人们往往通过一些测试来验证焊接接头、立管耦合及密封系统是否合理匹配。对于墨西哥湾的立管安装而言,涡激振动是一个关键问题。一些油气开发公司设法采用一个监测系统来测量船舶的实时运动和立管的疲劳损伤。监测结果还可以作为 VIV 设计和分析的工具。

① 半潜式平台
② 钻井船
③ FPSO船
④ 自升式钻井船
⑤ 陆地钻井设备
⑥ 钻井立管系统
⑦ MUX控制盒
⑧ 防喷器组

图4-1　半潜式钻井船、钻井船和钻井立管示意图

　　深海钻井隔水管的主要作用:
　　(1)隔离油井与外界海水;
　　(2)钻井工作液的循环;
　　(3)安装水下防喷 BOP 系统;

（4）支撑各种控制管线（节流和压井管线、泥浆补充管线、液压传输管线）；

（5）钻杆、钻井工作从钻台到海底进口装置的导向。

二、浮式钻井设备

1. 完井和修井立管

在油井中，针对所受荷载不同，有两种不同类型的立管：完井立管和修井立管。

完井立管是将油管悬挂器通过钻井立管和 BOP 管连接到井的管道。完井立管也可以用来连接水下采油树。暴露在外面的完井立管用来承受外部荷载，如钻井立管的弯曲，特别是在上下连接点处。

修井立管主要用于替代钻井立管从水下采油树重新接入油井，也可用来安装水下采油树。修井立管暴露在海洋环境荷载中，受到来自波浪、海流和船舶运动的水动力荷载的作用。

图 4-2 所示为摘自 ISO 的典型的完井和修井系统。完井和修井立管通过增加和减少部件来适应所需执行任务。任一类型的立管都可以提供井口和海面设备之间的联系。二者既可以抵抗表面荷载和压力荷载，同时也为必要的操作提供电线工具。

立管接头是立管最重要的组成部件之一。如图 4-3 所示为一个基于螺栓的立管接头。随着钻井深度的增加，立管接头发展到能够承受巨大的内部和外部压力、附加弯矩和张力荷载以及极端的操作条件，如酸/碱工作环境。对于接头设计来说，材料的选择和螺栓的加工制作是关键。

如图 4-4 所示为典型钻井立管系统的关键部件。

卡盘是一种可伸缩的夹紧装置，用来将立管支撑和固定于最上部的接头，通常位于钻台的转盘上。常平架安装在卡盘和转盘之间，用来减少冲击和均布荷载（该荷载往往是平台横摇/纵摇运动导致卡盘和立管产生作用力）对结构的影响。

滑动接头，又叫套筒接头，它由两根同心镶嵌在一起的管道组成。这是一种特殊的立管接头，用来防止立管的损伤，并通过转盘的脐带缆起到控制作用，也可以保护立管免受平台垂荡运动产生的损伤。

立管接头是立管的主要部件。该接头包含一个管状的中间部分以及位于端部的立管连接器。立管接头的标准尺寸是 9.14～15.24 m(30～50 ft)。为了保证工作效率，立管接头的长度可以达到 22.86 m(75 ft)。立管与水下采油树、油管悬挂器连接或用于修井作业时，立管接头应留有足够的间距。

根据构造和设计，钻井系统应由以下部分组成：

（1）BOP 适配器接头是一个专用的 C/WO 立管接头，当 C/WO 立管布置在钻井立管内或用于安装和回收水下油管悬挂器时，往往采用该接头。

（2）下部修井立管组合件（LWRP）是进行水下安装或修井时立管线上最下面的一个设备，它包括立管应力节和水下采油树之间的任何设备。LWRP 可以进行油井控制，并确保其处于安全运行状态，同时确保连接油管/电缆和油井的正常工作。

（3）紧急断开插件（EDP）是一个 LWRP 的典型设备，它是立管和水下设备之间的节点脱离设备。当需要将立管和钻井断开时通常采用 EDP。它也通常用于立管与油井分离紧

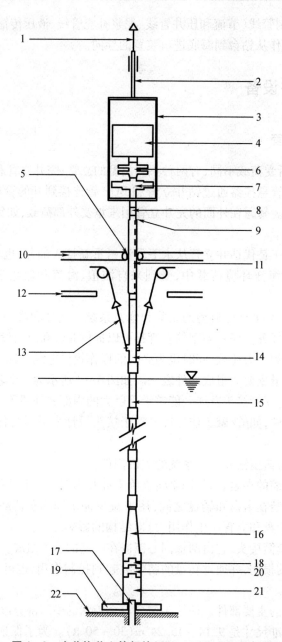

图 4 - 2　完井修井立管部件(ISO 13628 - 7) 示意图

1—顶部驱动;2—钻井接头;3—水面采油权张拉框架;4—盘管注入器;5—滚轴补心;6—水面
BOP;7—水面采油树;8—水面采油树接头;9—脐带缆;10—钻井板;11—滑动接头;12—月
池;13—立管张力缆线;14—张力接头;15—标准立管接头;16—应力接头;17—井口;18—紧
急断开插件;19—引向基座;20—下部立管总成;21—水下采油树;22—海床

急情况。

(4)应力节是立管进行修井作业时管线最下端的接头。它专门设计成锥形截面,以此
来控制曲率和减少弯曲应力。

(5)张力接头是一种专用的立管接头。在远海修井作业时,它可以为与船舶连接的
C/WO 立管提供张紧力。张力接头经常集成在滑动接头的下端。

（6）采油树适配器接头是一个从标准立管接头到水下采油树连接器的跨越接头。

（7）采油树接头可以为油管悬挂器和水下采油树安装/修井操作提供流量控制。

2. 分流装置和运动补偿设备

分流装置与低压 BOP 相类似。当气体或其他流体在压力作用下从浅层天然气区进入钻孔时，安装钻杆周围的分流装置就会关闭，流体就会从钻井平台分流。

图 4-3　立管接头图

所有浮式钻井系统都要安装运动补偿设备（图4-5），以此来补偿钻井平台的升沉运动。补偿器起到海洋环境作用力和钻井平台之间的挠性连接作用。这个设备包括钻柱补偿器、立管张紧器和导向张紧器。钻柱补偿器位于游动滑车和旋转体之间，它可以在钻井平台升沉运动时维持钻杆的质量恒定。立管张紧器用钢丝绳与滑动接头的外筒连接在一起，该张紧器能够以恒定的张力来支撑立管。导向张紧器中的导向钢丝绳应保持恒定的张力，而那些支撑 BOP 的钢丝绳则在平台升沉运动时控制方向。

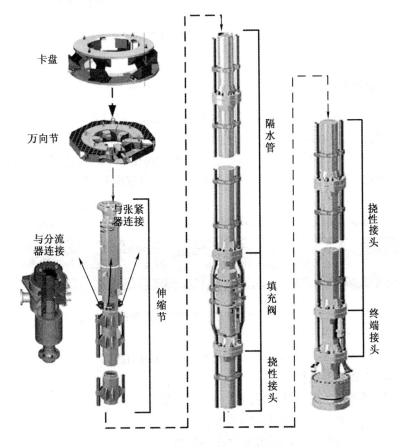

图 4-4　钻井立管系统的关键部件示意图

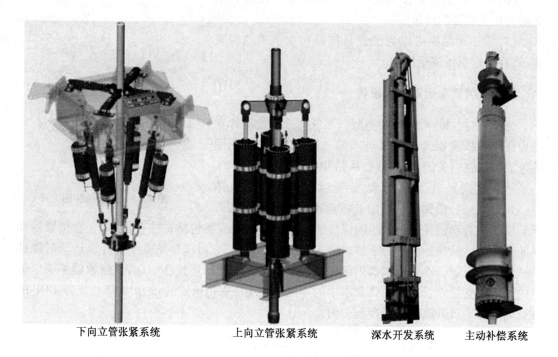

下向立管张紧系统　　　上向立管张紧系统　　　深水开发系统　　　主动补偿系统

图 4 – 5　运动补偿设备示意图

3. 节流压井管线与钻柱

　　节流压井管线和钻柱一起附着在主立管的外轮廓上,如图 4 – 6 所示,它可用于控制高压的发生。两种管线的额定压强均为 15 ksi[①]。通过向孔内灌注较重的泥浆,高压会通过节流压井管线从井筒中释放出来。一旦压力达到了标准值,BOP 就会打开,然后继续钻井。如果压力不能通过较重的泥浆控制住,就将水泥注入,节流压井管线就会得以固定。

图 4 – 6　完整的立管接头示意图

　　钻柱允许液态泥浆或钻井液进行流动循环。泥浆的功能如下:

　　(1)冷却钻头和润滑钻柱;

　　(2)通过控制内部压力循环来保持钻孔中无钻屑;

　　(3)防止孔壁塌方并防止地层水的浸入;

　　(4)提供静水压力水头来控制可能存在的压力。

---

①　1 ksi = 1 千磅/平方英寸 = 6.895 MPa

三、水下采油系统的重要组件

1. 水下井口系统

任何水下油井的基础都是水下井口。水下井口系统的作用是在钻井过程中支撑和密封套管柱,同时在钻井时支撑防喷装置(BOP),并确保水下采油树正常运行。

安装水下设备一般有以下两种方法:

(1)通过水下结构导向套上的张拉导向绳把设备安装在指定位置;

(2)若没有导引线,用动态定位基准系统来移动水面上的船舶直到设备到达指定的着落点上方,然后将设备安装到指定位置。

不考虑导向系统,水下井口系统的安装过程如下:

(1)安装的第一个部件是临时导向基座。临时导向基座可以作为随后水下井口安装的参考点,以此来弥补不规则海床的影响。对于导向系统,临时导向基座还可作为导引绳的定位点。

(2)导管外罩是套管导管顶部的必需部分。无论是打桩还是钻井,套管导管和导管外罩都需要通过临时导向基座进行安装,为永久导向基座提供安装点,并为井口外罩提供着陆区。

(3)永久导向基座。永久导向基座安装在导管外罩上,它为井口系统提供了结构支撑和最终定位,也为防喷装置和水下采油树的接入提供导向和支撑。

(4)井口外罩(高压外罩)通常安装在导管外罩里,主要保证油井压力的完整性,并支撑套管悬挂器。此外,还通过井口接头为防喷装置和水下采油树提供附着点。

(5)为了支撑套管柱,必须在每根柱的顶部安装套管悬挂器。套管悬挂器支撑在井口外罩上,这样能够承受来自套管的荷载。为了密封环形套管,在每个套管悬挂器与井口外罩之间需要装上环空密封总成。

2. 防喷装置(BOP)

海洋立管是一个用来将钻井泥浆和钻屑送回到钻井平台的导管,它还可以将钻头、套管柱和其他工具引导到钻孔中。Geiger 和 Norton (1995)给出了有关浮式钻井装置的描述。

油井通过将第一个套管柱,又称导管或结构套管(一个大直径和厚壁的管道),放置到某一深度作为开采的开始,该深度可由土壤条件和强度或疲劳设计的要求来确定。它的主要作用是:

(1)防止海床表面附近的软土塌陷;

(2)在进行钻井前,将钻探泥浆引导到地表;

(3)支撑防喷器组和随后的套管柱;

(4)当钻井完成时支撑采油树。

每根钻柱的深度和尺寸在钻井开始前就由地质学家和钻井工程师确定。当半潜式平台或钻井船开始钻井时,井口和防喷器一定要安放在水下。

防喷器组用来控制钻井过程中井筒出现的不正常高压。BOP 的一个主要作用就是保护液柱或将钻井的液体或气体密封在钻孔中,直至恢复到一个有效的液柱。

立管的下端是一个挠性接头。当钻孔钻到最终深度时,电子测深仪就开始工作,以确定大致的产油区域。一旦确定某个地区存在有足够的石油,采油管道就移动到这个区域来采油。只有在这些完成之后,油井才可以进行防喷器组的移除,然后安装用来控制从井口到处理设施的石油和天然气流动的配件。

3. 采油树和油管悬挂器系统

为了完成钻井采油,需要安装油管柱并用油管悬挂器进行支撑。油管悬挂器系统支撑着油管以及套筒和油管之间的环状密封。为了控制流管道和圆环的流体,在井口需要安装水下采油树。水下采油树是一种远程操作阀的布置,它可以用来中止流体和控制流体的方向、流量。

四、立管设计规范

立管设计所涉及的规范有:

(1)API Spec5L　《管线管规范》;

(2)DNV – OS – F101　《海底管线系统》;

(3)DNV – OS – F201　《动态立管》;

(4)API Spec16F　《海洋钻井隔水管设备规范》;

(5)API RP 16Q　《海洋钻井隔水管系统设计、选择、操作和维护的推荐做法》;

(6)ISO 13628 – 7/API RP17G　《石油和天然气工业水下生产系统的设计与操作·第 7 部分完井修井隔水管系统》;

(7)SY/T 10037　《海底管道系统规范》。

1. 可操作性限定

如表 4 – 1 所示为钻井立管操作性限定的典型标准,主要来自于 API 16Q。

表 4 – 1　钻井立管的操作性限定标准

设计参数	定义	钻井条件	非钻井条件
下部挠性接头连接角	平均值	1°	NA
	最大值	4°	90% 容量(9°)
上部挠性接头连接角	平均值	2°	NA
	最大值	4°	90% 容量(9°)
Von Mises 应力	最大值	67% σ_y	80% σ_y
套管弯矩	最大值	80% σ_y	80% σ_y

一般来说,DNV F2 曲线常用于焊接节点,DNV B 曲线则用于立管接头(耦合)。在疲劳分析中采用了两个应力集中系数。一个是 1. 2,用于管道环形焊缝;另一个是 2. 0,它要根据立管的类型进行选取,然后再用于立管接头。近年来,往往采用疲劳试验来确定实际的 $S – N$ 曲线数据,并用工程风险分析(ECA)来得到检测到的缺陷接受标准。

对钻井立管来说,因为钻管接头可以进行检测,所以其疲劳寿命的安全系数取3。疲劳计算要考虑所有相关的荷载效应,包括波浪、VIV 和安装导致的疲劳。某些靠近 LFJ 接头的部件,疲劳寿命会更短一些。在这种情况下,疲劳寿命将决定检测间隔时间。

2. 组件承载能力

为验算强度,多种组件的承载力需定义如下:
(1)井口接头;
(2)LMRP 接头;
(3)下部挠性接头;
(4)立管连接器和主管道;
(5)周边管线;
(6)伸缩接头;
(7)张紧器/环;
(8)主动升沉绞车;
(9)硬悬挂接头;
(10)软悬挂接头;
(11)卡盘 - 常平架;
(12)立管运转工具。

五、钻井立管分析模型

1. 钻井立管的组装模型

典型的钻井立管的组件如图 4 - 2 所示。需要在分析中确定伸缩接头、挠性接头、LMRP 和 BOP 里的空气和海水重力。

水下采油树、管汇和跨接管的浮重和尺寸(长 × 宽 × 高)都需要进行双重活动干扰分析。辅助钻井立管和钢丝绳的特性也需要进行干扰分析。

在分析中,推荐使用的张紧力可以根据泥浆的重力计算得出。钻井泥浆密度通常假定为 8.0 ppg[①]、12.0 ppg 和 16.0 ppg 等。套管的最大允许弯矩可以通过假定容许应力为屈服强度的 80% 而得出。

在分析中,所用到的水动力系数包括标准阻力系数以及针对裸露节点和浮力节点的相关阻力直径。切向阻力系数可以取自规范 API RP 2RD 中 6.3.4.1 节的方程(31)。对 LMRP 和 BOP 来说,竖向和水平的阻力面积和系数可由供应商提供。

红色警报通常在节点断开前持续 60 秒,黄色警报大约在红色警报之前 90 秒。

2. 船舶运动数据

所需的船舶运动数据如下:
(1)船舶的外形尺寸;

---

① ppg:密度单位(pounds per gallon)。

（2）最大吃水情况下的重力和惯性；

（3）RAO 的位置参考点位置；

（4）不同方向波浪作用下的最大生存吃水 RAO；

（5）不同方向波浪作用下的最大工作吃水 RAO；

（6）不同方向波浪作用下的移位吃水 RAO。

另外，针对纵荡、横荡和艏摇，在船舶漂移分析中进行不规则波浪力计算时，需要考虑波浪力的二次传递函数。该分析也需要得到船舶的风力和海流阻力系数。

3. 环境条件

通常，方位角指的是波流的行进方向，常常以从正北方向开始的顺时针旋转为正。潮汐变化对深海立管荷载的影响微不足道，在设计过程中可以忽略不计。环境条件包括：

（1）十年一遇的有效波高和相关参数的全方位飓风标准；

（2）十年和一年间隔期的全方位冬季风暴标准；

（3）针对波浪总体的浓缩波浪散布图（服役期、冬季风暴和飓风）；

（4）环流/旋涡标准剖面图；

（5）十年和一年一遇的海流剖面和相关的风、波浪参数；

（6）底流的超越概率和标准化的底流轮廓图；

（7）环流/旋涡和底流的组合标准剖面图（最大值）；

（8）十年一遇的环流/旋涡，一年一遇的底流或者一年一遇的环流/旋涡，一年一遇的底流组合剖面图；

（9）百年一遇的潜流超越概率和轮廓图。

基流是当没有旋涡时存在于水柱上部的海流。土壤不排水抗剪强度、单位浸水重力和 ε_{50} 等的平均值在立管连接分析中可用来计算沿油井柱土壤的等效弹簧刚度。

4. 循环荷载下土的 $P - y$ 曲线

软土在循环荷载作用下的 $P - y$ 曲线研究由 Matlock（1975）首先提出。需要一系列的 $P - y$ 曲线来对泥线下不同深度的导管套筒/土壤之间的相互作用进行模拟。

六、钻井立管分析方法

钻井立管设计与分析的一些关键词如图 4 - 7 所示。

从结构分析的角度来看，钻井立管是一个承受海流作用的垂直缆索。钻井立管缆索的上部边界条件是受到波浪及风荷载作用的钻井平台运动。对于深海钻井立管而言，设计的一个关键技术挑战就是表面环流与底流引起的 VIV 疲劳损坏。

如图 4 - 8 所示为一个典型的针对 C/WO 立管的有限元分析模型。它说明了在送入和下放立管的过程中，立管处于连接、断开、悬挂中的一种模式。

1. 送入和回收分析

送入和回收分析的目的就是确定容许的海流环境。在送入操作过程中，立管可以由一个距 RKB 有 75 英尺高的挂钩支撑或者悬挂在卡盘上。因为在接头与分流器外壳之间存在

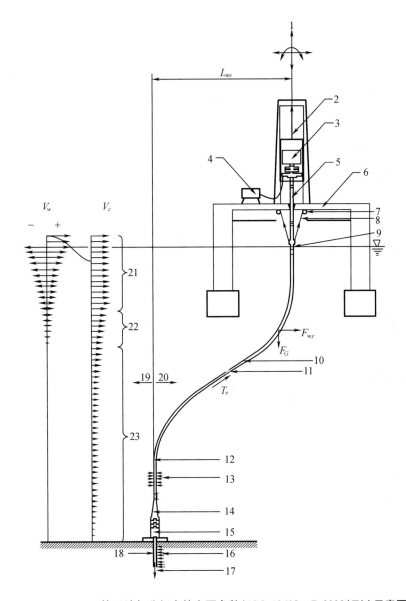

图 4-7 C/Wo 立管设计与分析中的主要参数(ISO 13628-7,2003(E))示意图

1—由一阶波型产生的波浪运动;2—绞车的张紧和冲程;3—水面设备;4—水面压力;5—滑动接头;
6—钻井板;7—张紧器滑轮;8—张紧器的张紧和冲程;9—张力接头;10—外径;11—立管接头;12—弯
曲加强杆;13—外部压力;14—应力接头;15—水下设备;16—土壤约束;17—工具;18—导管弯曲加强
杆;19—上游;20—下游;21—激励区;22—剪力区;23—阻尼区;24—波浪和海流作用力;25—重力;
26—有效张力;27—波浪速度;28—海流速度;29—船体偏移

着潜在的接触,从而设计的关键部件是挂钩支撑。出于布局考虑,BOP 常安装在立管上。
如果立管与 LMRP 分离,那么 BOP 可以不安装在立管上。

　　挂钩可看作一个只受垂直和水平位移限制的销栓支撑。在海流荷载作用下,立管可以
绕挂钩旋转。限制标准是立管接头与分流器外壳之间的接触。

　　静力分析用来评估海流拖曳力的影响,这里不考虑波浪造成的立管的横向运动。

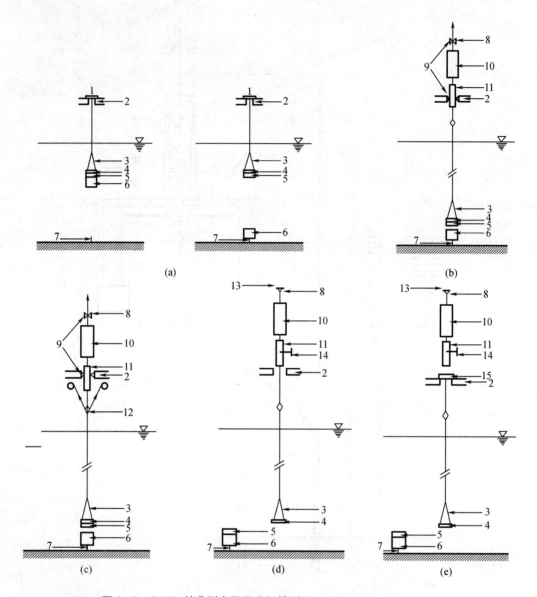

图4－8　C/Wo 的典型有限元分析模型(ISO 13628 －7,2003(E))

(a)送入立管;(b)着陆;(c)连接;(d)断开;(e)悬挂

1—卡瓦/卡盘;2—钻井板;3—应力接头;4—紧急断开插件;5—下立管总成;6—海底采油树;7—井口;8—顶部驱动;9—侧向支撑;10—张力框架设备;11—滑动接头;12—张力接头;13—销栓连接;14—固定支撑;15—悬挂衬套

2. 可行性分析

可行性分析的目的是针对各种不同泥浆重力和立管顶部张力来确定可操作性条件。

限定标准的可操作性条件同时采用静态和动态波浪计算分析。静态分析包括分析在当前海流作用下钻井平台上部和下部的偏移量,以此来确定向上和向下的偏移量是否达到了极限值。通常需要考虑两种海流的组合:基流＋底流和涡流＋底流。典型的三种泥浆重力都将参照它们各自的顶部张力进行建模。

动态分析过程除了加入了波浪荷载外,其他与静态分析一样。动态分析常采用时域分析,即采用 Hmax 的规则波并且至少持续 5 个周期。通过动态分析确定出 LFJ 和 UFJ 角度的最大值,并与规范限定值进行比较。

挠性接头角度的限定条件如下:

(a)动态分析的连接钻探

上挠性接头角度的平均值小于 $2°$,最大值小于 $4°$;

下挠性接头角度的平均值小于 $1°$,最大值小于 $4°$。

(b)非连接钻探

上挠性接头角度的最大角小于 $9°$;

下挠性接头角度的最大角小于 $9°$。

值得注意的是,对于钻井立管的静态分析来说,上、下挠性接头角度的限值都是 1 度。

立管的其他动力响应限定如下:

(1)立管极限状态下的 Von Mises 应力 <0.67 倍的屈服应力;

(2)立管连接器强度;

(3)张紧器与 TJ 行程限定。

在井口及导管系统中荷载限制如下:

(1)LMRP 连接器;

(2)BOP 法兰与管卡;

(3)井口连接器;

(4)导管弯矩(0.8 倍屈服应力)。

对钻井来说,通常根据 LFJ($1°$)和 UFJ($2°$)的平均角度来确定包络。在非钻井条件下,通常采用套管的最大动力弯矩来控制包络。

3. 薄弱点分析

薄弱点分析是钻井立管设计过程的一部分。薄弱点分析的目的是设计和确定在极限偏移条件下系统的破坏点。立管系统需要通过设计来保证薄弱点位于 BOP 之上。

分析的基本假定是所有设备的加载路径都是按制造商的规范设计。立管系统潜在的薄弱区通常有:

(1)钻井立管的过载;

(2)连接器或法兰的过载;

(3)张紧器超出其张紧能力;

(4)超出顶部和底部挠性接头的限制;

(5)井口的过载。

薄弱点分析的评价标准适用于钻井立管系统中每个潜在的薄弱点。薄弱点的标准往往确定系统是否失效。张紧器张紧能力的评价标准通常取决于张力绳的抗拉强度。铁圈垫板孔眼承载能力的评价标准通常取决于每个孔眼的屈服强度。

挠性接头的失效荷载通常为挠性接头所能承受的最大弯矩与拉力的组合,也与角度锁定后的附加荷载有关。

标准的立管接头与导管接头的失效荷载通常取未超出立管材料屈服应力时,所能承受的最大弯曲应力与拉应力的组合。

为了消除不确定性,需要进行全时域的薄弱点计算分析,分析包括:

(1)对于选定的风、波浪和海流的组合进行动态规则波分析,对潜在的薄弱点进行荷载动力放大效应分析,尤其是井口连接器和 LMRP 连接器。

(2)敏感性分析,它主要用来确定不同参数对薄弱点的影响,如泥浆重力和土壤特性。

(3)船舶偏移量范围从船舶的平均偏移位置到船舶极限偏移位置,其中极限偏移位置通过系泊耦合分析获得。

(4)完成钻井立管系统的偏移分析后,通过对结果的处理来得到偏移产生的力和弯矩,然后将其与钻井立管系统薄弱点处的评价标准进行对比。

如果薄弱点处于 BOP 之下,那么连接失效就会对油井完整性、立管完整性和成本产生严重的影响。对此应进行扩展分析,以便使薄弱点位于一个失效后果不太严重的位置。可以重新设计钻井立管的液压连接与螺栓法兰连接,这样薄弱点会在这些部位产生。

在一个平静的环境下,由于轻度的海流和较小波高的波浪,慢漂会在井口产生较小的静力和动力弯矩。而在快速漂移的环境中,当张紧器超出其张紧能力时,下部立管在波浪作用增大井口连接器的静态弯矩之前就已被拉直。这意味着,临界环境可以是在井口连接器上产生较大静态弯矩的高海流、产生较大动态弯矩的巨浪和产生缓慢漂移的低速风的组合。

4. 漂移分析

漂移分析是钻井立管系统设计过程的一部分。漂移分析的目的是确定极端环境条件或漂移/驱动条件下何时启动断开程序。该分析适用于钻井和非钻井运行模式。在各个模式中,漂移分析都将确定船舶在各种风和海流及波浪作用下的最大下游位置。

漂移分析的第一个任务就是确定断开点位置的评估标准。这些标准可以根据设备在加载路径下的额定负载能力来确定:

(1)导管的套管——80% 屈服强度;

(2)张紧器和伸缩接头顶出行程;

(3)顶部和底部挠性接头的限制;

(4)井口连接器的过载;

(5)LMRP 连接器的过载;

(6)立管接头的应力(0.67 倍的屈服应力)。

耦合系统分析常用在一个包括土壤、套管、井口与防喷器组、立管、张紧器和船舶的模型之中。该系统通常采用环境作用(风、海流和波浪)的组合来计算动力时域响应。在耦合的铺管船法中,船舶漂移(或船舶偏移)是分析的输出结果。该方法考虑了土、套管、立管与船舶的相互作用,这比非耦合方法更加精确。通常,非耦合方法要单独计算船舶的偏移,然后再应用到立管模型中进行二次分析。

在钻井立管的静力与动力分析完成之后,系统断开点的确认如下:

(1)在特定的环境荷载条件下的船舶偏移,可产生与组件断开标准相等价的压力或荷载,该偏移量则为该特定组件的容许断开偏移;

(2)容许的断开偏移量需要沿着钻井立管系统中各个关键组件进行确定;

(3)断开点(POD)为钻井立管系统中所有重要组成部分的最小容许断开偏移;

(4)一旦船只偏移达到了立管断开的条件,该偏移断开程序启动(红色限制),通常为60 秒,这是 EDS 的时间;

（5）对非钻井系统，将 EDS 时间断开点的启动偏移调整为 50 ft。这是非钻井系统调整后的红色限制；

（6）对钻井系统，断开点的启动偏移通常在 EDS 前 90 秒。

5. VIV 分析

钻井立管的 VIV 分析目的如下：

（1）预测 VIV 的疲劳损伤；

（2）确定疲劳关键部件；

（3）确定所需张力和容许海流速度。

模型求解之后，将结果输入 Shear 7。需要用户自定义的参数如下：

（1）模型的临界值；

（2）结构阻尼系数；

（3）斯特罗哈尔数；

（4）单模态与多模态的双带宽速率；

（5）带有 VIV 抑制设备的立管截面模型。

在钻井立管的 VIV 分析中，假定船舶位于它的平均漂移位置。该分析包括：

（1）用 F. E 模态分析软件为 VIV 分析生成模型形状和模态曲线；

（2）在初始静力分析所得张力分布的基础上，采用 Shear 7 对立管进行建模；

（3）采用 Shear 7 分析立管在每个海流剖面下的 VIV 响应；

（4）评估各海流剖面导致的立管损坏；

（5）从疲劳损伤的角度出发，画出各海流剖面作用下沿立管长度方向的结果。

6. 波浪疲劳分析

钻井立管的动态疲劳评估常常采用时域分析方法，并且在分析中考虑了船舶的偶然偏移和低频运动。进行疲劳分析的步骤描述如下：

（1）进行初始静态分析；

（2）采用相关的静态疲劳海流进行重启动分析；

（3）对所有荷载情况进行动态时域分析，在每个分析中使用相关的波浪数据；

（4）对时域分析的结果进行后处理，以此来评估钻井立管在关键部位的疲劳损伤。

7. 悬挂分析

两个悬挂构造假定如下：硬悬挂，挤压伸缩接头并在船体上锁紧，从而使立管顶部随着船舶上下移动；软悬挂，立管由立管张紧器支撑，这些张紧器的 APV（空气压力容器）都保持打开状态，并配有一个顶部安装补偿器（CMC），它们提供了一个与船舶相连的垂直弹簧连接。

利用随机波进行时域分析至少需要 3 小时的模拟时间。硬悬挂的实例为一年一遇的冬季风暴、十年一遇的冬季风暴和十年一遇的飓风。软悬挂的实例为十年一遇的冬季风暴和十年一遇的飓风。动态时域分析的目的是测试各个模型的可行性。

在硬悬挂模型中，立管从 BOP 中分离出来，只有 LMRP 连接在立管上。在硬悬挂方法中，只有位移是固定的。转动由常平架－卡盘的刚度决定。下放保护装置位于主甲板上。

对软悬挂方法来说，立管重力由张紧器和绞车来承担。绞车的刚度为零，而张紧器的刚度可基于张紧器所承受的立管重力以及波浪作用下立管的冲程估算得到。

硬悬挂和软悬挂分析的评价标准如下：

（1）针对软悬挂，要对张紧器和滑动接头的冲程进行限制；

（2）最小顶部张力要保持正值，以避免卡盘隆起；

（3）最大顶部张力为下部结构和悬挂工具的额定值；

（4）立管应力极限为 $0.67F_y$；

（5）常平架的角度要适当以避免滑出；

（6）龙骨与常平架之间的最大角度要避免与船碰撞。

8. 双重作业干扰分析

在使用辅助钻井平台进行部署活动时，双重作业干扰分析将会对不同情况下，现场以及与主设备相连的钻井立管进行评估。该分析的目的是确定海流和偏移的限制量，以确保不会导致任何钻井立管、辅助钻井平台上的悬挂设备或绞车之间发生碰撞。主管道与辅助钻井平台和钻井平台之间的距离是一个重要的设计参数。值得注意的是，主管道与月池、船体或支撑发生的碰撞需要在完成叠加模型之前就对各项进行独立地评估。

根据双重作业分析所提供的资料，可以得到静态偏移以及由海流荷载产生的附加静态偏移。最后，在系统中加上海流荷载，并对钻井立管、双重作业设备与船舶之间的最小距离进行评估。

采用阻尼放大系数来考虑 VIV 阻尼对完井立管（关闭辅助钻井平台）的影响。在钻井立管（关闭主钻井平台）中不会采用阻尼放大系数，这样会相对保守地估计由海流造成的下游偏移。辅助钻井平台设备通常布置在 10%，30%，60%，90% 的深水和上游处，而主要钻井立管一般在下游进行连接。

9. 接触磨损分析

钻杆与水下装置筒壁的接触会导致钻杆在旋转与拉动过程中对两者表面造成磨损。表面较软的水下装置的筒壁将比钻杆受到更大程度的磨损，所以筒壁是研究的主体。磨损体积的估算工作是在 Archard（1956）及其他工作的基础上进行的。磨损的表达式为

$$V_w = (K/H)NS \tag{4-1}$$

式中　V_w——两者表面的全部磨损体积，in^3；

　　K——材料常数；

　　H——BHN 材料硬度；

　　N——法向表面接触力，lbs；

　　S——滑动距离，in。

这个公式是在大量材料组合的情况下，通过大量的实验获得的。实验结果表明，在表面条件不变的前提下，磨损率 V_w/S 取决于接触面积和旋转速率或滑动速度。表面温度的升高会导致这种参数的变化。80 ksi 材料的 H 值是 197 BHN。对挠性接头的耐磨环和耐磨套管来说，H 值是 176 BHN。

法向力 N 是从荷载作用下的钻杆的接触分析中得出的。滑动距离 S 与 RPM 的关系如下

$$S = \pi d(RPM)t \tag{4-2}$$

式中　d——钻井管道或钻杆接头的直径；

　　t——分钟数。

将式(4-1)代入式(4-2),求解 V_w 的函数 t,得到

$$t = (H/K)(V_w/N)(\pi d RPM) \tag{4-3}$$

与干燥的接触条件相比,钻井液能润滑钻头以减少磨损。因此,该研究在不考虑润滑效应的情况下进行计算,得到的结果偏于保守。此外,磨损体积 V_w 还与磨损厚度 t_w 有关。

为得到磨损厚度,我们需要考虑磨损形状。磨损区域是由筒壁和工具接头或钻杆外径所形成的新月形边界。可能的接触情况如下所示:

(1)工具接头与套管的接触;

(2)工具接头与 BOP - LMRP 的接触;

(3)工具接头与立管接头的接触;

(4)工具接头与挠性接头的接触;

(5)钻杆与立管的接触;

(6)钻杆与挠性接头的接触。

对于工具接头的各种张力和各个位置下而言,挠性接头的角度以 0.1 度的速度在 0 到 4 度之间增加。每个增步下的反力都要记录下来。只要钻杆张力保持在一个大于零的给定角度,在反力作用下就会不断地发生磨损。当磨损厚度达到 1"时,反力就将保持不变。因此,应计算磨损一定厚度所需的时间。

计算磨损的第一步就是估算泥线附近钻柱的张力,因为其与接触反力有关。为了简化计算,常常采用偏于保守的方法,将每个接触位置的反力按工具接头 5 个位置上的钻柱张力进行标准化计算。

一个典型的磨损计算步骤如下:

(1)确定如下输入数据:钻杆倾角、材料硬度、张力范围、RPM。

(2)由张力计算法向力;

(3)从 t_w - V_w 曲线中得到滑动距离 S;

(4)得到每个 t_w 下的分钟数。

10. 反冲分析

导管反冲分析的目的是确定反冲系统设置和船舶的位置要求,以保证断开时实现以下目标:

(1)LMRP 接连器不会发生故障;

(2)LMRP 立管和 BOP 保持通畅;

(3)立管能以可控的方式升起。

如果船舶有自动反冲系统,那么反冲分析就不需要特定的程序。每一阶段的反冲规范如下:

(1)断开   LMRP 与 BOP 的倾角不能超过连接器的容许偏离角度。这会在断开之前产生限制张力减少的可能性。

(2)间隙   LMRP 应尽快提升以避免当船舶前倾时与 BOP 相碰。

(3)速度   钻杆不应提升过快,以避免滑动接头在高速下超过最大行程。

反冲分析的立管建模要求与悬挂分析要求一样。此外,它还要考虑张紧器系统的非线性与速度特性。时域立管分析程序可以单独使用,或与表格处理软件一起使用。分析的先后次序如下:

(1)进行连接立管分析;

(2)释放 LMRP 基座,打开吊卡,然后分析随后的瞬间响应;

（3）改变张紧器的响应特性来模拟阀门开闭，并分析在一系列波浪作用下的立管响应。

该分析要多次重复进行，以确定操作之间必需的时间延迟。必须对立管上升冲程进行监测，以检测是否冲出以及在什么速度下冲出。即使立管允许在悬挂中冲出滑动接头，也要对断开后的立管垂直振动进行监测，以确保其不与 BOP 发生碰撞。

七、深海钻井立管生产

深海钻井立管生产的主要方法有两种：无缝钢管和直缝埋弧焊钢管。

（1）无缝钢管　是用钢锭或实心管坯经穿孔制成毛管，然后经热轧、冷轧或冷拔制成。无缝钢管具有中空截面，大量用作输送流体的管道，钢管与圆钢等实心钢材相比，在抗弯抗扭强度相同时，质量较轻，是一种经济截面钢材，广泛用于制造结构件和机械零件，如石油钻杆、汽车传动轴、自行车架以及建筑施工中用的钢脚手架等。

（2）直缝埋弧焊钢管　获得满足要求的性能的同时具有较低的成本和较高的效率；主要有 UOE 成形和 JCOE 成形两种类型的直缝埋弧焊钢管，如图 4 - 9 所示。

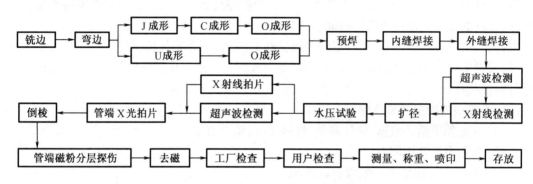

图 4 - 9　直缝埋弧焊钢管成形过程框图

UOE 成形直缝埋弧焊接深海钻井立管的生产是当今国际上最先进的直缝焊管成形方法之一。该方法具有壁厚和管径更精确，可靠性、高质量和高产量等优点，能很好地满足深海钻井立管的要求。U 成形、O 成形之后经双面埋弧焊，最后进行整体扩径，如图 4 - 10 所示。

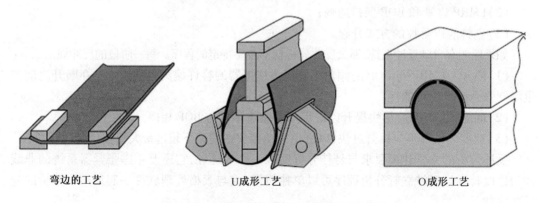

弯边的工艺　　　　　　U 成形工艺　　　　　　O 成形工艺

图 4 - 10　UOE 成形直缝埋弧焊管法示意图

JCOE 成形直缝埋弧焊接深海钻井立管的生产步骤：弯边后的钢板经 J 成形、C 成形和 O 成形后采用双面埋弧焊焊接，最后进行机械扩径，具有很高的生产效率和加工范围。通过性能验证即可以用于深海钻井立管，如图 4 – 11 所示。

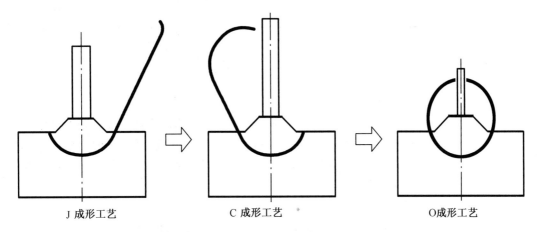

J 成形工艺　　　　　　　　　　C 成形工艺　　　　　　　　　　O 成形工艺

图 4 – 11　JCOE 成形直缝埋弧焊管法示意图

不管是 UOE 成形深海钻井立管还是 JCOE 成形深海钻井立管，后续都还需要进行焊接工艺、机械冷扩径工艺、无损检测工艺、防腐工艺等重要设计。

八、总结

国际上众多石油公司已将开发重点转移到深水区域，如墨西哥湾、巴西、西非与北海周边地区等。我国南海也有丰富的油气资源。深海钻井立管在极其恶劣的环境中作业，因此，是一种具有高风险、高难度、高技术、高附加值的石油装备，对性能有较高的要求。深海钻井立管系统是一个复杂的系统装备，由卡盘/万向节、分流器、上部挠性接头、伸缩节、立管短节、填充阀、立管母管、节流与压井管线、液压管线、钻井液增压管线、浮力块、终端接头、下部挠性接头、底部立管总成 LMRP、井口防喷器 BOP 和立管接头等组成。影响立管系统的主要因素是环境因素和作业因素。前者包括水深、波浪、海流，后者包括钻井液密度、脱离后立管系统的悬挂模式、浮力块的分布涡激抑制设备、节流与压井管线的工作压力等。

目前，用于深海钻井立管的主要材料是符合 API 标准的管线钢，主要是 API 5L X80，并且正在向更高强度级别的 X100 和 X120 等发展。另外，具有高性能的钛合金、铝合金也逐渐用于深海钻井立管中，并且在强度、寿命等方面都符合要求。在进行深海钻井立管的设计时，既要进行立管（准）静态性能分析又要进行立管的非线性动力学分析。前者包括载荷分析、应力分析、极限载荷制订和立管的结构设计等；后者包括时域和频域分析、确定性和非确定性（规则波和不规则波）分析、线性和非线性波浪理论分析、LMRP 和 BOP 脱离后的悬挂模式影响轴向动态的分析、波致疲劳性能的分析。

目前，深海钻井立管的生产方法主要有无缝钢管和直缝埋弧焊钢管。其中，直缝埋弧焊钢管应用更为广泛，UOE 和 JCOE 两种方法实现管坯成形之后，还需要进行焊接工艺、机械冷扩径工艺、无损检测工艺、防腐工艺等。

第五章 钢悬链立管

一、简介

在深水环境下采用湿采油树进行水/气注入和油/气输出时,应该优先选择钢悬链立管(SCR)。2008 年末,全球已经有超过 100 个工程项目应用钢悬链立管,其中主要以墨西哥湾地区为主。同时,全球 30 个正在使用的钢悬链立管具有详细的工程概念,钢悬链立管已经在后续的许多相关工程中使用了。

在超深水浮式产品的生产中,SCR 的设计、焊接和安装方面所面临的问题主要与深水环境内重力整合引起的较高的悬挂张力有关,此外还需要考虑高温、高压、腐蚀、服务条件等方面的内容。

二、钢悬链立管的应用

到目前为止,钢悬链立管已经成功地应用在张力腿(TLP)平台、SPAR 平台和半潜平台上,例如位于墨西哥湾、巴西的半潜平台以及印度尼西亚海岸的张力腿平台。在 2004 年建成的工程里,钢悬链立管也开始应用于 FPSO 的生产服务中,如表 5 – 1 所示。

表 5 – 1 钢悬链立管工程实例

年份	钢悬链立管工程实例
1993	第一个钢悬链立管安装在墨西哥湾地区用于油气输出的壳牌 Auger TLP 平台上,这些钢悬链立管安装水深达 872 米(2 860 英尺),使用柔性接头与平均水位 70 英尺下的 TLP 的浮筒相连。立管的直径和壁厚分别是 1 英寸和 0.688 英寸。通常采用 J 型铺设方法进行安装。涡激振动(VIV)抑制器安装在立管顶部 150 米(500 英尺)处,采用螺旋形列板。此后,Shell 公司的张力腿平台安装了多个类似的 SCR,如 Ram – Powell,Mars,Ursa,and Brutus
1997	第一个安装在半潜平台上的钢悬链立管是在巴西沿岸的 Marlim 地区,水深大约为 605 米(1 985 英尺)。这个 SCR 是一个 10 英寸的气体输入线的一部分,壁厚是 0.812 英寸。依据 API 5L 规范,材料等级选择 X60,为降低中垂弯曲时的弯矩,防止动态运动会变得更加显著,在 SCR 的生产中采用了更高的张力
1998	Morpeth 输出/输入钢悬链立管安装在一个水深 509 米(1 670 英尺)TLP 平台上,使用 J 型铺设方法安装立管的轮箍部分,余下部分的安装采用的是 S 型铺设方式
2001	Prince 钢悬链立管安装在水深达 457 米(1 500 英尺)的 TLP 平台上,钢悬链立管是 2 条 12 英寸的油气输出管线部分,有 24° 的离船角和 ±2° 的柔性接头角度变化,目的是允许立管在相对较浅的水中运动

表 5 -1(续)

年份	钢悬链立管工程实例
2001	两条 6 英寸的 King Kong 钢悬链立管安装在水深 1 006 米(3 300 英尺)的 Allegheny 张力腿平台上,为降低作用在 TLP 上的立管载荷,每个立管的浮力要求达到 22 680 kg(50 000 磅),SCR 的壁厚为 0.791 英寸,材料为 API 5L X -65 等级。在立管接口处使用了 8.23 米长的钛合金应力接头。除了 305 米(1 000 英尺)长的触地点位置使用的是三层聚乙烯外层以外,其他外涂层采用的是 12 - 14 密尔的溶解环氧(FBE),安装在张力接头下部的是 158 米(520 英尺)的轮箍(5D 类型)
2002	Typhoon 的 18 英寸气体输出立管的水深直径比是目前所有安装的钢悬链立管中最低的,这使得在海床触地点位置面临极高的疲劳设计挑战,Typhoon 张力腿平台位于大约 640 米(2 100 英尺)的水深处,在生产井口处使用的是柔性立管,用于产品输出的是 10 英寸的油输出 SCR 和 18 英寸的气体输出立管
2003	8 英寸和 10 英寸的 Matterhon 输出钢悬链立管位于 869 米(2 850 英尺)水深的 TLP 上,是首次以卷筒方式安装的 SCR。这些钢悬链立管的设计首要考虑因素是墨西哥湾 Cold - Core 旋涡流(或者潜流)的作用。卷筒安装方法也会影响到立管设计、建造和疲劳测试过程,特别是焊接程序和协调过程,以及疲劳测试和断裂力学分析方法的选择
2003	Na Kika 钢悬链立管是第一个设计安装在双层管系统里的钢悬链立管,这个钢悬链立管安装在水深达 1 920 米(6 300 英尺)的半潜平台上。生产钢悬链立管使用的是双层管系统,然而输出管却是单壁结构
2003	Marco Polo 的 12 英寸油输出和 18 英寸气体输出钢悬链立管与位于 1 311 米(4 300 英尺)水深的张力腿平台连在一起。安装期间,其中一个立管朝着 TLP 方向移动了 25 米(820 英尺)。额外焊接的 4 个接头引起 SCR 的离船角从 12°变为 10°
2004	Bonga 钢悬链立管应用于西非沿岸的浮式生产储油卸油(FPSO)船上,气体输出钢悬链立管和油输出钢悬链立管安装在一个水深达 3000 英尺的 Front Runner Spar 平台上,在白勇博士的 OTC 论文中发表了一篇关于这种立管的涡激振动疲劳分析
2005	Anadarko GC518 生产钢悬链立管采用的是 5 英寸的内径(ID),使用的是 2 号立管
2005	ENI K2 生产钢悬链立管采用的是 5.625 英寸的内径,2 号立管
2005	BP Horn Mountain 石油输出立管采用的是 11.5 英寸内径,2 号立管
2005	Anadarko Genghis Khan 生产立管采用的是 5 英寸内径,2 号立管
2006	Atlantis 油气输出钢悬链立管是 BP 公司和他的合伙人开发的 Mardi Gras 运输系统(MGTS)的一部分。Atlantis 地区生产平台的主船体是一个 88 000 吨、27 米长的半潜平台,位于墨西哥湾 787 区,系泊在 GreenCanyon 水深 2 164 米(7 100 英尺)处。输出立管由安装在位于西侧浮筒内的柔性接头支持,浮筒位于平均水位(MSL)以下的 21 米(70 英尺)处。出油立管外径 24 英寸,底部壁厚是 1.20 英寸,顶部壁厚是 1.127 英寸。输气立管直径和壁厚分别是 16 英寸和 0.898 英寸。设计寿命均为 30 年
2007	Independence Hub 半潜生产平台位于墨西哥湾地区 2 438 米(8 000 英尺)水深处,平台上安装的是 8 英寸和 10 英寸的钢悬链立管,关于该立管的耦合 VIV 分析和传热分析也刊登在一篇 OTC 论文中
2007	Chevron Texaco Blind Faith 钢悬链立管是用作生产、输油和输气的立管。对于生产立管有三个不同的直径:内径 4.625 英寸,5.375 英寸,和 5.625 英寸。对于输油立管,内径为 12.375 英寸,对于输气立管,内径为 12.25 英寸

三、壁厚设计

钢悬链立管的壁厚要依据 API RP 1111 规范和联邦规范中规定的可承受压力(箍环和挤压强度)进行设计。失稳分析应该根据 API RP 2RD 规范和 API RP 1111 规范进行,特别是对于输出钢悬链立管更要依据上述规范。一些安装方法,如卷筒安装对相关的直径厚度比有特殊的要求。此外在某些情况下,为满足轴向和横向稳定性的要求,也需要增加壁厚。

另外还需要引入结合了 Von Mises 应力校核的 API 2RD 规范,其中的许用应力标准包括:

(1)运行状态 $= 0.67\sigma_y$;

(2)极限状态或者临时状态 $= 0.80\sigma_y$;

(3)水诊测试 $= 0.90\sigma_y$;

(4)偶然载荷 $= 1.00\sigma_y$。

到目前为止,对于 X – 65 焊接钢管,离岸条件下可焊接的最大厚度约为 39.9 mm(1.57 英寸),这个限制厚度是考虑到疲劳性能等因素的影响,主要包括管子制造、焊接能力、覆层应用技术和自动化超声检测(AUT)能力等方面。

1. 依据美国机械工程师协会(ASME) B31.4 和 B31.8 规范的立管壁厚设计

对于这两个规范,主要的设计原则可以表述为立管被当作压力容器进行评定,将周向应力限制为屈服应力的特定百分比。依据 ASME B31.8 规范,最大周向应力取决于多个因素,如材料、管子位置、运行状态以及其他一些由设计者制订的限制因素。

在设计步骤中,应该考虑下面几个设计标准:压力控制(周向压力)、静水力失稳和屈曲传播。

目前的设计原则是限制不同压力时的周向应力及限制合成载荷对应的等值应力。一般而言,除了当外部的冲击载荷对立管的完整性有威胁时,其他情况下这个原则都是偏于安全的。表 5 – 2 所示为不同管线依据 ASME B31.4 和 B31.8 规范计算各应力时的设计系数 η。

表 5 – 2　不同管线依据 ASME B31.4 和 B31.8 规范计算各应力时的设计系数 η

	周向应力	纵向应力	等值应力
油气管线、液态烃管系和立管	0.72	0.80	0.90
非生产平台的气体立管	0.60	0.80	0.90
生产平台上的气体管系、气体立管	0.50	0.80	0.90

注释:按照上表,ASME B31.4(液体)和 B31.8(气体)规范的区别是设计系数 η 值不同。

(1)压力控制(周向压力)

由于内外压力的不同,周向应力标准起到限制特征周向拉应力 σ_h 的作用,可以使用如下的方程计算:

$$\sigma_h < \eta_h(SMYS)K_t \tag{5-1}$$

式中　σ_h——周向应力;

η_h——设计利用率；

SMYS——指定最小屈服强度；

K_t——材料温度降级系数（碳钢的按照 ASME B31.8 规范，不锈钢或双重的按照 DNV OS F101 规范）。

周向压力方程的一般表达式为

$$\sigma_h = (p_i - p_e)\frac{D}{2t} \tag{5-2}$$

式中　p_i——内压；

p_e——外压；

D——直径；

t——立管壁厚。

远离平台区域的立管，设计系数定为 0.72，对于平台区域附近的立管（安全区域）利用率依据 ASME B31.8 定为 0.5，或者依据挪威石油名录（Norwegian Petroleum Directory，NPD）定为 0.60。设计因子的初值 0.72 最早出现在 B31 规范（1935）。工作压力限定为工厂测试压力的 80%，这是通过方程（4-1）使用设计因子 0.9 计算出来的。管线分区制系统包括区域 1 和区域 2，这个区域是根据管线到主船体平台的距离划分的，其中，500 米以内称作区域 2，500 米以外称作区域 1。

（2）静水力失稳

外部压力 p_1' 和管子的失稳压力是相等的，用公式（5-3）计算：

$$p_1^3 - p_{el} \times p_1^2 - \left(p_p^2 + p_{el} \times p_p \times f_0 \times \frac{D}{t}\right) \times p_1 + p_{el} \times p_p^2 = 0 \tag{5-3}$$

式中　p_{el}——弹性屈服压力，$p_{el} = \dfrac{2E}{(1-\nu^2)} \times \left(\dfrac{t}{D}\right)^3$；

p_p——完全塑形压力，$p_p = \eta_{fab} \times SMYS(T) \times \dfrac{2t}{D}$；

f_0——椭圆度，$f_0 = \dfrac{D_{max} - D_{min}}{D_{max} + D_{min}}$；

p_1——外部压力界限；

$SMYS(T)$——指定最小圆周方向屈服强度；

E——杨氏模量；

ν——泊松比；

η_{fab}——制造降级因子，如果没有详细的参考信息，这个因子可以使用缺省值 0.005。

建造阶段引起的椭圆度也需要包括在内，但是外部水压引起的扁平率或者安放位置点的弯曲不需要包括在内，安装和循环工作载荷的作用导致椭圆度的增加会使局部弯曲情况恶化，因此，对这一现象必须加以考虑，建议对服役期内可能遇到的载荷，应用有限元分析的方法进行椭圆度的模拟计算。

失稳方程表达式如下：

$$(p_c - p_{el}) \times (p_c^2 - p_p^2) = p_c \times p_{el} \times p_p \times f_0 \times \frac{D_0}{t} \tag{5-4}$$

失稳方程通过如下方法求解：

$$p_c = y - \frac{1}{3}b, \ (p_c = p_1) \tag{5-5}$$

其中

$$c = -\left(p_p^2 + p_c \times p_{el} \times p_p \times f_0 \times \frac{D_0}{t}\right)$$

$$b = -p_{el}$$

$$d = p_{el} \cdot p_p^2$$

$$u = \frac{1}{3}\left(-\frac{1}{3}b^2 + c\right)$$

$$v = \frac{1}{2}\left(\frac{2}{27}b^3 - \frac{1}{3}bc + d\right)$$

$$\phi = \arccos\left(\frac{-v}{\sqrt{(-u)^3}}\right)$$

$$y = -2\sqrt{-u} \cdot \cos\left(\frac{\phi}{3} + \frac{\pi}{3}\right)$$

计算椭圆度时,需要按以上步骤进行。

如果 D/t 值小于50,在组合弯曲应变和外部压力作用下管子应变的确定标准可以用如下公式计算:

$$\left(\frac{f \times \varepsilon}{\varepsilon_b}\right)^{0.8} + \frac{p_e - p_i}{p_c} \leqslant 1 \tag{5-6}$$

式中　ε——管子弯曲应变;

　　　ε_b——$\dfrac{t}{2D}$;

　　　ε_1——最大安装弯曲应变或最大在位弯曲应变;

　　　f——安装弯曲或在位弯曲挠度安全系数;

　　　p_c——失稳压力。

安全系数 f 应该由设计者确定,同时需要考虑安装弯曲应变或在位弯曲应变可能出现的幅值增加情况。对于载荷产生的不确定性影响,如果缺乏具体的信息,推荐使用安全系数2.0。对于非名义状态引起的安装弯曲应变增加的情况,安全系数 f 可能会大于2.0,而对于弯曲应变清晰可辨的情况(卷筒情况)或在位状态时的情况,安全系数可以小于2.0。

在安装阶段,如果可以发现并修复那些潜在的局部弯曲并且在使用阶段阻止屈曲传播,可以选择较低的安全系数。

(3)屈曲传播

在安装过程中,局部屈曲具有较高的危险性,需要设计屈曲抑制器来限制屈曲的传播和可能引起的破坏延伸。

下列方程可以确定是否需要屈曲抑制器:

$$P_{pr} = 24 \times SMYS \times \left(\frac{t}{D}\right)^{2.5} \tag{5-7}$$

式中　P_{pr}——立管传播压力;

　　　$SMYS$——指定最小屈服强度;

　　　t——管壁厚度;

D——立管外径。

通过求解下列方程,可以得到几种可行的屈曲抑制器壁厚和长度的组合,但是这个方程仅仅适用于厚壁圆柱体抑制器。

$$P_{x} - P_{pr} = (P_{a} - P_{pr}) \times \left[1 - \exp^{\left(-15 \times \frac{t_{BA} \times l_{BA}}{D_{BA}^{2}} \right)} \right] \qquad (5-8)$$

式中　P_{x}——转换压力,$P_{x} = S_{F} \times P_{h}$;

l_{BA}——抑制器长度;

S_{F}——安全系数,$S_{F} = 1.5$;

P_{h}——静水压力,$P_{h} = \rho_{w} \times g \times (h_{max} + h_{t} + h_{s} + h_{ref})$;

g——重力;

h_{max}——通用立管所处的最大深度;

h_{t}——潮水振幅;

h_{s}——风产生浪涌高度;

h_{ref}——输入口压力参考高度(大约等于海平面上 10 米 + 所处位置水深)。

$$P_{a} = 34 \times SMYS \times \left(\frac{t_{BA}}{D_{BA}} \right)^{2.5} \qquad (5-9)$$

式中　P_{a}——屈曲抑制器传播压力;

t_{BA}——屈曲抑制器壁厚;

D_{BA}——$D + 2 \times t_{BA}$,m。

2. 按照 API 1111 规范设计的壁厚

这种方法是基于 API 1111 规范和 ASME B31.8 标准计算立管和管系的最小壁厚,计算时需要依据以下四项要求:

(1)内压控制　内压要小于最小壁厚能承受的值;

(2)静水失稳　基于失稳校核的最小壁厚;

(3)局部屈曲　使用局部屈曲校核方法确定可行的最小壁厚;

(4)屈曲传播　计算抵抗屈曲传播时所需的最小壁厚。

3. 内压控制

钢制立管内压控制设计时的壁厚 t_{ph} 可通过如下方式确定:

$$t_{ph}(i) = \frac{[p_{id} - p_{e}(i)] \times D}{2 \times \sigma_{y} \times Fl_{riser} \times f_{T}} + t_{corr} \qquad (5-10)$$

式中　D——管线外径;

σ_{y}——指定的最小屈服强度;

Fl_{riser}——立管周向应力设计系数;

f_{T}——温度降级系数;

t_{corr}——内部腐蚀裕度;

p_{id}——内部设计压力,psig;

p_{e}——管线外压,$p_{e} = \rho_{sea} \times g \times |Profile_{i.1}| \times f_{T}$;

ρ_{sea}——海水密度;

$Profile_{i,1}$——校核点水深。

适用于立管和平台附近的管系。

(1)静水力失稳

在建造和运行阶段,碳氢化合物管线可能遇到外压超过内压的情况。由于静水压力的影响,作用在管壁上的压力可能引起管子的失稳,因此选择管子时要确保它能够提供足以抵抗失稳的强度,同时要考虑它的物理特性的变化、椭圆度、弯曲应力和外部载荷等情况。

在管线的任何位置上,管子的失稳压力都必须要超过外部净压力,可用下列公式表示:

$$P_0 - p_i \leqslant p_{cex}(t) \qquad (5-11)$$

其中

$$p_{cex} = \frac{f_0 \times p_{yp}(t) \times p_{ec}(t)}{\sqrt{p_{yp}(t)^2 + p_{ec}(t)^2}}$$

式中　p_{cex}——标准圆管单纯失稳的临界压力,包含安全系数;

f_0——SMLS 管弹性失稳的设计因子, $f_0 = 2 \times \sigma_y \times t/D$;

$p_{ec}(t)$——塑性失稳压力;

$p_{yp}(t)$——塑性失稳的屈服压力

$$p_{yp}(t) = 2 \times E \times \frac{\left(\dfrac{t}{D}\right)^3}{1 - \nu^2}$$

ν——泊松比;

E——杨氏模量。

(2)局部屈曲

组合弯曲应变和外部压力应满足下式:

$$\frac{\xi}{\xi_{b(t)}} + \frac{(P_0 - p_i)}{p_c} \leqslant g_{OV} \qquad (4-12)$$

$$OV = \frac{D_{max} - D_{min}}{D_{max} + D_{min}}$$

式中　g_{ov}——失稳锥形系数, $g_{ov} = \dfrac{1}{1 + 20 \times OV}$;

OV——管子椭圆度;如果没有详细的信息,这个系数可以取作缺省值 0.5%;

f_p——屈曲传播设计因子;

ξ_1——中垂弯曲中,为基于 0.9 倍许用应力的最大安装应变;

ξ_2——最大在位弯曲应变,基于许用纵向应力的一半进行计算,其中纵向应力取 0.80 倍 SMYS 在位应力;

$$\xi_2 = 0.5 \times f_p \times \frac{\sigma_y}{E}$$

$\xi_b(t)$——纯弯曲时的弯曲应变;

$$\xi_b(t) = \frac{t}{2D}$$

如果 $\xi_1 > \xi_2$,取 ξ_1 或者 ξ_2 作为管内的弯曲应变

$$P_c = \frac{P_{cex}(t)}{f_0} \qquad (5-13)$$

式中 P_c——失稳压力；

f_0——SMLS 管塑性失稳的设计因子；

P_{cex}——标准圆管单一失稳的临界压力。

（3）屈服抑制器的壁厚

由过度弯曲或者其他原因引起的屈曲可能沿着管子传播，因而导致油气管线失效，这些屈曲通常是由直径壁厚比过高的管线所承受的海水静压力而引起的。对于水下的管线系统，静水压力可以导致屈曲的传播，因此，正确估计屈曲传播压力是非常必要的，一旦发现可能存在导致屈曲传播的条件，就要在设计阶段采取措施防止屈曲传播。

依据 API 111 规范中的屈曲传播方程，防止屈曲传播的最小壁厚计算公式如下

$$w_b(i) = \left(\frac{p_e(i)}{24 \times \sigma_y \times f_p}\right)^{\frac{1}{2.4}} \times D \qquad (5-14)$$

式中 f_p——屈曲传播设计因子；

D——管线外径；

σ_y——指定最小屈服强度；

p_{id}——内部设计压力，psi①；

p_e——管线外压，$p_e = \rho_{sea} \times g \times |Profile_{i.1}| \times f_T$。

四、基础设计阶段的设计数据

1. 总体设计

在初步设计阶段，为尽可能降低成本，必须确定立管和管道的直径和壁厚。

影响立管直径和壁厚设计的因素包括：

（1）工作情况 运输方法，清管，腐蚀，检测；

（2）井口特性 压力，温度，流量，热量损失，造渣，正常的流体和相关的化学物质；

（3）结构性约束 爆炸，失稳，屈曲，后屈曲；

（4）安装事项 船体张紧能力；

（5）建造事项 制造能力，制造产生的偏差，焊接工序，检测；

（6）船体位移和运动；

（7）海况条件；

（8）深水环境。

井口特性决定了井口成分和性质随时间的有序变化情况，对正常和非正常关闭运行状态，这些都需要预先确定。设计者应该对安装、试运行和运转阶段可能遇到的各项因素做到全面考虑。

2. 建造/安装方法的影响

建造和安装操作可能对立管系统造成永久性的变形或者产生残余载荷/扭矩，进而影响疲劳寿命，因此设计者应该把这些考虑在内。焊接质量、立管末端和椭圆度之间的配合程度

---

① 1 MPa = 145.037 psi

决定了服役期内对立管的要求,无损探伤(NDT)的要求则取决于对疲劳寿命和断裂力学分析的评估。

在设计中应考虑如下问题:

(1)在稳定性设计中,应考虑立管在安装过程中以及极限载荷、完全关闭/降压和最小壁厚情况下,中垂弯曲应变的影响;

(2)对于管线弯曲时产生的剩余扭矩,应考虑到柔性接头等部件的影响以及在铺设操作中安装船张紧器的侧向或塑性变形;

(3)几何不连续性以及前期焊接限制产生的应力集中系数(SCF),前期焊接限制一般包括立管的椭圆度(UOE 管)、非同一壁厚管问题(无缝管)、焊接偏差等;

(4)安装时(卷筒,S 型铺设)塑性变形引起的应力集中,如屈服强度不同的管子焊接在一起的时候;

(5)安装时(卷筒,J 型铺设)由塑性变形引起的残余椭圆度;

(6)安装时的装载情况;

(7)焊接工序和偏差裕量,无损探伤方法,以及和抗疲劳性相关的阀值等。

3. 材料选择

在选择材料时需要考虑的因素有强度要求、断裂和疲劳性能要求、焊接缺陷可接受程度以及是否适用于脱硫/酸性条件。

在缺少更详细的数据情况下,DNV – OS – F201 规范 C303 提供了对各种钢材可能发生的屈服应力水平的初步温度降级估测参考。

(1)材料等级优化

材料级别的优化源于管线的制造和焊接过程。除了满足建造和安装成本的最小化,优化过程还要满足运行要求。由于不同的材料等级对立管的工作寿命有很大影响,经营者一般会参与到材料级别的最后筛选中。

(2)材料的拉伸属性

产品等级规范(PSL)1 中的 A25,A,B,X42,X46,X52,X56,X60,X65 和 X70 级别应该满足表 5 – 3 所述的拉伸要求。产品等级规范 2 中的 B,X42,X46,X52,X56,X60,X65,X70 和 X80 级别应该满足表 5 – 4 所述的拉伸要求。

表 5 – 3　PSL 1 规范的拉伸要求

等级	最小屈服强度		最小极限拉伸强度	
	/psi	/MPa	/psi	/MPa
A25	25 000	172	45 000	310
A	30 000	207	48 000	331
B	35 000	241	60 000	414
X42	42 000	290	60 000	414
X46	46 000	317	63 000	434
X52	52 000	359	66 000	455

表 5 – 3（续）

等级	最小屈服强度		最小极限拉伸强度	
	/psi	/MPa	/psi	/MPa
X56	56 000	386	71 000	490
X60	60 000	414	75 000	517
X65	65 000	448	77 000	531
X70	70 000	483	82 000	565

表 5 – 4　PSL 2 规范的拉伸要求

等级	最小屈服强度		最大屈服强度		最小极限拉伸强度		最大极限拉伸强度	
	/psi	/MPa	/psi	/MPa	/psi	/MPa	/psi	/MPa
B	35 000	241	65 000	448	60 000	414	110 000	758
X42	42 000	290	72 000	496	60 000	414	110 000	758
X46	46 000	317	76 000	524	63 000	434	110 000	758
X52	52 000	359	77 000	531	66 000	455	110 000	758
X56	56 000	386	79 000	544	71 000	490	110 000	758
X60	60 000	414	82 000	565	75 000	517	110 000	758
X65	65 000	448	87 000	600	77 000	531	110 000	758
X70	70 000	483	90 000	621	82 000	565	110 000	758
X80	80 000	552	100 000	690	90 000	621	120 000	827

X42 到 X80 等级应该符合购买者和制造商间达成的共同拉伸要求。此外,这些要求还要满足表 5 – 3 的 PSL 1 管和表 5 – 4 的 PSL 2 管的要求。

对于冷扩张管,每根管子的主体屈服强度和主体极限拉伸强度的比率不应超过 0. 93。屈服强度应该是产生总延伸为 0. 5% 计量长度时的拉伸应力,这个量需要由应变仪来确定。除了记录延伸量外,还包括使用的条状测试样本的名义宽度,或者圆棒样本的直径和计量长度。对于 A25 级别的管子,制造者需要证明装配的材料已经接受了测试并且满足 A25 级别的力学要求。

（3）酸性环境

酸性工作环境发生在立管内输送碳水化合物的情况。此时含有高浓度的 H_2S 和 CO_2,PH 值很低,它们和水混合形成的酸性环境会产生腐蚀作用,H_2S 的存在还会增加钢材对氢的吸收。

氢含量和侵蚀严重度随着 PH 的降低、H_2S 含量和温度的升高而增加。有效的脱水可以保证输油段的稳定,控制化学品的含量则可以降低腐蚀作用,并且会在一定程度上影响氢的吸收、防止氢诱导的脆性断裂和硫化物引起的应力腐蚀开裂现象。

为了预防腐蚀缺陷,可以应用抗腐蚀合金包层或者衬管,API（1998）规范对抗腐蚀合金包层和内衬管有一套详细说明,将它们分成如下类别:

①冶金粘结管——在结构外部管和抗腐蚀内管之间带有冶金黏结剂的管子。

②机械性包层管——生产包层管最简单、经济的方法是在内部线性排列一些碳钢管。

抗腐蚀合金管可以通过焊接形式连接或者螺纹、耦合连接器进行连接。焊接包括离岸焊接和岸上焊接。由于岸上环境更加可控,因而岸上焊接质量更高;由于没有和离岸安装驳船相关的过渡成本问题,岸上焊接比离岸焊接耗时短。并且,包层管离岸焊接有一定的技术挑战,因而需要更长的时间。

(4)钛合金

自从 1996 年钛合金就开始应用于钢悬链立管的顶部应力接头,在立管设计、悬挂结构和应力接头的安装领域得到了广泛的应用。

考虑到剧烈的载荷和内部流体流动,立管触地点区域(Touch Down Zones,TDZ)也采用钛合金。已经进行的一些研究工作已证实了这一应用的优势,特别是在提高疲劳寿命方面优势显著。许多设计规范都没有对钛合金应用有完全的阐述,因此,当确立设计载荷能力和疲劳性能时,还需要考虑这种材料的一些特性。

钛合金拥有特殊的综合性能,如高强度、低弹性模量和密度、优良的抗疲劳性能以及高抗化学腐蚀性能,这些都是它在离岸立管系统中备受欢迎的原因。

钛合金通常用在钢悬链立管顶部末端的锥形应力接头设计中,以及一些和顶部张力立管连接的水下井口位置,这些位置通常是立管承受最高载荷和疲劳的区域,同时还有一些持续暴露在井口液体中的位置。

近些年,由于向深水生产的延伸以及面临着更有挑战性的环境条件,尤其是大量高温高压(High Pressure/High Temperature,HPHT)环境下资源储藏的发现,使得钛合金的应用得到了更大的扩展。

①设计规范

2002 年,DNV 刊载了钛合金立管设计的推荐规范。正在起草的 API/ISO 立管规范说明钛合金的应用越来越广泛。虽然其他的立管设计规范也可以用于钛合金立管设计,然而,DNV 推荐规范已经通过测试,并且会与新的 API/ISO 规范结合起来使用。

②合金的选择和属性

对于悬链立管常用钛合金有两个等级:

a. 美国检测与原料协会(ASTM)23 等级钛合金;

b. 美国检测与原料协会 29 等级钛合金。

29 级别是抗腐蚀更强的合金,通过增加 0.1% 的钉可以得到,它的应用使得在脱硫和酸性氯化物盐水和海水中,裂缝和应力腐蚀温度界限超过了 260 ℃。国家腐蚀工程师协会 NACE MR0175/ISO 标准充分证明 29 级合金对于酸性环境可以达到 35 级的洛氏硬度(HRC)。

4. 疲劳设计数据

(1)环境影响

在腐蚀性环境中或者温度增加情况下,疲劳寿命降低。校核和维护有涂层的绝缘管和覆层的整体性,可以将海水到达立管围壁的危险降到最低。在设计阶段,需要用到 $S-N$ 曲线。然而,若上述条件不能得到满足,且需要评估立管外部环境时,应该对 HSE 曲线作如下调整:

①海水中阴极保护接头

对于 $N \leq 1.026 \times 10^{6}$,通过将 m 值改变为 2.5 的方法可以降低疲劳寿命,对于 $1.026 \times 10^{6} < N < 10^{7}$ 的情况,改变斜率为 $m = 5$。对于 $N > 10^{7}$ 的情况,斜率恢复到 $m = 3$,此时曲线和在空气中时曲线是一样的。

②海水中的自由腐蚀接头

在全部范围内,通过改变 m 值为 3 降低疲劳寿命。

在一些区域,局部的腐蚀以及疲劳影响是值得注意的,如当触底区域的局部沟槽跨度很大时,就可能出现较高的腐蚀现象,并且触地点是一个容易堆积水的较低位置点,这也会对腐蚀产生影响。众多数据显示,在较低的位置点,腐蚀会更加严重,并且当结合剧烈的动态载荷时,可能会进一步加速疲劳影响。腐蚀速率随着液体流速增加而增加,特别是在生产立管顶部流速大的位置,因为这个位置也存在剧烈的动态载荷引起的腐蚀速率增加。

对于温度而言,上述的海水的环境缩减系数是温度在 6 ~ 20 ℃ 之间时得到的疲劳数据。对于更高的温度,这些系数需要依据 API RP 1111 规范来确定。

没有腐蚀性流体时,温度对于立管范围内的钢材疲劳的影响(正比于杨氏模量的变化)是最小的,因而可以忽略。

(2)累积损伤

$S - N$ 设计曲线适用于恒幅交变载荷情况。为了考虑钢悬链立管在频谱载荷作用下引起的变幅载荷循环,需要应用 Miner 规范。下面的公式表明了失效发生的情况:

$$\frac{n_1}{N_1} + \frac{n_2}{N_2} + \frac{n_3}{N_3} + \cdots = \sum \frac{n_i}{N_i} = D = 1.0 \qquad (5-15)$$

式中　D——累积损伤率。

频谱载荷给出了应力范围 S_i 对应的循环次数 n_i,N_i 值是通过设计 $S - N$ 曲线对应的 S_i 得到的,其中 $i = 1,2,3,\cdots$ 直到外加应力频谱指定的应力循环次数。

实际应用时,通常在疲劳设计寿命中采用安全系数,并且假定 $D < 1.0$。为应用 Miner 规范,有必要把实际的工作应力谱(通常指定为一年并且假设每年都重复)转化为几个恒定的应力范围单元,即应力 S_1 对应 n_1 次循环,S_2 对应 n_2 次循环,S_3 对应 n_3 次循环等,从疲劳损伤的角度来说是等效的,这叫做循环计数方法。

(3)环形焊缝

在立管中环形焊缝通常是最大的临界疲劳位置点。然而,由于现有疲劳设计规范很有限,不能反应当前的实际状态,因而,实际中,会利用各种各样的曲线进行设计,这些曲线通常是由详细的疲劳试验数据或者特别设计的疲劳测试得到的。

接头处管壁不重合是环形焊缝严重影响疲劳性能的主要原因,形成原因主要是焊接时圆周方向的收缩变形导致了轴向变形(管壁中心线的不吻合)或角变形。后者环形焊缝中不明显,但是前者却很难避免,而且可能很明显。这种不重合的主要影响发生在当进行轴向加载时,接头处沿着管壁方向会出现二次弯曲,并且,不重合引起管子各内表面间偏移的同时,也影响外部环形焊缝的质量。这种不重合不利于实现全焊透焊接。

用于检测环形焊趾的应力范围是在焊趾管壁中施加的各个名义应力总和,通常选择在管壁内部或者外部的恰当位置,还包括由于不重合引起的二次弯曲应力。焊接本身引起的应力集中应该排除在外,因为它的影响在 $S-N$ 曲线设计中已经包括在内了。作为一种外加应力的来源,不重合的影响经常用应力集中系数或者放大倍率系数来表达:

应力集中系数(SCF) = (外部载荷应力 + 二次弯曲应力)/外部载荷应力

应力集中系数取 1.3 等价于不重合引起的二次弯曲应力是 30% 的外加轴向应力,这个数值可以在缺少更详细的数据时使用,但是在墨西哥湾的大直径输出立管中已经成功实现了低达 1.1 的应力集中系数。鉴于不重合度的影响可能由于外加应力限制了焊接的质量,建议设计者充分考虑实际的情况,如最大的指定不重合和计算得到的对应二次弯曲,而不要应用固定的应力集中系数。在这一方面,可以应用一系列公式计算错位引起的弯曲应力 σ_s。在轴向错位的情况下,根据:

$$\sigma_s = 3\sigma_a \frac{e}{T} \tag{5-16}$$

式中　σ_a——外加轴向应力(只有弯曲施加在薄膜部件上);

e——管壁中心线偏移;

T——壁厚。

对于应力集中系数:

$$SCF = \frac{\sigma_a + \sigma_s}{\sigma_a} = 1 + 3\frac{e}{T} \tag{5-17}$$

对于局部管壁的非平面弯曲约束的影响已经采取了一些调整措施,这些影响通常来自环形截面的周向刚度、管子直径厚度比还有管壁厚度的显著变化。

例如:

$$\sigma_s = 2.6\sigma_a \frac{e}{T_{min}} \left[\frac{1}{1 + 0.7\left(\frac{T_{max}}{T_{min}}\right)^{1.4}} \right] \tag{5-18}$$

虽然式(5-19)供选择的公式更适合环形焊缝的小量不重合情况,但式(5-18)的应用也是很广泛的。

$$\sigma_s = 6\sigma_a \frac{e}{T_{min}} \left[\frac{1}{1 + \left(\frac{T_{max}}{T_{min}}\right)^{1.5}} \right] \tag{5-19}$$

对于管壁厚度大于 25 mm 时,对 $S-N$ 曲线得到的设计许用应力范围还要采用 $(25/T)^k$ 的修正,其中 T 的单位是 mm。对于环形焊缝,幂指数 $k = 0.15$ 或更小,这个取决于不重合程度。如果工程中有直接来源于立管测试样本并经过焊接验证的合适数据,对于厚度修正的要求可以适当宽松。

(4)冲洗打磨环形焊缝

改善环形焊缝疲劳性能最有效的方法是通过加工或打磨的方法去除焊缝处多余的填充材料,最终的焊接节点应该满足 HSE 的 C 级规范要求,并且符合焊接节点评估计算中得到的应力范围。对于顶端或根部焊道的冲磨只会提高那部分焊接质量的级别。在对冲磨焊缝评估时,不用进行厚度修正。

需要注意:通过冲磨改善疲劳性能的程度取决于光滑抛光工作的实现程度和保持性。

因而,通过冲磨提高焊缝级别的前提条件是不会发生表面损伤(如操作失误或者蚀坑)。同样值得一提的是,当显著的表面应力集中被去除时,内含的瑕疵在冲磨焊缝中就会更加明显,并且容易产生疲劳初始裂纹点,因而,C级应用的进一步要求是焊缝通过检测并且没有可能导致疲劳强度低于C级的瑕疵存在。如果已经过打磨和无损探伤测试(NDE),C级曲线可以用于端部加厚管线或者车间焊接管线。

(5)非焊接材料

设计立管时应该考虑包括非焊接材料在内的各种潜在疲劳初始裂纹,一般都假定机器加工面为B级,其他情况假定为C级,这时$S-N$曲线需要配合评估区域内的应力范围一起使用,同时需要考虑除表面抛光以外的所有应力集中产生的影响。如打磨环形焊缝一样,必须确保这些焊缝表面抛光时不会恶化,才可以应用$S-N$曲线。

(6)平均应力修正

不考虑变形特征(压缩或者拉伸)或者外加的平均应力,所有的$S-N$曲线都是以外加应力范围的形式表达的。焊缝节点处可能含有焊接引起的很高的拉伸残余应力,这种残余应力会把外加应力转换为同一应力范围内拉伸的效果。设计$S-N$曲线所采用的就是模拟这一状态下产生的测试数据。然而,如果焊接组件应力降低或者评估非焊接材料,这些设计规范又提供了许多参考因素。通常来讲,假设任何外加压应力部分都没有破坏性,可以忽略。然而,残余应力可能来源于焊接以外的其他形式,例如卷轴。因此,通常建议采用保守的处理方法,并且在钢悬链立管的设计中,不采用平均应力修正。

(7)安装时的变形

通过滚压机或由其他残余弯曲应变产生的弯曲疲劳影响可以忽略,如上所述,设计$S-N$曲线已经考虑到了高拉伸残余应力产生的最坏影响,而且改变残余应力也不会导致结果更差。

表5-5　对空气中钢材的疲劳设计$S-N$曲线的基本参数定义

参考规范	等级	A	M
API	X	1.15×10^{15}	4.38
API	X'	2.50×10^{13}	3.74
HSE:1995离岸工程指导性说明(Offshore Guidance Notes)	B*	5.73×10^{12}	3.00
HSE:1995离岸工程指导性说明(Offshore Guidance Notes)	C*	3.46×10^{12}	3.00
HSE:1995离岸工程指导性说明(Offshore Guidance Notes)	D	1.52×10^{12}	3.00
HSE:1995离岸工程指导性说明(Offshore Guidance Notes)	E	1.04×10^{12}	3.00
HSE:1995离岸工程指导性说明(Offshore Guidance Notes)	F	6.30×10^{11}	3.00
HSE:1995离岸工程指导性说明(Offshore Guidance Notes)	F2	4.27×10^{11}	3.00

*对B级和C级曲线可能作如下修改,例如:B-曲线,$A=1.01 \times 10^{15}$,$m=4$;C-曲线,$A=4.22 \times 10^{13}$,$m=3.5$。

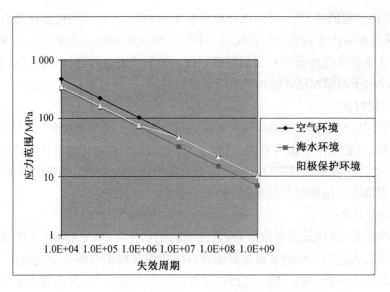

图 5-1　空气和海水环境下 E 级设计曲线的比较图

表 5-6　对于钢管环形焊缝可能应用的疲劳设计 $S-N$ 曲线

疲劳初始裂纹位置和详情		BS 7608 等级	条件	厚度修正要求	注释
双面焊焊趾		C D E F	磨平	No Yes Yes Yes	易受隐藏瑕疵影响 如果 $e/T \leqslant 0.05$ 忽略错位 如果 $e/T \leqslant 0.1$ 忽略错位
单面焊焊趾		C D E F	磨平	No Yes Yes Yes	易受隐藏瑕疵影响 如果 $e/T \leqslant 0.05$ 忽略错位 如果 $e/T \leqslant 0.1$ 忽略错位
单面焊根部焊道的焊趾		C D E F F2	磨平 磨平 $h_i - l_o \leqslant \pm 0.5$ mm $h_i - l_o \leqslant \pm 1$ mm $h_i - l_o \leqslant \pm 1.5$ mm	No No Yes Yes Yes	易受隐藏瑕疵影响 如果 $e/T \leqslant 0.05$ 忽略错位 如果 $e/T \leqslant 0.1$ 忽略错位
临时衬垫物上单面焊根部焊道焊趾		C D E F F2	磨平 磨平 $h_i - l_o \leqslant \pm 0.5$ mm $h_i - l_o \leqslant \pm 1$ mm $h_i - l_o \leqslant \pm 1.5$ mm	No No Yes Yes Yes	易受瑕疵影响 如果 $e/T \leqslant 0.05$ 忽略错位 如果 $e/T \leqslant 0.1$ 忽略错位
永久衬垫单面焊根部		F		Yes	

5. 钛合金立管

对于如 23 和 29 等级的钛合金,在带有光滑根部和顶部焊道的优质全焊透环形焊缝中,一般应用如下 $S-N$ 曲线:

$$N = \frac{6.8 \times 10^{19}}{S^6} \tag{5-20}$$

式中　N——失效前的应力循环次数;
　　　S——应力范围。

这个曲线用于处在 150 ℃ 的含气海水中的焊接接头(没有阴极保护)并且适合大部分的设备。这个曲线是由 Conoco 开发的,现在称之为 RTI 曲线。RTI 曲线作为一个偏于保守的关系曲线得到了广泛应用,曲线默认其中的焊接工序和检测等都是符合推荐规范要求的。设计者的理解能力、经验和专业知识水平也是至关重要的。实际中所采用的不同 $S-N$ 曲线可能会引起后期建造、焊接工序和焊后处理方法等的显著差别,但是目前对于这方面的详细信息仍然不足。

由 Berge, et. al. 和 Salam, a et. al 提出的其他曲线斜率是不同的,但是作用都是一样的,它们分布在 RTI 曲线的两侧(这三个曲线跨越了 300 MPa/100 000 次循环的区域,其中 Berge 和 Salama 曲线处于 10 亿次循环对应的 RTI 应力范围值的 ±25% 之间)。图 5-2 表明了这一对比,其中包括了用于参考的钢材 E-曲线。关于钛合金立管的 DNV 推荐规范(DNV-RP-F201)是可行的,其中也包括 $S-N$ 曲线,见图 5-2。

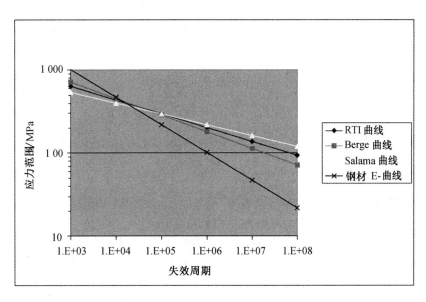

图 5-2　环形钛焊缝的 $S-N$ 曲线图

6. 深水环境条件

(1)分析因素

对于深水环境条件,在钢悬链立管设计阶段有四个必须分析的因素。它们是水动力载荷、材料特性、土壤的相互作用和极端风暴条件。

①水动力载荷

存在许多和涡激振动有关的不确定性因素,当应力超过了材料的承受极限时就会发生疲劳。另外,涡激振动会导致阻力增额,因而也会导致应力的增加。同时还必须考虑立管之间的水动力作用,因为可能会导致立管之间的碰撞载荷。在实际应用中,涡激振动抑制器已经应用到了大部分钢悬链立管中。

②材料特性

深水工程钢悬链立管使用的钢材可以是符合 API X65 等级的或者更高等级的钢,不确定性主要在于兼具塑性应变(卷轴和铺设)的焊接的影响。在应用有效的 $S-N$ 曲线之前,必须基于相对保守的假设进行钢悬链立管设计,这在一定程度上限制了钢悬链立管的使用,并且给安装工作带来更多麻烦。

③土壤的相互作用

大部分深水区域的海床是相对疏松的黏土,管子可能会长期掩埋在黏土中。虽然无法知道土壤确切的活动,但是土壤的提升阻力和侧向阻力对立管是具有破坏性的,为了解决这个问题,有必要对土壤和立管之间的相互作用建立适当的模型进行分析。

④极端风暴条件

极端风暴条件分析的主要目的是确定基本的几何响应形式,并评估响应是否在可以接受的范围内。当优化钢悬链立管设计时,需要采用高度重复迭代的处理方法进行大量的分析,以确保对所有载荷组合形式和船体位移来说,响应都是最优的。

(2)土壤 – 立管相互作用

管子在土壤中摆动运动时,管子运动、插入土壤和土壤阻碍之间存在复杂的相互作用。在触地点区域,还会发生横向(平面外)运动,这是由作用在立管自由悬垂部分的横向波浪引起的摆动力导致的。

正确地描述管子和土壤之间相互作用对于立管疲劳损伤的精确分析计算是很重要的。由于海底的摩擦力和硬度的影响,当立管进行摆动运动时,非平面弯曲应力将会集中在触地点区域。

立管运动的响应分析一般使用摩擦力、阻尼系数(滑动阻力)和线性弹簧(弹性土壤刚度)来模拟管 – 土之间的相互作用。为了恰当地反应管 – 土之间复杂的相互作用,必须谨慎选择这些参数。

在温和波浪载荷作用下(导致疲劳损伤的海况),立管触地点的横向响应一般很小(0.2倍的管子直径),这会导致立管扎进上部的沙质土层中,形成深沟,这种影响在立管接近坚硬的黏性土层时会逐渐减小,其渗透作用是很有限的。深沟的宽度一般是立管直径的 2 ~ 3倍,也能够在沟中为管子留出移动的空间而不至于碰击深沟的边缘。在风暴形成期内,由于立管运动的加剧,深沟会逐渐消失,进而形成天然的后部填充状态。对于极限强度分析,即使存在更高的侧向土壤阻力,管 – 土之间的相互作用也不是非常重要。

(3)极端条件下的立管屈服失稳

工业界里立管抗失稳尺寸设计方法和深水中屈曲传播之间存在很大的不同,特别是 D/t 较低的情况下。现有的公式都是基于经验数据得来的,这些公式说明了在材料特性和管子瑕疵方面的变化。这些规范为深水设施的应用提供了大量的结果。另外,张力和弯曲(动态和静态)的影响是不确定的,取决于载荷的性质。

7. 海况数据

每一个地点都有它的临界设计条件,如墨西哥湾的环流、西非高度方向性的自然环境。船体的运动和位移对于立管设计也存在很大的影响,这一点需要给予应有的重视。

立管设计中需要考虑的海况数据包括:

(1)水深

(2)波浪

——极端规则波和随机波,如,1,10,100年一遇的或者更高的循环周期;

——不超过概率为95%的波浪条件——用于临时安装;

——与极端海况下的海流相关的波浪;

——由HS－TP散点图定义的长期波浪,如有必要其将带有方向性;

——波浪方向;

——波浪频谱;

——局部的海洋风、涌浪以及它们的组合,视具体情况而定(局部海浪高度可能比涌浪低很多,但是也会引起相对严重的立管疲劳或更大的极端响应,这是由于差别显著的周期、方向和它们对于船体运动的影响)。

(3)流

——极端流海况,如,1,10和100年一遇;

——不超过概率为95%的海流条件;

——和极端海浪有关的流;

——长期流数据,超越概率和一年发生一次的情况。

(4)潮汐和潮流变化

(5)海洋生物

图5－3显示了一些地理区域的典型海况数据。在缺少更详细的特定地点数据时,这些信息可以用于初期研究。

在设计的初期阶段,建议立管分析专家和海况专家之间进行相互沟通,确保立管设计中不会忽视一些关键的环境条件。浪/流的方向性和它们之间运动的结合随地点不同而变化,这一点应该引起重视。

立管对波浪周期的响应是很敏感的,分析带有单一波浪周期的最大波高情况可能不会得到最恶劣的立管响应。然而,在许多情况下,可以证明忽略这些包络的大部分区域是正确的。波浪周期的选择应该受到船体幅值响应算子(RAO)的影响,同时要确保船体响应的重要峰值没有丢失。对于不同地理位置的海况数据的分析情况是有很大差别的。在分析相对成熟的地区,如北海和墨西哥湾的大陆架,这些位置有多年积累的统计数据,与尚待开发的领域比,这些区域能够得到质量更高的设计。

钢悬链立管在超深水域越来越得到深入的应用,这些都是边缘的地理区域,以前很少有开发活动进行。当这些地点和某些相对成熟的区域接近时,如墨西哥湾,就可以从现有的数据库中得到风和波浪设计数据,因而对于这些区域的设计水平也不会降低太多。然而,对于海洋洋流却不同,例如,墨西哥湾深水水域的环流、涡流的频率、程度比大陆架要高得多,这不仅对立管和系泊系统的设计影响很大,而且也会影响到安装方法的选择,因而在设计时更

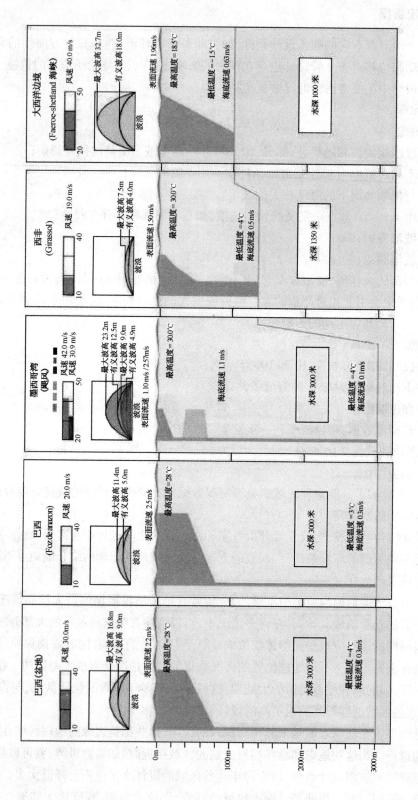

图5-3 一些地理区域的海况数据示意图

加需要可靠的位置数据。

建议在用于钢悬链立管设计的流数据中包含一定的不确定性裕量,当然这应该征求相关海况专家的意见。

8. 岩土数据

由远程控制机器人拍摄的深水影像显示了在触地点位置立管和海床之间复杂的相互作用。这种相互作用很大程度上受到海床岩土性质的影响。土壤的非线性应力应变特性、土壤的胶结和改型(剪切强度方面的改变)、挖沟和回填、黏滞现象、张紧率以及吸入效应都会对作用在立管上的载荷产生影响。完美地模拟这种复杂的相互作用是不可能的,也不值得,但是对这些给立管应力和疲劳寿命产生重要影响的特性进行模拟却是非常重要的。

大量的研究人员投入到海床位置相互作用以及对立管设计的后续影响的研究工作中,这些指导方针的目的是为立管设计提供最实际的建议。

图 5-4 显示了在墨西哥湾里的 Allegheny 张力腿平台触底区域形成的深沟。

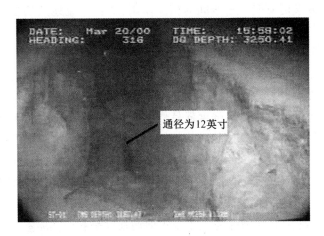

通径为12英寸

图 5-4 墨西哥湾里 Allegheny 张力腿平台的深沟示意图

(1)深水土壤

在许多深海地点(墨西哥湾、西非以及巴西),海床附近的土壤类型通常是胶结状态或者微胶结土层。目前为止,大量的研究工作都是关于立管与这些海床土壤的相互作用,当然,也可能存在着其他的情况,例如,冰区土壤通常是很易变的,在西欧北部和加拿大地区,海床位置经常会同时遇到巨大的泥砾以及坚硬的沙层。如墨西哥湾的 Sigsbee 悬崖和挪威的 Ormen Lange 还会遇到变化较大的环境条件,在那里,海底滑坡和泥土沉降运动使土壤变得更加坚硬。虽然这些都是极端例子,但是,沙土层和异常的非陆源土壤,如软泥,几乎随处可见。在模型仿真阶段,应该考虑到立管可能遇到的最糟糕的海床土壤类型。例如,在很多情况下,立管运动会暴露出更深更坚硬的土层,这些土层对立管都存在着消极影响。

(2)理想化的土壤模型情况

在运行阶段可以假定立管与黏土层海床之间相互作用,然而,还必须要考虑其他的土壤条件,如为了检查是否会出现沙层和其他典型的土壤,需要有土壤附近的井口记录、原位置的底层剖面记录等,这些工作都要在使用软土模型进行立管设计之前完成。上述这些土壤属性能从根本上改变立管与土壤的相互作用,海床上的薄层沙土对小直径立管和流动管线的设计都会起到重要的作用。

(3)未发育水系和充分发育水系相互作用

当立管的运动相对较快且海床是由黏土组成的时候,立管的移动速率和土壤的渗透性可能很高,此时在土壤孔隙空间内就可能很少有或者没有排水现象的出现,这种作用类型叫做未发育水系。

相反,当立管的运动很慢,或海床土壤具有渗透性时,没有过多的微孔水压形成,这时就形成了充分发育水系。真实情况下的立管响应一般介于两个极限情况之间,至少带有一定的由于立管运动引起的排水现象。然而,由于一部分水系条件很难模拟,因而一般情况下设计者都是使用工程学的判断方法,把真实的情况理想化为未发育水系或者充分发育水系。

深海中的立管运动一般都是未发育水系的,特别是对于软土海床。一般在研究沙质土层中立管的低频二阶运动时才考虑充分发育水系条件。

(4)有代表性的岩土数据

为了事先估计安装时立管 – 土壤间的相互作用,平台作业地点的岩土数据能否真实地反应立管影响区域的土壤条件是很重要的。横向的影响范围取决于预期的立管运动。对于软质黏土的位置,有效深度可能达到海床以下 5 m 左右。

(5)未发育水系模型的主要岩土特性

未发育水系条件下,模拟立管 – 土壤相互作用最重要的岩土参数是原始和重塑后的未排水剪切强度。未改动的和未排水强度就是最初的整体在位强度,而重塑强度是土壤被彻底扰乱且没有排水情况下,重新巩固和加强之前的真实强度。这两个未排水强度之间的比率叫做土壤敏感度。敏感度是 3 的黏土的重塑未排水剪切强度是未受损强度的1/3。

通常认为岩土属性不包括未排水剪切强度,由于它不代表特有的土壤属性。未排水剪切强度大小取决于确定岩土属性的测试方法,包括方向和装载率两个方面。许多工厂的立管 – 土壤作用模型已经标准化了,它所依据的未排水剪切强度是利用实验室尺度的 T 型钢仿形工具或者实验室微型翼测量的,虽然这些测试方法不能给出真实的运行强度,但是它们提供了一套可重复的测试方法。理想的情况下,设计者应该采用从类似试验中得到的土壤强度值。

(6)发育水系模型的主要岩土特性

描述充分发育水系最重要的力学性质是土壤内摩擦排水角和土壤 – 立管间的接触摩擦角。这两种摩擦角大小取决于土壤的相对密度、矿物成分以及土壤的应力和应变。另外,接触摩擦角和表面粗糙度、立管材料的可压缩性有关,应该使用特殊设计的界面接触试验进行测量。

(7)其他一些重要的土壤性质

如塑性、颗粒尺度和可渗透性等一些土壤性质对于描述土壤的抽吸和动态响应很重要,这些动态响应包括黏性和阻尼效应。在考虑外部腐蚀情况时,土壤化学性质也很重要。

近海的沉降土壤可以标定为沙土或者黏土。管线工程中对沙土和黏土土壤参数的具体要求分别列在表 5 – 7 中。

路基作用土壤参数(K_s)的推荐值如表 5 – 8 所示。

表5-7　沙土和黏土的设计参数

特征参数		沙土	黏土
材料参数		梯度,比重	液体和塑性极限
		松散和稠密状态的孔隙比	比重
			重塑剪切强度
现场参数		孔隙比和密度指数	水分含量和流动性指数
		体积和干密度	体积和干密度
		峰值摩擦角	不排水抗剪强度
		地基反应模数	排水抗剪强度
		渗透性	敏感度
			胶合参数
			路基反应模数
黏土敏感度,(−)			3.0(−)
水中单位重力,(γ)		9.1(kN/m^3)	4.4(kN/m^3)
泊松比,(ν)		0.35(−)	0.45(−)
孔隙比,(e)		2(−)	2(−)
塑性指数,(IP)			60%
横向摩擦系数,(μ_{Lat})		0.5(−)	0.5(−)
轴向摩擦系数,(μ_{axial})		0.5(−)	0.5(−)

表5-8　不同类型的土壤地基反应系数估测

土壤类型	路基反应系数 K_s/MPa
非常软的黏土	1~10
软黏土	3~33
中等黏土	9~33
硬质黏土	30~67
砂质黏土/碛黏土	13~140
散沙	5~13
密沙	25~48
淤泥	1~11
岩石	550~52 000
有海生物的岩石	550~52 000

　　许多情况下,在进行重要的土壤测试之前,来自于临近地点的安装偏移数据能够对土壤类型提供初步的信息,特别是在深水环境下,这种信息更加重要,同时运营者之间相互交流浅层岩土数据也是很有必要的,可以使得在设计阶段节省大量的成本,提高工程设计的效率。

9. 船舶运动特征

在整个设计过程中都要使用船体的幅值响应算子(RAO),因而,对 RAO 正确定义是很重要的,设计者应该提供幅值响应算子以及下面内容:

(1)运动相位角所取的参考物,是滞后还是超前;

(2)船舶坐标系统;

(3)RAO 给出的参考点;

(4)所有参量的单位;

(5)波浪相对于船体的传播方向。

正如我们所知,RAO 曲线中的周期间隔必须足够近,特别是在靠近峰值的地方,这样可以保持较高的准确性。

同时应该注意,立管连接位置对于立管极端响应和疲劳响应有很明显的影响。正确有效地处理和转换收到的 RAO 数据也是很重要的。

10. 波浪理论

目前已经有很多的波浪理论,在刊载的论文、离岸工程教科书和立管指南中都有十分详细的叙述,这里不作深入探讨。一般来说,艾里波(线性)波浪理论适合大部分情况,在规则波和随机波分析中都可以应用。其他的理论如 Stokes V 在规则波分析中存在一定的优势,特别是当涉及到流体质点运动学时,Stokes V 理论描述的波浪类似于那些"真实"的大振幅规则波。

配合 Stokes V 波浪理论的船体运动计算对于不同的立管程序所采用的处理方法是不同的。当使用 Stokes V 理论时,由于是将流体运动学直接应用到立管上,因此一些程序只是在船体的艾里波响应基础上作出了很少的修改或没有任何改动。另一些程序则可以选择船体响应,响应和 Stokes V 波浪中的五个频率对应的幅值响应算子一一对应。然而,在 Stokes V 处理方法中,也有一些矛盾之处,由于基础频率以上的四个波函数一定是基础的,因此它们比相同频率的自由波波长更长,如那些用于获得传统幅值响应算子的波浪。于是,和同频率的自由波相比,Stokes V 波函数作用在船体上的波浪力的空间分布是不同的。

在大多数情况下,这些方法得到的立管应力区别很小,对于前期研究或筛选研究,这些结果都是可以接受的。在有些情况下,还需要进行更加复杂、随机的波浪分析。总之,为确保得到可靠的结果,应该使用最保守的近似处理方法。在响应分析中需要特别注意阶跃变化出现的位置,这种变化可能是钢悬链立管触地点区域的应力或者应变,在这个位置,船体的下行运动对极端响应的预测有着重要的影响。在这种情况下,详细设计阶段就不应该完全依赖 Stokes V 理论。

五、钢悬链立管设计分析

在初步设计阶段(Pre - FEED),需要确定如下内容:

(1)立管主体布局(与其他设备的结合);

(2)立管悬吊系统(柔性接头,应力节点和拉管等);

(3)立管悬挂位置、方位角(船体布局,水下布局,全部立管和干扰考虑);

(4)每根立管的悬挂角度;

(5)船体上的立管位置提升(船体类型,安装和疲劳方面的考虑);

(6)总体静态配置。

需要根据悬链线理论确定立管的静态布局,同时要考虑悬挂角度、水深和立管单位重力。钢悬链立管的设计还应该满足基本的功能要求,例如钢悬链立管的内外径,主船体上的水下张力,设计压力/温度,流体成分等。

还要考虑回接管安装的位置。回接管是为了调整悬挂系统、立管直径、方位角,以及所要求的极端响应和疲劳特性的变化而设计的。

下面介绍强度和疲劳分析。

在准备前期工程设计(FEED)程序说明书时,进行初步分析要满足如下要求:

(1)满足 API 2RD 应力规范要求的极端响应和柔性接头的极限旋转;

(2)涡激振动疲劳寿命和要求的条纹(减阻装置)长度;

(3)波浪载荷下的疲劳寿命;

(4)立管和浮动船体的相互干扰。

初步的设计和分析会在详细设计阶段中得到证实,并且会记录在技术报告中。在详细设计阶段,需要进行安装分析和一些特殊的分析,如涡激运动(VIM)引起的疲劳分析、半潜平台垂向涡激振动诱导的疲劳分析和系统耦合分析等。

主船体的运动要通过整体技术性能分析来说明,其中要考虑波浪、风和流载荷的影响,采用时域或者频域分析的方法。运动数据需要表达成船体随时间变化的运动轨迹,而幅值响应算子需要通过在浮体重心位置(COG)预先定义的载荷情况加以说明。立管悬挂点的运动需要通过刚性体假设从重心位置进行转换得到。立管系统可以看作一根流载荷作用下的缆线系统,并且含有通过立管悬挂点的运动而定义的边界条件。

六、柔性接头、应力节和拉管

1. 柔性接头

对于大部分钢悬链立管的安装来讲,选择的主要连接形式是使用层状弹性体和钢结构的柔性接头,目的是为立管和生产平台的固定管线间提供一种承压连接。柔性接头也可以对平台连接处的立管进行解耦处理。当平台和立管由于天气和海浪的影响各自运动时,也会在一定程度上限制弯曲应力的产生。

立管中的弯曲应力是柔性接头处的偏斜角乘以柔性接头旋转刚度的函数。接头的刚度是接头处全部弹性体层厚度、合成橡胶的弹性模量和柔性接头的其他尺度的函数。

每个柔性接头都有适合其应用的设计形式,每个工程项目都有不同的角度范围、内部压力和张紧能力的要求。同时还需要考虑柔性接头和立管管线尺度之间的协调。

柔性接头比锥形应力接头更加昂贵,柔性接头由钢和弹性体层制成,因而为适应不同的旋转角度可以设计成多种形式。

柔性接头通过一个立管门廊与船体相连,进而与门廊端部的篮筐型接收器合为一体。因此,可以通过一个管筒把柔性接头连接到船体管线系统上。

柔性接头允许立管系统以最小弯矩进行旋转运动。通常在很小的旋转角度时柔性接头会表现出很强的非线性行为,因此,理想情况应该通过非线性旋转弹簧或者带有非线性旋转刚度的短梁柱进行模拟。

图 5 - 5 说明了柔性接头波纹系统的实例,波纹可以保护合成橡胶弹性元件不会受到压力降低引起的破坏,这种压力降低通常是由饱和气体环境里的内压波动引起的。在主体/柔性元件和波纹之间的空腔是密封的,并且填充了以水 - 丙二醇为基本成分的抗腐蚀液体。

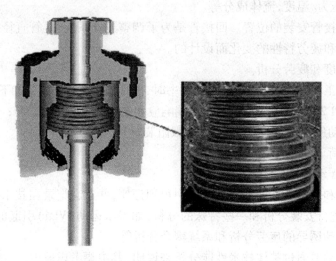

图 5 - 5　酸性环境下的柔性接头波纹系统(Hogan 2002)

在以下环境中通常使用带有波纹结构的柔性接头:

①高压(HP)或者多相应用;

②高温(HT);

③酸性环境。

对于高压情况,需要设计大量的薄层以确保橡胶中的应变在可接受的范围内。柔性接头的刚度可以通过改变碳填充物的百分含量或改变合成橡胶的高度(层数)预先设定。

对于酸性环境,含有铬镍铁合金的波纹能改善柔性接头的性能,并且使弹性体在接近 66 ℃的管内流体中不会受到影响。

设计柔性接头时仅仅考虑了观测得到的扭转(最大值和疲劳的范围),然而,对于超深水中的应用,设计者还应该考虑到悬挂张力的影响以及疲劳设计所采用的张力范围,也应该考虑带有柔性接头的钢悬链立管的回接能力,以便日后能够对钢悬链立管进行详细的检查。完整性管理方案的执行需要包括柔性立管的周期性检测/监测,以便将服役寿命期内的失效风险降到最低程度。

柔性接头(图 5 - 6)比较适合应用在低弯曲应力的漂浮物上,尽管这些浮体在配备方面存在很多的限制,而且高温下合成橡胶的性能也面临一定的挑战。

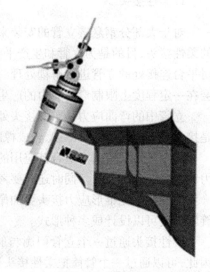

图 5 - 6　柔性接头

（1）钢悬链立管的支撑

连接立管的 SCR 支撑结构是和漂浮结构连在一起的,这个支撑结构通常由刚性连接到漂浮结构上的管子和柔性接头组成,它们会沿着钢悬链立管进行分布。管子中含有用于补偿钢悬链立管自然悬垂弧线的渐变弯曲。管子端部、柔性接头以及立管串列相连,这种结构允许柔性接头逆着管线方向拉伸。同时柔性接头结构可以使钢悬链立管随着漂浮结构一起移动。

（2）水下合成橡胶弹性接头

合成橡胶的弹性接头带有一个旋转轴承,因此扭曲应力可以通过旋转轴承的转动得到释放,这一作用主要体现在以下两个方面:第一,设计柔性接头可以抵抗平均位置的挠曲变形,此处存在很大的轴向弯曲变形,并且转动轴承通常并不滑动,因而柔性接头可以有效地降低挠曲。这样的一个调整装置可以降低作用在橡胶弹性体和旋转轴承上的载荷,因此轴承会在初始方向或者接头调整时进行滑动。第二,橡胶弹性单元可以吸收所有的小扭转变形,而大的变形被旋转轴承吸收。橡胶弹性元件对小的振动比旋转轴承有更大的抗疲劳能力,这种弹性离合器可以用来精确地控制暴发性的扭矩作用。

2. 应力节

对处于低压环境的传统钢悬链立管,应力节的弹性通常比其他的弹性接头更加坚硬。应力节旋转刚度是 $\sqrt{EI \times T}$,其中 EI 是管子弯曲刚度,T 是轴向张力。考虑了真实的材料属性(钢或钛),可以利用小尺度的梁单元模拟应力节。

钛所具有的低模数、高强度和优异的疲劳性能的特点使它成为制造应力节的理想材料。这种接头应该足够长以便使钢能够避开疲劳载荷临界区域,这种节点也更适合于酸性环境。海上钢制产品的法兰结构在设计时需要考虑到阴极保护(CP)。此外,应力节是直接焊接到立管的钢管上的。

对于带有高弯曲应力的浮体比较适合采用应力节。应力节的内径和长度应该分别限制到 25 厘米(10 英寸)和接近 20 米(65 英尺),这取决于加工和运输的能力。对于运动要求较高的船,应力节的长度更长,图 5 - 7 所示为立管和浮体的连接。

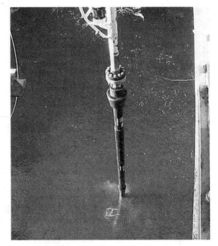

图 5 - 7　应力节

3. 拉管

近些年,拉管已经开始应用于 Spar 平台的钢悬链立管中。拉管属于应力节。拉管是由管子组成的,并且作为立管的一种保护性外套,拉管内部的立管不会承受波浪和流载荷,因此,对于同样水深,使用拉管可以增强立管抗涡激振动和疲劳的强度。拉管的第一次应用是在 Red Hawk Cell Spar 平台中。在拉管的力学分析中,通常用有限元分析来模拟立管和拉管在出口连接处的作用,以及在最后一个支撑位置导管和拉管之间的接触。

七、焊接

1. 焊接技术

高疲劳性能的需要和新材料的应用给无损评估方法提出了新的要求。焊缝金属和母材之间的不匹配、韧性以及屈服应力 - 拉伸应力比(Y/T)等对焊缝位置的断裂性能有很大的影响,因此对其的审查也是必要的。

2. $S-N$ 曲线和焊接点的应力集中系数

一般使用 $S-N$ 曲线进行钢悬链立管的疲劳分析,见图 5-8,这个曲线把施加的应力范围 S 和疲劳循环寿命 N 联系在一起,并且考虑了一些特定的细节。目前已经有了许多关于各种 $S-N$ 曲线的信息以及近些年的发展情况,可以解释关于 $S-N$ 曲线的部分问题。在表 5-9 中的 B, C, D, E, F 和 F2 曲线遵循的是英国健康、安全和环境协会(HSE)制定的 1995 指导规范,所有的斜率都是 $m=3$。这些曲线以后可能会做一些修改。

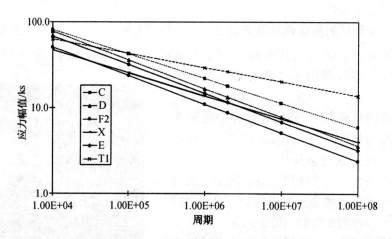

图 5-8　疲劳 $S-N$ 曲线 ($\lg N = \lg a - m\lg\Delta S$)

表 5-9　空气中的钢在定义 $S-N$ 曲线时的基本参数

等级	自由腐蚀		带有阴极保护					
			$N < 1.026 \times 10^6$ 循环		$1.026 \times 10^6 < N < 10^7$ 循环		$N > 10^7$ 循环	
	A	m	A	m	A	m	A	m
B*	1.91×10^{12}	3	2.29×10^{12}	3	3.91×10^{16}	5	5.73×10^{12}	3
C*	1.15×10^{12}	3	1.38×10^{12}	3	1.68×10^{16}	5	3.46×10^{12}	3
D	5.07×10^{11}	3	6.08×10^{11}	3	4.29×10^{15}	5	1.52×10^{12}	3
E	3.47×10^{11}	3	4.16×10^{12}	3	2.28×10^{15}	5	1.04×10^{12}	3
F	2.10×10^{11}	3	2.52×10^{12}	3	9.88×10^{14}	5	6.30×10^{11}	3
F2	1.42×10^{11}	3	1.71×10^{12}	3	5.18×10^{14}	5	4.27×10^{11}	3

＊以后可能会对 B,C 级曲线作出适当的修改。

同样应该注意：HSE 指导说明中的 $S-N$ 曲线在 10^7 次循环时，斜率会从 $m=3$ 变到 $m=5$，特别是对于那些由低应力循环引起的疲劳破坏情况，这个变化与结构承受载荷时的累积损伤有关，然而，对于这种处理方法目前也存在各种质疑，这些质疑已经在一些研究中提了出来。有一种解决办法是忽略斜率变化，并且认为循环超过 10^7 次时 $S-N$ 曲线的斜率 $m=3$。

一般情况下，只有通过全尺度疲劳试验才能得到精确的 $S-N$ 曲线，并且对于不同的节点形式和焊接工序对应的曲线也有差别。曲线形式会受到阴极保护系统和海水的影响，值得注意 E 级曲线比较适合高质量的环形焊接，即使这个焊缝是分布在管子外径上的。

八、超声检测和工程关键性评估标准

超声波（UT）经常与工程关键性评估方法结合使用。图 5-9 清楚地显示了 ECA 将几何瑕疵与材料特性、应力范围联系在一起，通过 ECA 分析计算得到的允许瑕疵尺度作为超声检测的验收标准取代了工艺标准。

工程关键性评估工作通常是基于 BS 7910 规范进行的（早期的 PD6493）。根据要求，需要使用不同等级（1 到 3）的评估方法来确定极限设计载荷下不会产生脆性断裂的最小临界尺度，并且需要通过检测以确保早期瑕疵引起的裂缝在设计寿命期限内不会达到临界尺度，裂缝的扩展时间必须要大于钢悬链立管设计寿命的 5 倍才是安全的。

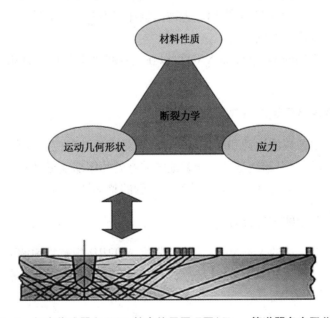

图 5-9　超声传感器和 ECA 综合使用原理图（Shaw 管道服务有限公司）

工程关键性评估能通过以下方面在一定程度上降低立管建造费用：
(1)降低不必要的焊接维修数量，优化标准；
(2)通过降低个别检测要求，降低超声检测资格认证程序的费用。

九、强度设计的挑战和解决方法

1. 强度设计问题

钢悬链立管设计要求足以抵抗风暴情况,例如墨西哥湾 100 年一遇的飓风。预期的极限峰值应力和张力一般通过钢悬链立管响应时间记录来计算,这些记录是通过设计风暴条件以及频域分析方法得到的。

超深水钢悬链立管可能存在一些前所未有的设计挑战。主要是:

(1)很高的钢悬链立管悬挂张力　悬挂点附近很高的 Von Mises 应力。

(2)钢悬链立管触地区域有效压缩　梁杆模型的等效弯曲。

(3)钢悬链立管触地区域的应力　屈服和低循环疲劳问题。

2. 钢悬链立管悬挂张力

对超深水钢悬链立管,水深在决定悬挂张力方面起着重要作用。为了最大程度地降低张力,设计者通常使用连接在海面部分附近的浮力筒,正如在 Allegheny King Kong 钢悬链立管中看到的结构一样。

设施上较高的悬挂载荷要求在立管门廊位置设置更多的支撑钢结构,同时也要求船体排水量更大。除此之外,大部分的许用应力被高悬挂张力和巨大的轴向应力占用,因而仅仅剩余了很小一部分的许用弯曲应力。

通过使用更高级别的钢材料(如 X70)可以在一定程度上降低悬挂张力,同时增加了许用弯曲应力的范围。

3. 钢悬链立管触地区域的有效压缩

钢悬链立管触地区域的运动和船体运动引起的悬垂运动响应耦合在一起。在剧烈的海况下,船体的垂荡运动会引起钢悬链立管触地区域有效的压缩变形,因而导致在海床位置的钢悬链立管会发生剧烈震荡/侧向弯曲,威胁到立管的整体性。

4. 钢悬链立管触地区域的应力

传统方法中触地区域的 Von Mises 应力是根据 API2RD 规范以 80% 的材料屈服应力进行校核的。新的设计规范如 DNV 设计规范、ABS 管线和立管指导规范等,还需要校核弯曲力矩、轴向力和内外压力等。

5. 强度设计方法

下面列举了一些用于降低钢悬链立管底部压缩的方法:

(1)将钢悬链立管的悬挂点设置在尽可能靠近主船体运动中心的位置;

(2)增加触地区域的壁厚,目的是:

①增加这一范围的承受能力;

②增加张力(通过增加立管重力)。

十、涡激振动方面的挑战和解决方法

涡激振动(Vortex-Induced Vibration,通常简称为 VIV)是一种典型的流固耦合现象。当流体流过非流线型的钝体时,将在结构下游形成交替脱落的旋涡,同时对结构产生周期振荡的水动力作用,受支撑约束的结构物在该流体力的驱动下发生振动的现象称为涡激振动现象。近些年,尤其是在海洋工程领域,立管的涡激振动研究相当活跃。海洋立管疲劳问题的一个主要根源就是来源于波流引起的涡激振动。由于海流、波浪及平台漂移的存在,海洋立管处于持续不断的流动及尾涡作用之下,虽然旋涡脱离本身并没有什么危害,但是当旋涡脱落频率与结构固有频率接近时,会引起结构的共振,响应的幅值依赖于系统的阻尼和相对于结构的流体运动,这样的振动会与结构"锁频",从而可能造成结构的破坏,影响到结构的疲劳寿命。

流体激励的结构自振属于非定常流固耦合动力学问题,同时具有很强的非线性特性,定量研究的难度很大,而且难以得到解析结果。为了取得简明的分析研究结果,只能在保留形成自振的主要机制基础上,建立便于分析研究的简化数学模型,以便发现自振成因,进而探讨其控制方法。本章首先介绍涡激振动现象中的基本参数和理论基础,为定量分析作准备,其次,详细介绍工程中常用的涡激振动半经验数学模型,并进一步对涡激振动的水动力参数进行详细的讨论;最终,扼要介绍涡激振动的防止和抑制方法。

1. 涡激振动响应特性

若要深入研究细长柔性海洋立管在真实环境的洋流作用下的涡激振动特性,首先必须从简单模型入手,即对刚性圆柱形结构物在均匀来流作用下的受力、运动响应以及尾流旋涡结构进行研究。

（1）基本参数说明

对于在均匀流场中弹簧支撑单位长度刚性柱 VIV 系统,基本参数包括:流速 U,圆柱结构质量 m_s,外径 D,弹簧刚度 k,结构阻尼比 ζ,流体密度 ρ,湍流强度 I,黏性系数 υ 等。当前文献中的 VIV 影响参数,大都通过这些基本参数演变而来。

坐标系以来流方向（in-line direction）为 X 轴,横流方向（cross-flow direction）为 Y 轴。如图 5 – 10 所示。

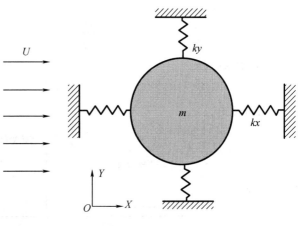

图 5 – 10　弹簧支撑圆柱体的涡激振动实验配置图

①频率参数

f_{vac}:圆柱真空中的测量频率,$f_{vac} = \dfrac{1}{2\pi}\sqrt{\dfrac{k}{m_s}}$;

f_n:圆柱静水中的测量频率,$f_n = \dfrac{1}{2\pi}\sqrt{\dfrac{k}{m_s + m_a}}$,静水中附加质量 $m_a = \dfrac{\pi}{4}\rho D^2$;

f_v：在给定速度下，圆柱和涡泄"同步"或者"锁定"时候的公共频率 $f_v = (1/2\pi)\sqrt{\dfrac{k}{m_s + \Delta m}}$，$\Delta m$ 为水动力附加质量；

f_{osc}：不管是否锁定时的（受迫或自激）圆柱的振动频率，当自激锁定时，$f_{osc} = f_v$；

f_s：圆柱静止或者非锁定状态下的涡泄频率，满足 Strouhal 关系 $f_s = \dfrac{St \times U}{D}$。

②与流场有关的无量纲参数

折合速度：$V_R = \dfrac{U}{f_n \times D}$；

雷诺数：$Re = \dfrac{UD}{\nu}$，反映了流体惯性力和黏性力的关系。

③与弹簧支撑刚性柱结构有关的无量纲参数

质量比：$m^* = \dfrac{4m_s}{\pi\rho D^2}$，或者 $m^* = \dfrac{\rho_m}{\rho}$，这里平均质量密度 $\rho_m = \dfrac{m_s}{\pi D^2/4}$；

位移比：$Y = \dfrac{y}{D}$，振幅值比 $A^* = \dfrac{y_{max}}{D}$；

折合频率：$f^* = \dfrac{f_v}{f_n}$。

（2）自激实验中响应幅值特性

根据质量 – 阻尼联合参数 $m^*\zeta$ 的高低，系统会出现两种截然不同的响应（如图5 – 11）。在高 $m^*\zeta$ 的情形中，只有两个分支：初始激励分支和下端分支。迟滞环路存在于初始分支与下端分支之间。在低 $m^*\zeta$ 的情形中，涡激振动响应最大幅值有三个分支：初始激励分支、上端分支和下端分支。最大振幅出现在上端分支，且此时迟滞发生在初始分支与上端分支之间（Khalak & Williamson，1999）。

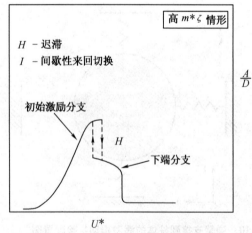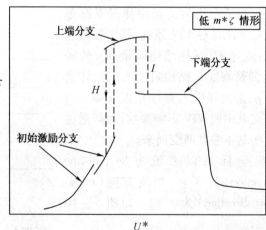

图 5 –11　按 $m^*\zeta$ 不同的两种振幅响应

振幅峰值的大小主要取决于 m^*、ζ 和雷诺数 Re。Govardhan（2006）拟合的亚临界雷诺数下的幅值最大峰值公式为

$$A/D = (1 - 1.12\alpha + 0.30\alpha^2)\lg(0.41Re^{0.36}) \qquad (5-21)$$

其中 $\alpha = (m^* + 1.0)\zeta$。通过式(4-21)可见：相同雷诺数下，峰值随着 α 减小而增大；相同 α 条件下，峰值随着雷诺数增大而增大。

　　Govardhan(2006)还通过实验观察指出：幅值响应是出现三个分支还是两个分支以振动幅值的峰值是否超过 0.6 为分界线。结合式(5-21)可以绘出幅值分支情况云图，如图 5-12 所示，阴影部分为出现两分支区域。

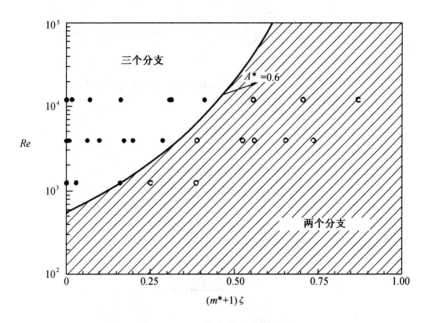

图 5-12　三分支和两分支区域

（3）自激实验中锁定频率特性

　　涡激振动中的"锁定"(lock-in 或者 synchronization)现象，指的是涡泄频率与结构振动频率匹配，即 $f_{osc} = f_v$。

　　对于高质量比情况($m^* \gg 1$ 或者 $m^* = O(100)$)，在"初始分支"和"下端分支"振动频率锁定在结构静水固有频率，即 $f_{osc} = f_n$，或者 $f^* \approx 1$(可参见文献 Feng 1968，Sumer and Fredsoe 1997，Williamson and Govardhan 2004)。

　　对于低质量比情况，$m^* = O(1)$，锁定频率不再等于系统的静水固有频率 f_n，在整个锁定区域也不再是常数。图 5-13 所示为 $m^* = 1.2$，$(m^* + 1.0)\zeta = 0.01$ 时响应频率随折合速度变化，在"初始分支"段，频率锁定于涡泄频率；当涡泄频率达到结构静水固有频率后，响应幅值迅速增大，即达到"上端分支"，此时，锁定频率比涡泄频率稍低；下端分支对应的锁定频率相对稳定。

　　Govardhan & Williamson (2000[19]，2002[20])用从实验中总结的一系列的公式来描述了锁定区域，特别是下端分支范围内的锁定频率。不同质量比下锁定频率示意图如图 5-14 所示。且拟合出如下经验公式。

　　下端分支开始折合频率公式：

$$f^*_{lower} = \sqrt{\frac{m^* + C_A}{m^* - 0.54}} \qquad (5-22)$$

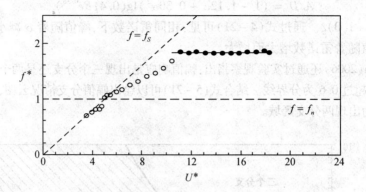

图 5 – 13 $m^* = 1.2$，$(m^* + 1.0)\zeta = 0.01$ 时锁定频率

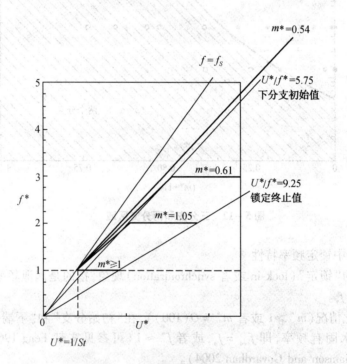

图 5 – 14 不同质量比圆柱的锁定频率示意图

下端分支开始折合速度公式：

$$U_{\text{star}}^* \approx 5.75 \sqrt{\frac{m^* + C_A}{m^* - 0.54}} \qquad (5-23)$$

下端分支结束折合速度公式：

$$U_{\text{star}}^* \approx 9.25 \sqrt{\frac{m^* + C_A}{m^* - 0.54}} \qquad (5-24)$$

随着质量比的降低，下端分支对应的锁定频率增大，且范围更宽。当质量比低于 0.54 后，系统的锁定区域上限将为无穷，即无论流速如何增加，系统永远处于大振幅的锁定状态下。

（4）尾流结构

Williamson & Roshko（1988）[103] 对振动圆柱尾流的泄涡模式做了大量完整的实验研究，并将在振幅和振动频率的空间上将尾流泄涡模式划分成不同区域于图 5-15。图 5-15 将锁定区域附近的尾涡形式分为 2S，2P，P+S 模式。所谓的 2P 模式中，每一个运动周期泄放出两对逆向旋转的旋涡；而 2S 模式则是每周期交替发放两个独立的旋涡，呈现出经典的 Karman 模式；P+S 模式在尾流中的旋涡图形沿尾流中线不对称，每周期在圆柱的一侧泄放单个旋涡，而另一侧则是一个涡对。

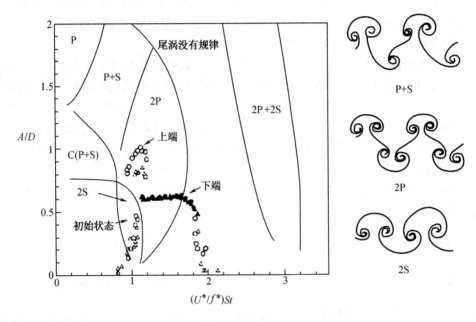

图 5-15　振动圆柱尾流的涡泄形式

对于低雷诺低质量比实验，2S 模式会出现在初始分支区域；涡泄模式在上端与下端分支大部分都表现为 2P 模式。值得注意的是，在 Williamson & Roshko（1988）所作的实验中，雷诺数较低（300~1 000），在高雷诺数下能否套用有待实验的验证。

2. VIV 工程实用分析方法

在还没有掌握精确预报立管 VIV 响应方法的情况下，用来源于实验的经验模型预报是一个不错的选择。建立合理的数学模型来模拟尾流对结构的相互作用是经验模型预报方法的核心问题。流体力模型一般为简单圆柱体（包括刚性柱和弹性柱）的实验数据附以一定的经验假设。根据采用的实验数据和流体力的表达形式，经验模型主要可分为三类：人为构造非线性振动方程的经验模型、响应幅值经验模型和基于受迫实验水动力系数的半经验模型。

（1）尾流振子模型

此类模型以简单的刚性圆柱振荡实验为基础，利用固定圆柱体的流体力系数测量值，附以一定的放大系数以及轴向相关模型，人为构造一个非线性振动方程来模拟流体力，如尾流振子模型、相关模型等。

　　早期建立的经验模型的代表为尾流振子模型与相关模型。尾流振子或者相关模型的流体力模型均为简单的圆柱体振荡实验附以某种人为构造的数学模型。此类经验模型的控制参数来源于实验与经验,人为构造的非线性振动方程的形式很难广泛适用于不同问题,它虽然能够模拟出若干 VIV 的非线性特性,并给出量级大体相当的预报,但是其精度却依赖于经验参数的选取与方程的形式。

　　对早期的尾流振子模型与相关模型存在的问题归纳如下:响应幅值按照某种拟合曲线及放大因子人为确定;没有恰当地考虑附加质量效应对系统响应频率的影响;锁定范围或激发范围按折合速度上下限事先给定;无法解释低质量比圆柱体 VIV 响应特性。比如,锁定的频率不再是系统的固有频率,按一般折合速度计量的锁定区域的上限可能达到无穷。这些问题制约着现有模型的精度与适用性。

　　最近,Facchinetti 等人在总结了近三十年来二十多篇关于尾流振子模型的理论和实验研究基础上,对尾流振子方程与结构运动方程的三种不同耦合模式(位移耦合、速度耦合和加速度耦合)分别进行讨论,并与实验结果进行了比较。Facchinetti 指出:位移耦合模式无法模拟在锁定状态下升力的放大效应以及低质量比圆柱的 VIV 特性,速度耦合无法准确体现低质量比柱的频率锁定范围,且速度和位移耦合都无法获得圆柱在受迫振荡中升力的相位信息,唯有加速度耦合模型能较好地反映上述各类 VIV 现象。

　　Facchinetti 等选用 Van der Pol 方程描述尾流作用于圆柱的升力,建立的圆柱体涡振的运动方程组为

$$\begin{cases} \left[m_{\mathrm{s}} + \dfrac{1}{4}\pi C_{\mathrm{M}}\rho D^2 \right]\dfrac{\mathrm{d}^2 Y}{\mathrm{d}T^2} + \left[r_{\mathrm{s}} + r_{\mathrm{f}} \right]\dfrac{\mathrm{d}Y}{\mathrm{d}T} + k_{\mathrm{s}}Y = \dfrac{1}{4}\rho U^2 D C_{\mathrm{L}} q \\ \dfrac{\mathrm{d}^2 q}{\mathrm{d}T^2} + \varepsilon\left[2\pi St(U/D) \right](q^2 - 1)\dfrac{\mathrm{d}q}{\mathrm{d}T} + \left[2\pi St(U/D) \right]^2 q = (A/D)\dfrac{\mathrm{d}^2 Y}{\mathrm{d}T^2} \end{cases} \quad (5-25)$$

式中,m_{s},r_{s},k_{s} 分别为结构质量,阻尼系数和刚度系数;$1/4\pi C_{\mathrm{a}}\rho D^2$ 为附加质量,C_{a} 为附加质量系数;r_{f} 为水动力阻尼,$r_{\mathrm{f}} = \rho D C_{\mathrm{D}} U/2$;$C_{\mathrm{L}}$ 为升力系数;St 为 Strouhal 数;q 为尾流振子变量,是一个无量纲参数;ε 为 Van der Pol 方程参数;A 为引入的无量纲参数,需要通过实验数据确定。按方程(5-25)算出的结构响应振幅和频率与实验观测结果接近,能够较好地反映涡激共振特性。

　　式(5-25)模型主要针对二维圆柱的涡激振动,Violette 等又进一步将该模型拓展到三维柔性弹性体情况,如图 5-16 所示。方程的形式为

$$\begin{cases} \left[m_{\mathrm{s}} + \dfrac{1}{4}\pi C_{\mathrm{M}}\rho D^2 \right]\dfrac{\mathrm{d}^2 Y}{\mathrm{d}T^2} + \left[r_{\mathrm{s}} + r_{\mathrm{f}} \right]\dfrac{\mathrm{d}Y}{\mathrm{d}T} - \theta\dfrac{\partial^2 Y}{\partial Z^2} = \dfrac{1}{4}\rho U^2 D C_{\mathrm{L}} q(Z,T) \\ \dfrac{\mathrm{d}^2 q}{\mathrm{d}T^2} + \varepsilon\left[2\pi St(U/D) \right](q^2 - 1)\dfrac{\mathrm{d}q}{\mathrm{d}T} + \left[2\pi St(U/D) \right]^2 q = (A/D)\dfrac{\mathrm{d}^2 Y}{\mathrm{d}T^2} \end{cases} \quad (5-26)$$

式中,θ 为立管顶端张力。

　　(2)响应模型

　　此类模型以弹性圆柱体自激振荡实验为基础,弹性柱的响应幅值直接利用模型实验数据得到的经验曲线确定。基于弹性圆柱体自激振荡实验的模型绕开了处理流体力的困难,直接将弹性体的响应幅值按利用模型实验数据得到的经验曲线确定,如 Lyons & Patel (1986)中的"三角函数",以及 Griffin 拟合曲线。这类方法也存在着明显的缺陷:无法全面地反映具体参数对 VIV 响应的影响。如 Griffin 拟合曲线没有考虑到质量比与阻尼因子各

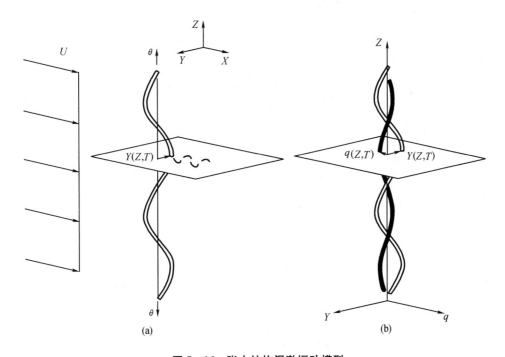

图 5 – 16　张力结构涡激振动模型

(a)横向尾流 Y 和张力 θ;(b)使用分布尾流振子示意图

自对响应幅值的影响,而简单地认为最大响应幅值为质量比与阻尼因子之积的单调函数。

　　挪威船级社(DNV)颁布的海底悬跨管线的推荐做法 DNV RP – F105 Free Spanning Pipelines,应用了一个所谓的"响应模型"来预报涡激振动幅值(见图 5 – 17,图 5 – 18)。该响应模型是基于大量的物理实验数据,得到的关于折合速度和无量纲振动幅值的经验关系。近来还针对多模态 VIV 和横向振动导致的同向 VIV 的疲劳评估做了修正。当然该模型仅用于工业管道设计,大量保守的因素使之无法给出精确的响应预报。

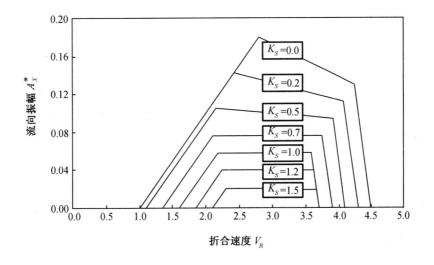

图 5 – 17　流向响应模型图,其中 K_s 为稳定参数

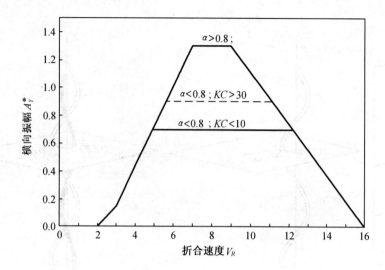

图 5 – 18　流向响应模型图,其中 V_R 为流率,且与 KC 数相关

(3)基于离散频率的半经验模型

近期,更多的学者与工程技术人员开始转向离散频率半经验预报模型。频率离散模型的基本思想将响应分解为若干个离散频率上响应振型的叠加形式。而每个模态的响应特性都需要考虑三个关键性问题:模态响应振幅的大小、模态频率的确定以及该模态激发区域的界定。

在受迫实验水动力系数经验模型基础上发展而成的离散频率模型的知名商业软件包括 Shear 7 , VIVA, VIVANA 等。各种频域模型的差别在于:利用何种模型实验(固定圆柱体、自激振荡或是受迫振荡圆柱体模型实验)的数据、怎样利用模型实验的数据、如何考虑柱体的泄涡及受力的轴向相关程度。例如,在 Shear 7 中,立管沿长度被划分为能量输入区与能量耗散区。在能量输入区,流体力对柱体做功;而在能量耗散区,流体力作为阻尼的一部分消耗系统能量[49]。同时 Shear 7 隐含着这样的假定,即认为圆柱体的振动决定了受流体力的相关程度。值得注意的是,所有的经验系数的拟合都是基于亚临界雷诺数条件下的实验数据,并且都没有考虑流向 VIV 响应的影响。对于实际工程结构,应该根据真实的海流数据、结构静水模态数据等,对计算程序中的水动力系数进行修正,以使得理论分析结果更接近实际情况。

下面详细地介绍一下 Shear 7 分析流程。

①输入数据并进行模态分析

根据立管两端的约束情况选取合适的分析模型。Shear 7 提供了 33 个分析模型。包括 18 个 BEAM 模型、5 个 CABLE 模型、5 个 RISER 模型、3 个 SCR 模型、1 个 STARAKE 和 1 个 HELLAND。

例如,立管可近似为变张力简支梁,模态频率可依据下式计算:

$$\int_0^L \sqrt{-\frac{1}{2}\frac{T(z)}{EI(z)} + \frac{1}{2}\sqrt{\left[\frac{T(z)}{EI(z)}\right]^2 + 4\frac{m(z\omega_n^2)}{EI(z)}}}\,\mathrm{d}z = n\pi \tag{5-27}$$

式中,n 为模态阶次;z 为立管的轴向坐标;$T(z)$ 为张力;$EI(z)$ 为弯曲强度;$m(z)$ 为单位长度质量,水中质量包含附连水质量。

模态形状依据下式计算:

$$Y_n(z) = \sin\left\{\int_0^z \sqrt{-\frac{1}{2}\frac{T(Z)}{EI(Z)} + \frac{1}{2}\sqrt{\left[\frac{T(z)}{EI(z)}\right]^2 + 4\frac{m(z)\omega_n^2}{EI(z)}}}\,\mathrm{d}z\right\} \tag{5-28}$$

②潜在激励模态识别

首先根据斯脱哈尔频率与流剖面计算旋涡泄放频带范围,其中旋涡最小与最大泄放频率可根据式(5-29)计算:

$$f_{min} = \frac{StU_{min}}{D}, \quad f_{max} = \frac{StU_{max}}{D} \tag{5-29}$$

式中,U_{min} 和 U_{max} 分别为流剖面的最小与最大流速。

若某阶固有频率处在最小和最大泄放频率范围内,则认为该模态被激励。处在泄放频率带以外的边界模态根据以下原则进行判别:

a. 高边界模态识别,如果$(f_i + f_{i+1})/2 < f_{smax} < f_{i+1}$,则$f_{i+1}$被激励,否则不被激励。

b. 低边界模态识别,如果$f_i < f_{smin} < (f_i + f_{i+1})/2$,则$f_i$被激励,否则不被激励。

③主要激励模态识别

基于下式对各阶激励模态的振动能量进行初步估算:

$$\prod^r = \frac{|Q_r|^2}{2R_r} \tag{5-30}$$

式中,Q_r 为模态力,$Q_r = \int_{L^r} \frac{1}{2}\rho_f C_L(z, V_{R(z)}) D(z) V^2(Z) Y_r dz$;$R_r$ 为模态阻尼,$R_r = \int_{L-L^r} R_h(z) Y_r^2(z) \omega_r dz + \int_0^L R_s(z) Y_r^2(z) \omega_r dz$;$L^r$ 为 r 阶模态的能量输入区域;R_h 和 R_s 分别为模态水动力阻尼和结构阻尼。找到振动能量最大的模态,以其能量值作为一个基准,将其余各阶模态的振动能量与之相除,得到一个能量比。用户选择一个阈值,低于该阈值,模态将被删除,这能识别出主要模态。若大于阈值的模态数只有一个,则进行单模态锁定响应计算;否则进行多模态响应计算。

④模态能量输入区域的确定

用户给定一个约化速度双带宽 b 值,则 $V_L = V_p - 0.5bV_p$,$V_H = V_p + 0.5bV_p$($V_P = St^{-1}$)。由约化速度的定义,$V(Z_L) = V_L/f_n D$。对线性剪切流而言,据此即可判断结构 r 阶模态能量输入区域的范围($Z_L \sim Z_H$)。当 r 阶模态 z 处的约化速度处于 r 阶模态约化速度带宽内时,流体将激励结构并导致结构对该模态的响应。

⑤多模态重叠区域消除

当多模态参与振动时,临近的能量输入区域可能存在重叠部分,程序将进行模态重叠消除。消除的原则是重叠部分的每一模态的能量输入区域等量缩短直到重叠部分消失。在每一模态的能量输入区域内,认为升力发生在模态的固有频率上。

⑥模态响应振幅预测

首先要计算每阶模态的输入能量和输出能量。当系统的响应达到稳定状态时,r 阶模态的输入能量与输出能量达到平衡。

下面以张力弹簧为例,简要说明主要步骤和主要公式。

张力弹簧的控制方程为

$$m_i \ddot{y} + R\dot{y} - Ty'' = P(z,t) \tag{5-31}$$

$P(z,t)$ 为升力系数分步:

$$P(z,t) = \frac{1}{2}\rho_f D V^2(z) C_l(z;\omega_r) \sin(\omega,r) \tag{5-32}$$

系统总的位移响应可以写为模态响应的叠加:

$$y(z,t) = \sum_r Y_r(z)q_r(t) \tag{5-33}$$

式中，$q_r(t) = A_r\sin(\omega_r t + \varphi)$。

将式(5-33)代入控制方程，得到

$$M_r\ddot{q}(t) + R_r\dot{q}_r(t) + k_r q_r(t) = p_r(t) \tag{5-34}$$

式中，M_r 为模态质量，$M_r = \int_0^L Y_r^2(z)m_r\mathrm{d}x$；$R_r$ 为模态阻尼，$R_r = \int_0^L Y_r^2(z)R(z)\mathrm{d}z$；$K_r$ 为模态刚度，$K_r = -\int_0^L TY_r^n(z)Y_r(z)\mathrm{d}z$；$P_r$ 为模态力，$P_r(t) = \int_0^L Y_r P(z,t)\mathrm{d}z$。在能量输入区内，假定各位置处的升力与模态速度同向。计算时采用绝对值的形式，即

$$P_r(t) = \int_{L^r} |Y_r(z)|P(z,t)\mathrm{d}z \tag{5-35}$$

r 阶模态的模态速度为

$$\dot{q}_r(t) = A_r\omega_r\sin(\omega_r t) \tag{5-36}$$

r 阶模态的输入能量为模态力乘以模态速度：

$$\prod_r^{in} = \int_{L^r} \frac{1}{2}\rho_f DV^2(z)C_L(z;\omega_r)A_r\omega_r\sin^2(\omega_r t)|Y_r(z)|\mathrm{d}z \tag{5-37}$$

一个周期 P 内的平均模态输入能量为

$$\langle \prod_r^{in} \rangle = \frac{1}{P}\int_0^P \prod_r^{in}\mathrm{d}t = \frac{1}{4}\int_{L^r}\rho_f DV^2(z)C_L(z;\omega_r)A_r\omega_r|Y_r(z)|\mathrm{d}z \tag{5-38}$$

r 阶模态的输出能量为 r 阶模态阻尼力乘以模态速度：

$$\prod_r^{out} = \int_L R(z)Y_r^2(z)A_r^2\omega_r^2\sin^2(\omega_r t)\mathrm{d}z \tag{5-39}$$

一个周期 P 内的平均模态输出能量为

$$\langle \prod_r^{out} \rangle = \frac{1}{P}\int_0^P \prod_r^{out}\mathrm{d}t = \frac{1}{2}\int_L R(z)Y_r^2(z)A_r^2\omega_r^2\mathrm{d}z \tag{5-40}$$

对于该模态，当输入能量与输出能量达到平衡时，即 $\langle \prod_r^{in} \rangle = \langle \prod_r^{out} \rangle$，则

$$\frac{A_r}{D} = \frac{\frac{1}{2}\int_{L^r}\rho_f V^2 C_L(Z;\omega_r)|Y_r(z)|\mathrm{d}z}{\int_{L-L^r}R_h(z)Y_r^2(z)C_L\omega_r\mathrm{d}z + \int_0^L R_s(z)Y_r^2(z)\omega_r\mathrm{d}z} \tag{5-41}$$

式(5-41)即为预测模态振幅的公式。Shear 7 程序会给升力系数赋予一个初值，然后进行迭代计算求得模态振幅 A_r，流程如图5-19所示。

3. 水动力系数

当前海洋细长弹性结构的涡激振动预报工具的流体力模型大都来源于受迫振荡实验数据。采用什么样的实验，怎样利用实验数据，一直是涡激振动研究的重要问题。下面就详细介绍水动力系数经验模型的基本原理。

(1)水动力线性分解及其表达

以频率 ω_{osc} 正弦振动的刚性柱运动方程为 $y(t) = y_0\sin(\omega_{osc}t)$，用 $L(t)$ 表示由于涡泄产生的升力，假定涡泄被锁定在柱体的振动频率上，则柱体所受线性化升力又可以表示为

$$L(t) = L_0\sin(\omega_{osc}t + \phi) = L_0\cos\phi\sin(\omega_{osc}t) + L_0\sin\phi\cos(\omega_{osc}t) \tag{5-42}$$

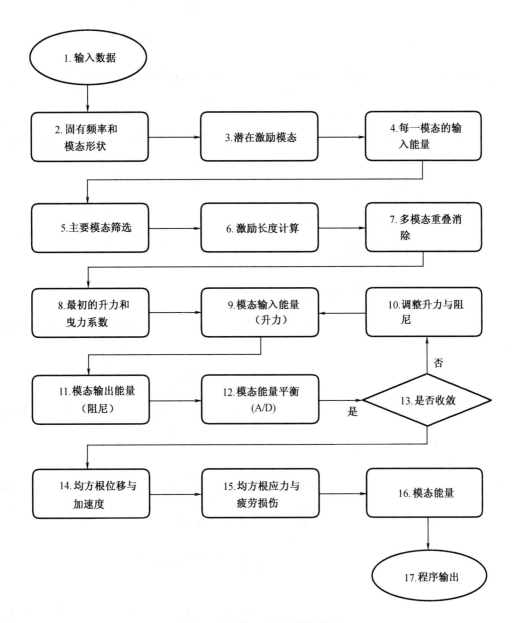

图 5 – 19 Shear 7 分析流程图

式中,L_0 为升力振动幅值,ϕ 为升力与位移的相位角。

将升力分解成两部分:与速度同相位部分,与加速度同相位部分,即

$$L(t) = \frac{1}{2}\rho DU^2 C_{LV}\cos(\omega_{\mathrm{osc}}t) + \frac{1}{2}\rho DU^2 C_{LA}[-\sin(\omega_{\mathrm{osc}}t)] \quad (5-43)$$

比较方程(5 – 42)和(5 – 43)中 $\cos(\omega_{\mathrm{osc}}t)$,$\sin(\omega_{\mathrm{osc}}t)$ 前的系数,可得到:

与速度同相升力系数分量为

$$C_{LV} = C_L\sin\phi \quad (5-44)$$

而与加速度同相升力系数分量为

$$C_{LA} = C_L(-\cos\phi) \quad (5-45)$$

式中,升力系数 $C_L = \dfrac{L_0}{\dfrac{1}{2}\rho DU^2}$。

系数 C_{LV} 和 C_{LA} 在不同类型实验中表达形式不一样,下面详细介绍它们在自激和受迫实验中的表达形式。

①受迫实验的流体力表达

首先,对于受迫振动实验数据,如果测得的升力时程为 $L(t)$,按照 Fourier 级数理论表示为

$$\begin{cases} L(t) = a_0 + \sum\limits_{n=1}^{\infty} a_n\cos(\omega_{\mathrm{osc}}t) + \sum\limits_{n=1}^{\infty} b_n\sin(\omega_{\mathrm{osc}}t) \\[2mm] a_0 = \dfrac{1}{T}\int_0^T L(t)\,\mathrm{d}t \\[2mm] a_n = \dfrac{2}{T}\int_0^T L(t)\cos(n\omega_{\mathrm{osc}}t)\,\mathrm{d}t \\[2mm] b_n = \dfrac{2}{T}\int_0^T L(t)\sin(n\omega_{\mathrm{osc}}t)\,\mathrm{d}t \end{cases} \quad (5-46)$$

若取 Fourier 级数的一阶形式,即式(5-46)中 $n=1$,再与式(5-43)的分解形式对比,可以得到

$$a_1 = \frac{2}{T}\int_0^T L(t)\cos(\omega_{\mathrm{osc}}t)\,\mathrm{d}t = L_0\sin\phi \quad (5-47)$$

$$b_1 = \frac{2}{T}\int_0^T L(t)\sin(\omega_{\mathrm{osc}}t)\,\mathrm{d}t = L_0\cos\phi \quad (5-48)$$

这里周期 $T = \dfrac{1}{f_{\mathrm{osc}}}$。因此,由三角关系可以得到

$$L_0 = \sqrt{(L_0\cos\phi)^2 + (L_0\sin\phi)^2} = \sqrt{a_1^2 + b_1^2} \quad (5-49)$$

$$\phi = \arctan(a_1/b_1) \quad (5-50)$$

因此,联合(5-44)、(5-45)和(5-47)、(5-48)得到

$$C_{LV} = \frac{a_1}{\dfrac{1}{2}\rho U^2 D} = \frac{4}{\rho U^2 DT}\int_0^T L(t)\cos(\omega_{\mathrm{osc}}t)\,\mathrm{d}t \quad (5-51)$$

$$C_{LA} = -\frac{b_1}{\dfrac{1}{2}\rho U^2 D} = -\frac{4}{\rho U^2 DT}\int_0^T L(t)\sin(\omega_{\mathrm{osc}}t)\,\mathrm{d}t \quad (5-52)$$

②自激实验的流体力表达

对于自激振动实验的流体力的表达形式,我们可以直接通过振动控制方程求解得到。对于自激实验中的单自由度振动方程为

$$\frac{\mathrm{d}^2 y}{\mathrm{d}t^2} + 2\omega_n\zeta\frac{\mathrm{d}y}{\mathrm{d}t} + \omega_n^2 y = \frac{L(t)}{m_s} \quad (5-53)$$

式中 $\omega_n = \sqrt{\dfrac{k}{m_s}} = 2\pi f_n,\ \zeta = \dfrac{c}{2m_s\omega_n}$。

同样,当自激振动处于锁定稳态响应状态,有

$$\begin{cases} y(t) = y_0\sin(2\pi f_v t) \\ L(t) = \frac{1}{2}\rho DU^2 C_{LV}\cos(2\pi f_v t) + \frac{1}{2}\rho DU^2 C_{LA}[-\sin(2\pi f_v t)] \end{cases} \quad (5-54)$$

这里涡泄锁定频率 $f_v = f_{osc}$。将式(5-54)代入式(5-53),分解整理,且令三角函数前系数为零,得到

$$C_{LV} = 4\pi^3 m^* \zeta A^* \left(\frac{f_v}{f_n}\right)\left(\frac{f_n D}{U}\right)^2 \quad (5-55)$$

$$C_{LA} = 2\left[\left(\frac{f_v}{f_n}\right)^2 - 1\right]\pi^3 m^* A^* \left(\frac{f_n D}{U}\right)^2 \quad (5-56)$$

$$\phi = \arctan(-C_{LV}/C_{LA}) \quad (5-57)$$

这里,$A^* = \dfrac{y_0}{D}$,$m^* = \dfrac{4m_s}{\pi\rho D^2}$。

（2）系数 C_{LV} 与能量转换

如圆柱运动 $y(t) = y_0\sin(w_{osc}t)$ 且总升力为 $L = L_0\sin(\omega_{osc}t + \phi)$,则升力做的功为

$$\begin{aligned} P(t) &= L_0\sin(\omega_{osc}t + \phi) \cdot \frac{\mathrm{d}}{\mathrm{d}t}[y_0\sin(\omega_{osc}t)] \\ &= \omega_{osc}y_0 L_0\sin\phi\cos^2(\omega_{osc}t) + \omega_0 y_0 L_0\cos\phi\sin(\omega_{osc}t)\cos(\omega_{osc}t) \quad (5-58) \end{aligned}$$

P 的平均值为

$$\begin{aligned} \langle P \rangle &= \omega_{osc}y_0 L_0 \frac{1}{nT}\int_0^{nT}[\sin\phi\cos^2(\omega_{osc}t) + \cos\phi\sin(\omega_{osc}t)\cos(\omega_{osc}t)]\mathrm{d}t \\ &= \frac{1}{2}\omega_{osc}y_0 L_0\sin\phi \\ &= \frac{1}{2}\omega_{osc}y_0\left(\frac{1}{2}\rho DU^2 C_{LV}\right) \quad (5-59) \end{aligned}$$

这里响应周期 $T = \dfrac{2\pi}{\omega_0}$,$n$ 为积分周期数。

可见,C_{LV} 决定了系统的能量积累与耗散。当 $C_{LV} > 0$,则 $\langle P \rangle > 0$,流体力表现为激励力,流体对运动柱体输送能量,即圆柱从流体吸取能量;当 $C_{LV} < 0$,则 $\langle P \rangle < 0$,流体力表现为阻尼力,流体耗散运动柱体对其输入的能量;而 $C_{LV} = 0$ 则代表系统处于能量平衡状态。

图5-20所示为 Gopalkrishnan（1993）在 MIT 的拖曳水池所做的系列实验 C_{LV} 系数数据。图中横坐标 $\hat{f}_0 = 2\pi U/(\omega_{osc}D)$。粗实线为 $C_{LV} = 0$ 的等高线,而粗实线包络的为 $C_{LV} > 0$ 的激励区域,激励区基本出现在小振幅范围内,而大振幅情况下拖曳力分量系数基本都是负值,表现为阻尼形式。

（3）系数 C_{LA} 与附加质量

附加质量是一个最熟悉、最不好理解和最容易迷惑的流体动力学特性。它存在于所有的关于钝体的流。然而,它和所有的质量一样,只有它加速的时候才能显示它的存在。它表示的是与加速度同相位的流体力等效影响。

相应的,圆柱加速度为 $\ddot{y}(t) = -y_0\omega_{osc}^2\sin(\omega_{osc}t)$,根据牛顿定律,升力的惯性力分量等于附加质量 m_{AO} 乘以加速度,即

$$\frac{1}{2}\rho DU^2 C_{LA}\sin(\omega_{osc}t) = m_{AO} \cdot [-y_0\omega_{osc}^2\sin(\omega_{osc}t)] \quad (5-60)$$

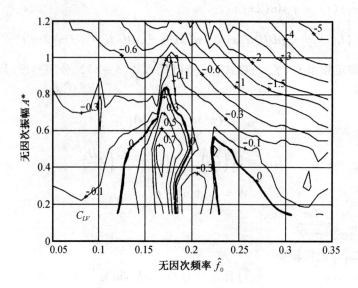

图 5 – 20　速度同相升力系数云图

即

$$m_{AO} = \frac{1}{2}\rho D U^2 C_{LA} / (-y_0 \omega_{\mathrm{osc}}^2) \qquad (5-61)$$

则,附加质量系数为

$$C_{AO} = \frac{m_{Ao}}{\rho(0.25\pi D^2)} = -\frac{2U^2}{\pi D y_0 \omega_{\mathrm{osc}}^2} C_{LA} = -\frac{1}{2\pi^3} \frac{C_{LA}}{(y_0/d)\hat{f}_0^2} \qquad (5-62)$$

写成无因次形式为 $C_{AO} = -\dfrac{1}{2\pi^3}\dfrac{C_{LA}}{A^*\hat{f}_0^2}$,其中 $A^* = y_0/D$, $\hat{f}_0 = \dfrac{2\pi U}{\omega_{\mathrm{osc}} D}$ 。

　　图 5 – 21 和图 5 – 22 所示为 Gopalkrishnan(1993)在系列实验惯性力分量系数和附加质量系数云图。

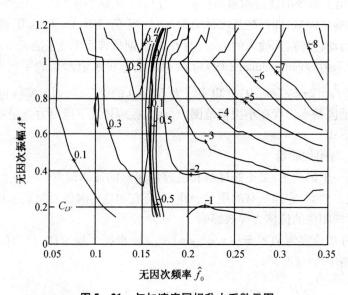

图 5 – 21　与加速度同相升力系数云图

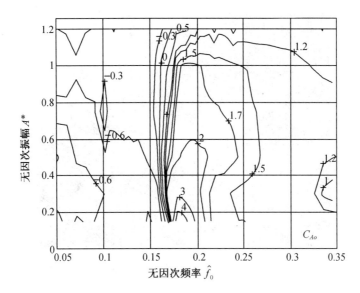

图 5-22　附件质量系数云图

4. 防止和抑制 VIV 的方法

为防止或抑制涡激振动，可以采用两类方法：一是通过调整结构本身的动力特性，以减小其在旋涡作用下的响应；另一类方法则是通过干涉和改变旋涡发生的条件和尾流状态，以达到减弱流体所产生的振荡力的目的。

第一类方法是在结构设计中遵循一定的准则，调整结构本身。包括：控制结构的设计，保证在稳定流中约化速度不在引起涡激振动的范围内；增加结构的有效质量和阻尼，以抑制或减小涡激振动。要注意的是增加质量有可能降低结构的固有频率，增加涡激振动发生的可能性。改变结构，控制结构设计，往往比改变控制来流的方式成本高一些。

第二类方法是流体力学方法，即阻止旋涡的形成和强化，用调整来流方向或改变结构形状的方法来改变来流。如：美国 Shell Global Solutions 公司的立管加整流罩，如图 5-23 所

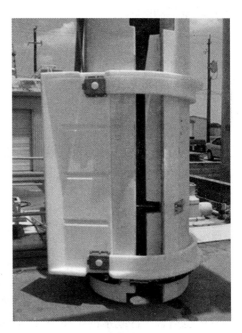

图 5-23　立管上的整流罩

示；在墨西哥湾用螺旋导板抑制钢质悬链式立管的涡激振动，螺旋导板的示意图如图 5-24 所示；在旋涡释放不严重的情况下，在立管上安装浮力装置也能有效地抑制涡激振动。

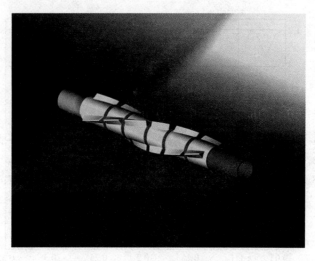

图 5 – 24　立管上的螺旋导板

十一、涡激运动的挑战和解决方法

1. 涡激运动的幅度

（1）环境条件

在各种环境条件中海流是进行涡激运动（VIM）分析需要考虑的主要因素。无论是长期的还是短期的海流参数都很重要。墨西哥湾（GoM）地区的环流速度有时会达 6 kn 左右，而且不仅仅分布在表面处，有时会延伸到海平面以下 1 200 英尺（365.76 米）的地方。因此，短期海流条件是预测钢悬链立管疲劳寿命的因素之一。

虽然 Spar 平台的涡激运动是在墨西哥湾的旋涡和飓风流条件下监测到的，但是其他类型的海流也会引起 Spar 平台的涡激运动。通常需要对以下情况进行 Spar 平台的涡激运动疲劳分析：

①长期海流；

②短期海流：百年一遇的环流和潜流。

当短期海流和长期海流一起考虑时，涡激运动引起的疲劳损伤将会更加容易理解，如墨西哥湾地区的许多海洋工程的疲劳问题都是由短期海流引起的。

对于吃水很深的半潜生产船来说，涡激运动是面临的主要问题，关于 Spar 平台涡激运动的论述也适合于深吃水的半潜平台，但是目前还没有涉及到关于 FPSO 和 TLP 的涡激运动问题，因为这些船的吃水都比较浅。

（2）Spar 的同轴向和横向运动

海流作用下管子的基本运动通常垂直于来流方向，次级运动是海流同轴向。当两种运动结合在一起时，就在水平面内形成了伯努利双纽线轨迹"8"。对于钢悬链立管来说，设计者需要注意的通常是悬挂点和触地点位置，如图 5 – 25 所示。

涡激运动响应和系统固有周期之间的关系经常以转化速度的形式给出，可以定义为如

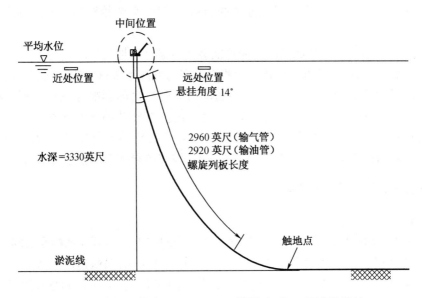

图 5 - 25　在墨西哥湾 Front Runner 地区,与 Spar 平台连接的
钢悬链立管的构造(Bai et al. , 2004)

下形式:

$$V_r = V_c \times \frac{T_n}{D} \tag{5-63}$$

式中　　V_r——转化速度;

　　　　V_c——海流流速,通常取海流轮廓图中的最高速度;

　　　　T_n——Spar 平台的固有周期;

　　　　D——Spar 主体的直径。

(3)涡激运动应力柱状图

工程关键性评估在确定立管关键位置的许用瑕疵尺度方面起着重要的作用。影响工程临界评估(Engineering Critical Assessment,ECA)结果的主要输入数据是立管高疲劳损伤位置的应力柱状图。在进行 ECA 时,应力范围和循环次数要通过涡激运动的分析获得,后期阶段,这些应力范围将会和相应的涡激振动、安装及波浪诱导的疲劳损伤组合在一起。

2. 涡激运动挑战和解决方法

流体通过非流线型形体时会引起低压旋涡,进而形成主体顺流,这时候就会在 Spar 平台上产生涡激运动。旋涡脱落会在主体上产生垂直海流方向的载荷,如果激励旋涡的频率和 Spar 的固有频率接近,就会产生共振现象。因此,当海流的流动和结构运动相互影响时,就可能造成破坏性的剧烈摆动,Spar 平台运动时产生的循环张力和立管的曲率反过来会引起疲劳损伤。因此,研究立管上涡激运动引起的疲劳是很重要的。在缺少保护措施的情况下,就可能会出现立管的疲劳失效。

在 VIM 分析中,需要特别注意以下特点:

(1)对于 Spar 涡激运动的预测还没有可靠的分析工具。目前,VIM 设计数据只能从模型试验和现场测量中获得;

（2）Spar 的涡激运动不仅受海流速度的影响，而且受海流轮廓和湍流的影响，这些更加难以测量；

（3）对于海流峰值/VIM 的持续时间可能会比风暴高峰期持续时间更长。

鉴于上面几点，在设计阶段应该采取相对保守的方法来求解涡激运动。目前，在如钢悬链立管等的深水立管设计阶段，旋涡诱导运动对疲劳寿命的影响还没有得到足够的重视。然而，当进行综合疲劳分析时，应该将同一位置点的所有疲劳损伤叠加在一起，通过这种方式预测立管系统的总体疲劳寿命。某些情况下，在立管疲劳设计阶段，VIM 引起的疲劳和其他方面引起的疲劳损伤一样重要，如 VIV 疲劳、波浪诱导疲劳和安装疲劳等。

3. 涡激运动引起的立管疲劳

（1）疲劳分析方法

评估涡激运动响应的第一步是确定钢悬链立管的应力和涡激运动幅度之间的关系。对于每个方向（平面内和平面外），钢悬链立管都可以对相应的涡激运动最大振幅进行补偿。利用有限元模型可以计算所有节点的疲劳损伤，也可以计算触地点和悬挂点区域的疲劳。设计中常定义单位位移对应的应力范围为影响系数（Influence Coefficient, IC），需要在垂直于海流以及与海流同轴向的方向分别进行计算：

$$IC = \frac{Stress\ Range}{Offset} \tag{5-64}$$

即　　　　　　　　　　IC = 应力范围/位移

可以使用非线性有限元分析方法计算应力范围，在确定了影响系数之后，可以通过下面的步骤来计算立管的疲劳损伤：

①每个海流的换算速度是根据海流轮廓图上观察的最大速度计算的；

②使用钢悬链立管周围八个点处的干扰系数（IC）计算和 VIM 幅度相对应的应力范围；

③使用 API X 规范的 $S-N$ 曲线计算每个应力范围的失效循环次数，没有持续时间的限制，但是带有 1.2 的应力集中系数；

④对于每一个海流情况，每年循环次数是根据每个海流情况的发生概率和 Spar 的固有周期计算的。

通过下面方式获得应力循环次数：

$$n = \frac{365 \times 24 \times 3\ 600 \times 海流发电概率}{T_n} \tag{5-65}$$

式中　n——循环次数；

　　T_n——Spar 的固有周期。

（2）累计疲劳损伤

为了获得系统总体疲劳损伤，需要将 VIM 疲劳损伤和其他损伤进行恰当的叠加，如立管涡激振动、安装、波浪诱导的疲劳损伤等。在合成总的损伤时，要确保各种形式的损伤是在立管的同一点进行累加的。通过如下公式可以给出任何一点的疲劳寿命：

$$疲劳寿命 = \frac{1}{疲劳损伤} \tag{5-66}$$

式中，疲劳损伤 = VIV 疲劳 + VIM 疲劳 + 波浪疲劳 + 安装疲劳。

十二、立管和浮体之间的相互作用的迭代设计方法

当考虑立管和浮体之间的相互作用时,需要注意三个变量,分别是立管悬挂点之间的间隔、离船角和每根管线的铺设方向。

钢悬链立管设计的低成本性、设计程序简单化,使得越来越多的立管工程将它作为首要选择。

十三、船体、其他立管和系泊链之间相互作用的分析

为确保立管系统与生产系统的其他部分之间不会发生相互作用,在设计阶段需要进行分析。如果会发生相互作用,要确保这种相互作用保持在一个可接受的概率范围内,即使发生的概率较高,造成的影响也不能太大。

可能存在的相互影响包括:

(1)立管和船体之间;

(2)立管和立管之间;

(3)立管和系泊线之间;

(4)立管和脐带管之间。

间隙分析的结果可能会对立管的布局、脐带管、系泊线以及出油管线的布置方向有一定影响,布置立管应该综合考虑现场的总体布局、管道分布要求,锚泊系统禁航区域、起重船位置、补给船装载位置以及坠落物轨迹等。所有这些设计中都不会与立管相互碰撞才是最理想的状态。

为避免和临近立管、脐带管、系泊线或者主船体的碰撞,立管的偏离应该是可以控制的。最小空隙应该保持为 5 倍的立管外径,如果不能满足这个标准,运营商就会要求设计者证明在服役期内碰撞的概率小于 10^{-4}, 或者可能存在的碰撞不会破坏立管的整体性。动态分析中也应该包括干扰分析,确保立管的限制偏离裕量符合要求,或者在碰撞情况下,能够保持立管的力学完整性。如果要设计多种立管,首先要评估的也是不同外径的立管之间的相互碰撞问题。

十四、阴极保护要求

1. 概述

腐蚀是金属或者合金与环境发生的电化学反应,会导致金属或合金的降级。金属的一部分作为阳极,而其他部分作为阴极。在阳极区域,金属溶解,产生腐蚀。这种影响可以通过在腐蚀区域人工地添加阳极和阴极的方法来消除,这个技术叫做阴极保护。

一般来讲,阴极保护系统含有一个阳极,凭借它,阳极电流可以通过电解液(如水)到达阴极(要保护的管子)。

通常有以下两种类型的阴极保护方法:

(1)牺牲阳极系统;

（2）外加电流系统。

图 5 - 26 阐明了阴极保护的原理：

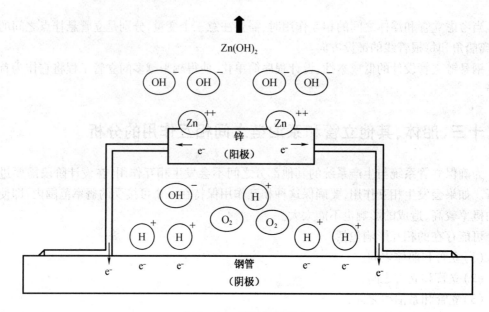

图 5 - 26　阴极保护原理

2. 牺牲阳极系统

阳极金属的成本（图 5 - 27）一定要比保护结构成本低，阳极的缓慢溶解可以给保护金属提供电流。这个系统的主要优势在于可以进行自动的电流控制。

3. 外加电流系统

在外加电流系统中（图 5 - 28），外接直流电源通常由外部交流电（AC）经过变压器/整流器处理得到。

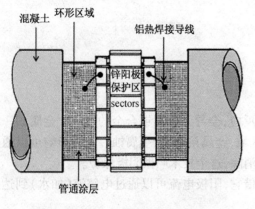

图 5 - 27　典型的牺牲阳极系统

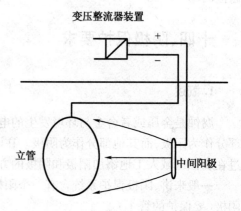

图 5 - 28　典型的外加电流系统

如果无法得到交流电,可以通过柴油、热量或者太阳能发电机的形式获得所需要的动力。

惰性的阳极材料可以释放出直流电。典型的阳极材料包括镀铂的钛/铌(海水)、石墨、硅/钢、磁铁矿(土壤和水)、铅/银(水)等。

对外加电流系统的操控需要有专门的监督系统,特别需要注意的是确保管线电缆和阳极之间的正确连接,因为反向连接会加速管线的腐蚀速度。由于以前对管线的正确连接没有给予足够的重视,这种情况时有发生。

4. 钢悬链立管的阴极保护

海水所具有的较低且恒定的电阻系数特性使得水下管线保护系统的设计得到了极大的简化。

防腐蚀涂层存在着一定的缺陷,有时候在管线操作、安装或者运行期间就会遭到损坏。将牺牲的阳极连接到管子上就可以为管线提供额外的防腐保护。

在进行阳极保护设计时要根据 API 阴极保护设计和 DNV – RP – B401 阴极保护设计规范(2005 年 1 月)进行,也可以依据其他相关规范进行设计。

对于通过焊接方式连接在管线上的阳极还需要给予特殊考虑,并且要获得焊接材料专家的批准,因为焊接工序会影响立管材料的属性,而且可能会因为应力集中和硬度过大对立管产生不利影响。

十五、疲劳设计挑战和解决方法

1. 介绍

对于那些和浮体连接在一起的立管,主要由以下原因引起疲劳损伤:

①一阶和二阶波浪载荷及相关联的浮体运动造成疲劳;

②海流引起的涡激振动造成疲劳;

③环流引起的旋涡也会诱导船体运动产生疲劳;

④安装引起的疲劳。

利用 Miner 叠加原理估算疲劳损伤的方法如下:

$$D = \sum_{i=1}^{k} \frac{n_i}{N_i} \leqslant \eta \tag{5-67}$$

式中　D——累计疲劳损伤比;

　　　k——应力范围区间的总数;

　　　n_i——在应力范围 i 对应的循环次数;

　　　N_i——和应力范围相应的失效循环次数;

　　　η——许用疲劳损伤比,可检查的焊缝一般取做 0.1,不可检查的焊缝取 0.3。

一般通过 $S-N$ 曲线进行疲劳评定,利用断裂力学中的 Paris 法则预测裂纹的扩展,还可以确定进行焊缝检查的频率和容许缺陷尺度。

图 5 – 29 显示了一个连接体的疲劳损伤,对于水下设备来说这是一种灾难性的损伤。

(1)疲劳问题

钢悬链立管的总体疲劳损伤需要通过以下几个方面的原因综合确定:

①波浪和船体运动；

②钢悬链立管涡激振动；

③船体涡激振动诱导的运动；

④船体的垂荡运动；

⑤安装产生疲劳。

影响钢悬链立管疲劳设计的一些关键因素将在下面的章节中进行详细讨论。

（2）波浪疲劳

①波浪散点图

疲劳分析的波浪环境条件通过 H_s-T_p 波浪散点图描述，定义波浪谱的参数应该由观察的数据经过处理后提

图 5-29　典型的连接器疲劳损伤

供，可以采用 Pierson-Moskovitz 或者 JONSWAP 单峰波谱或者双峰波谱的形式给出。进一步定义波浪载荷情况时应该包括扩展参数，这些参数给出了沿主导方向的波浪载荷空间分布情况，是一个随环境地点发生变化的余弦函数。

实际中至少应该给出八个罗经点方向的波浪载荷概率，由于疲劳损伤可能来源于一个或者两个方向的假想载荷，这些概率的应用可以避免过分保守地估计疲劳损伤。

②频域分析和时域分析

通常有以下两种方法计算波浪疲劳。

a. 疲劳谱分析方法可以用于一阶疲劳分析。疲劳海况被分成许多窗口，对于每个窗口，所选择的海况都是为了实现响应的线性化。当进行线性化分析的时候，可以利用恰当的浮体位移将平均二阶运动看作是一阶疲劳分析的一部分。

b. 时域下的随机海况分析可以解释系统的非线性问题，特别是对于触地点附近的关键区域，可以通过时域下的随机海况分析得到立管中张力和弯曲变量的时间轨迹。使用雨流技术方法确定每个海况引起的疲劳损伤，这种方法把连续的应力范围转化为应力柱状图形式。应力柱状图中描述了每个应力范围发生的次数，应用 Miner 叠加法则可以计算出每个应力范围引起的疲劳损伤。

在设计中可以应用谱分析方法计算应力和每个波浪状态发生的频率。

（3）涡激振动引起的疲劳

涡激振动是钢悬链立管设计中最重要的一类问题，特别是对处于高海流状态下的立管。旋涡脱落引起立管的高频振动会导致高频循环应力的产生，进而在立管上造成高水平的疲劳损伤。

当大部分的非流线形体暴露在流体中，并且脱落的旋涡与主体结构的固有频率近似时，就会发生涡激振动，见图 5-30。深水立管很容易受到涡激振动的影响，原因如下：

①深水中比浅水中的海流环境更剧烈；

②立管高度的增加降低了它的固有频率；

③深水平台通常是浮动平台，因此在立管附近没有可供夹持立管的结构。

深水立管一般都很长，在较大海流作用下激励的固有弯曲模态要比基本弯曲模态高得多。因为深水海流的幅度（和方向）通常随着水深而改变，因此可能会激励出多种模态的立

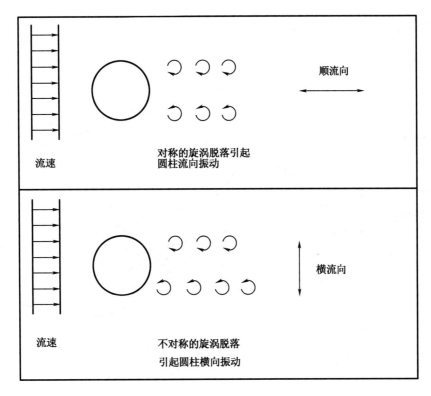

图 5 – 30 圆柱后方典型的流动

管涡激振动,这使得相比于浅水固定平台上的短跨度立管,深水立管的涡激振动预测会更加复杂。

由于流管和张力腱等邻近管线的影响,深水立管涡激振动响应变得更加复杂,当立管的全部或一部分处在逆流管的尾流中时,立管的涡激振动会发生显著的变化,而且通常是变得更加恶劣。另一方面,临近的管线可能引起作用在立管上的拖曳力发生改变,甚至导致管线之间的破坏性碰撞。

(4)立管涡激振动疲劳的挑战和解决办法

操作者对深水海流的精确预测能力是完善立管设计的关键因素。需要大量的水池试验来校核在高雷诺数下抑制装置/整流器的综合特性。一系列的涡激振动分析软件程序可以有效地测量涡激振动疲劳损伤,同时也兼顾了对分析方法的精炼。为确保涡激振动疲劳设计的准确性,更多的焦点已经集中在可靠的流数据预测方面,许多海流监测和涡激振动疲劳监测程序在改进涡激振动预测技术上起到了很大作用。图 5 – 31 显示的是一个涡激振动疲劳仿真模型。

如果主体设施是一个吃水较深的半潜平台,浮筒就可能在海平面以下 100 英尺的地方。当海流方向使得桩柱在流体中的投影面积最大时,就会看到涡激运动现象。在一些情况下,涡激运动诱导的疲劳损伤与涡激振动、波浪以及安装疲劳损伤数量级近似,不可忽略,见图 5 – 32。

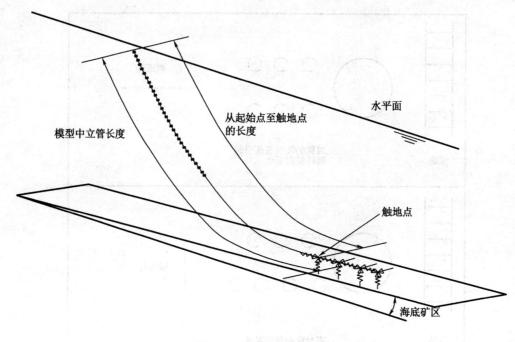

图 5 – 31　涡激振动疲劳建模

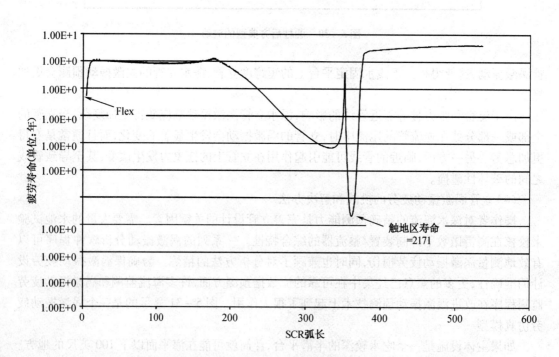

图 5 – 32　API X 规范中 12 英寸输油管上的涡激运动疲劳损伤(Bai et al. , 2004)

2.壁厚裕量对水下重力和疲劳的影响

深水钢悬链立管水下重力的显著差别可能是由壁厚偏差起的。壁厚偏差的测量、对正容差的严重偏斜都会导致大部分管子接头的壁厚超过要求的尺寸,平均壁厚会有所增加,进而导致深水立管极高的水下重力、更高的悬挂载荷和对疲劳性能的不利影响,其中对输气管线的影响最为严重。因此,在深水钢悬链立管系统的横截面设计、管线详细说明和总体设计中,壁厚裕量的问题不可忽视。

3.船体类型选择、悬挂角度和立管取向的影响

在进行可行性 SCR 设计阶段,能够清楚地了解悬挂点、钢悬链立管悬挂角、立管取向和船体运动对于触地区域疲劳的影响是很重要的。半潜平台存在显著的横摇、纵摇和垂荡运动,而平台的这些低频运动对于 SCR 的疲劳性能也会有一定的影响。

4.组合的频域和时域分析

由于频域分析的高效性,设计者通常会采用这种方法进行钢悬链立管的波浪诱导疲劳。Spar 平台和 TLP 平台的 SCR 设计证明了频域分析是一种非常有效的方法,设计者或者操作者可以很方便地实现立管的保守性设计。

然而对于半潜平台上的钢悬链立管,仅仅使用频域分析,很难实现可行的波浪诱导疲劳设计,因为在钢悬链立管触地点区域存在着非线性的动态响应。频域分析中固有的线性化处理方法可能会过高地估计触地点区域的疲劳损伤。通常来讲,大部分的 SCR 波浪诱导疲劳和 15~20 个海况有关,这些海况来自由 200 多个海况组成的总体散点分布图中。为了加快设计进程,对于关键海况的 SCR 响应,可以进行全时域分析,然后用这个损伤代替频域分析计算得到的损伤。

5.触地点土壤的影响

深水钢悬链立管可行性设计通常要面临强度和疲劳的综合挑战,其中每一个因素都受到触地点土壤硬度的影响。在立管分析软件中有许多可以用于对触地点建模、代表性深沟、抽吸和横向摩擦的分析。当船体的吃水改变时,立管触地点也会在远近位置点之间移动。在实际情况下立管疲劳损伤还会沿着钢悬链立管进行传播,因此,在计算触地点的疲劳时,准确说明触地点的运动形式也很重要。

通常,土壤的剪切强度决定了土壤的硬度。硬度越大,立管的疲劳损伤越严重,因为此时的振动频率和应力范围也会越高。正割土壤硬度通常比正切土壤硬度要高,因此,使用正割土壤刚度更加保守。然而,真实的正切强度可能会得到更精确的疲劳预测,因为它更能代表疲劳载荷下土壤的变形特性。上面的所有方法对校核立管的疲劳寿命都是可行的。

6.直径/水深的限制

以下因素会影响立管直径尺寸及壁厚:
(1)海况条件;
(2)主船体的位移和运动;
(3)结构限制　爆炸、倒塌、弯曲、后屈曲;

（4）建造问题　可制造性、偏差、焊接工序、检查；

（5）安装方法　现有船舶的张紧能力；

（6）操作理论　运输策略、清管、腐蚀、检测；

（7）井口特性　压力、温度、流速、热量损失、造渣。

生产井口的特性决定了内部成分和属性随时间的线性变化情况，对于正常运行和非正常关闭情况这些都应该加以说明。设计者应该考虑到安装、试运转和运行等各个阶段的所有内部成分情况。

十六、建造、安装、连接时的考虑因素

1. 建造考虑

建造立管要按照相关的规范，这些规范与 ABS 立管规范和 API RP 1111 规范中的要求是一致的。所有满足规范要求的铺设方法和建造技术都是可以接受的。指导和说明文件中也有关于立管校正定位、设计水深、挖沟深度以及其他限定因素的描述。

（1）施工程序

在准备施工程序时应该包括下面的基本安装变量：

①正常铺设和意外事故情况下的水深；

②管线张力；

③管线偏离角；

④回收；

⑤结束性活动。

施工程序应该反映出正常安装操作和紧急事故情况的许用极限。

（2）连接

在立管起吊、立管形态控制和直线性控制中都要事先安排好连接工序和相应的机械连接装置。末端接头的位置和对正性应该控制在确定的偏差内。

（3）焊接

①规范和标准

金属管件的焊接应该按照批准的焊接步骤进行，得到的焊缝才会有足够的强度和韧性。类似于美国机械工程师协会热水储槽规范和压力容器规范（Pressure Vessel Code）中的 PTS 61. 40. 20. 30/ API STD 1104 和 Section IX 一样，这些焊接标准会和这个指导原则一起应用。对于特殊的管材料，应该使用 API STD 1104 /PTS 61. 40. 20. 30 规范对各个焊接工序进行校核，同时任何可供选择的方法都需要提交审查。

②焊接工序和消耗品

a. 低氢状态。除了根部焊道以外，所有名义屈服强度为 40 kpsi 或者更高的焊接以及焊缝厚度超过 1/2 英寸的焊接工作都应该在低氢状态下完成（如小于 15 ml/100 g）。

b. 熔化极气体保护焊 - 短路电弧（GMAW - S）。GMAW - S 焊接应该限制为二级和三级焊接或者根部焊道在一侧的无衬垫对接焊。

c. 消耗品。填充金属、钎焊剂和保护气体的选择应该遵循 API STD 1104 规范。

③合格条件

焊接工人应该接受公认的国家规范如 API STD 1104 规范中要求的焊工资格认证,测试合格工人将被颁发证书,这个证书作为监督员检测时的参考。

④检查/测试

在建造阶段开始之前,需要将焊接程序和相关材料送审,这些内容包括:

a.母材和厚度范围;

b.电极类型;

c.焊接接边加工;

d.电学特性;

e.焊接技巧;

f.建议的方位和速度;

g.预热和焊后热处理规范。

合乎规范的焊接操作必须在监督员在场的情况下进行,并且要符合有关的规范要求。在立管建造中,应该事先准备出合格的工序说明材料供监督人员使用。

2.安装方面的考虑因素

实际的 SCR 安装理论可能不会在工程开始阶段确定。因此,关于各种安装方法可能出现的突发情况(S 铺设、J 铺设和卷筒铺设),有必要起草一份管线说明。在 J 型铺设中,钻孔的内径可能修改过,因此,必须加厚管壁 1 mm 来适应这种调整。

对于小直径的钢悬链立管,可以采用卷筒铺设的方法,但是为了使 SCR 满足卷筒安装的要求,还需要做大量的工作。例如:

①全尺度弯曲试验和对中测试,以确保双层管(Pipe-in-Pipe,PIP)环面的连续性。

②卷轴卷起的立管焊缝的全尺度疲劳测试。精确计算卷轴转动时焊缝处的弯曲应变是很重要的,以此来评价裂痕的扩展性。

③准确检测许用弯曲应变。

限制安装的海况或者海流、移交时的限制以及安装时每个阶段的预期载荷和应力都应该事先确定下来,同时还要计算出各种安装方法和操作对疲劳寿命的影响。

安装分析中应该包括安装设备的功能要求,以找出一些敏感性操作、确定限制条件和操作中的关键性控制点。另外,分析中还应该包括应急程序,以保证在超过安全运行极限时可以执行应急程序。

此外,还要考虑一些与立管卷筒相关的问题,包括卷曲应变、卷轴上弯曲引起的屈服、应变扩大、弹塑性断裂力学性能、疲劳和氢压裂化等。

(1)S 型铺设安装

对于 S 型铺设安装,利用水平张紧器和控制过度弯曲曲率的托管架的组合,可以将管子水平地放下。铺管船可以是船舶、驳船或者半潜作业船。要求的铺设张力取决于作业水深、立管淹没深度、弯曲处的允许曲率半径、离船角、中垂弯曲处的允许曲率。托管架应该满足最小、最大曲率半径,以及立管离船角等方面的限制。图 5-33 所示为 S 型铺设概况。

内嵌阀门刚度的增加引起的应变集中也需要考虑在内,同时需要对内嵌阀门进行强度和泄漏保护设计来确保安装后的完整性。

外部覆层和弯曲抑制器会引起局部刚度的增加,因此环形焊缝中的应力可能比管子其

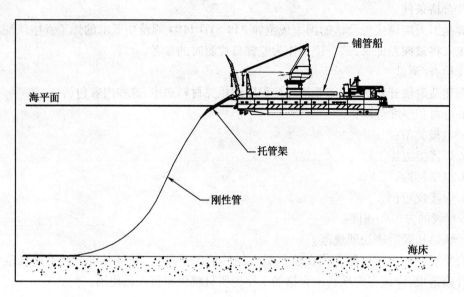

图 5 – 33　S 型铺设概况

他地方高,此时的应变集中系数需要根据应变水平和覆层厚度或者弯曲抑制器的壁厚计算。

安装过程不能对带有覆层的管子、保护系统、阀门和其他连接特性产生损伤,管线安装的标准选择要考虑到安装技术、最小弯曲半径、压差和管子张力等因素。

(2)J 型铺设安装

对于 J 型铺设(接近垂直管线铺设)安装,管线被架设在铺管船的提升塔上使用纵向张紧器来铺设。这样,就可以避免在海面附近发生过度弯曲。一般来讲,J 型铺设与 S 型铺设的步骤是一样的。图 5 – 34 所示为 J 型铺设的概况。

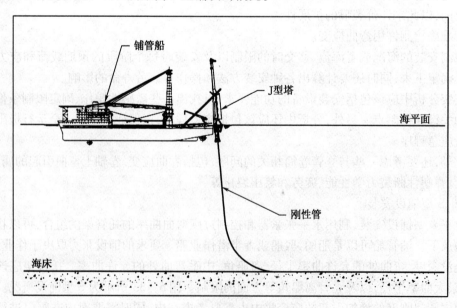

图 5 – 34　J 型铺设的概况

（3）卷筒铺设安装

在卷筒铺设中，管子缠绕在船上的一个大半径卷轴上，在位铺设时一般处在张紧状态下，在铺管船上还要通过反向弯曲的形式将管子矫直。矫直机需要经过测试确保能够达到要求的笔直度。图 5-35 所示为卷筒铺设概况。

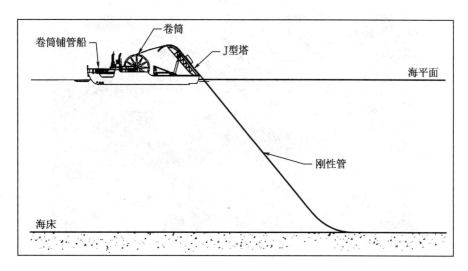

图 5-35　卷筒铺设概况

管子通过矫直机和张紧器后还需要安装保护性阳极，同时要确保焊接时选择的填充金属在变形和老化后仍能和母材相互匹配。

通过断裂力学评估来估测延展性裂痕的扩展以及在铺设和服务期内潜在的不稳定裂痕。基于断裂力学和塑性破坏分析方法确定焊缝缺陷的最大许用尺寸。

（4）拖曳安装

管子从远处组装地点运到安装位置时，可以采取水面托运或者海底托运的方式，其中水面托运中需要将水下部分控制在一定深度内。

拖曳管（管束）的水中重力需要通过设计来保证拖航中的可控性，也可以通过给管束添加外部覆层、控制线和安装输送管内部脐带的形式使它们有足够的浮力。可以在立管的固定间距上连接压载锁链，用以克服一定的浮力并且提供需要的水下重力。

（5）安装程序

深水立管的安装可以采用 S 型、J 型、卷筒和拖曳方法。钢悬链立管最常用的是 J 型铺设。相比 S 型铺设，J 型铺设更适合深水安装，因为它具有如下特点：

①较小的水平张力，因此相比于 S 型铺设的燃料溢出更少；

②相比于 S 型铺设在海床上的弯曲更小；

③相比于 S 型铺设在反复弯曲中疲劳更小；

④比卷筒铺设的应变硬化更小；

⑤更容易安装三通管和附属物。

钢悬链立管的安装步骤可以分为两道流程，分别是立管建造和近海组装，以及将立管从铺管船运到平台作业位置。

对于第一道流程，立管管线在焊接地点首尾焊接，这个和 S 型铺设的焊接很类似，如图

5-36 所示。立管被系统地铺放以顺应建造工序的要求,每天 2.3 米(S 型铺设的一半)的安装速度是关注的焦点。用这种方法安装的最大直径是 32 英寸,但是没有管壁厚的限制。立管从过度弯曲到垂向弯曲位置的水下重力是通过张紧装置来支撑的。图 5-37 显示了 S 型铺设驳船的完整原理图。图 5-38 所示为张紧装置。

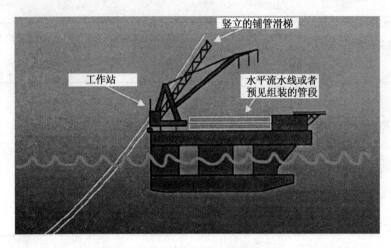

图 5-36   立管的离岸建造和安装

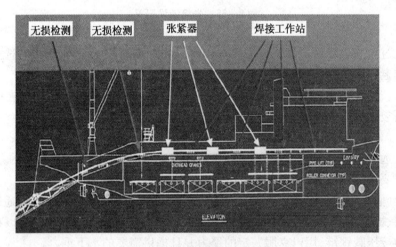

图 5-37   S 型铺设驳船的构造

钢悬链立管安装的第二道流程如图 5-39 所示。

3. 悬挂装置要考虑的因素

悬挂系统是通过柔性接头(Flex joint)或者应力节(Stress joint)来连接钢悬链立管和离岸平台的系统。为了考虑连接系统,有许多必须确定的参数,如悬挂位置、间隔、悬挂角度、方位角以及在船体结构上的提升位置。

(1)悬挂位置

悬挂位置是悬挂点相对于浮体的位置,由立管设计者确定。设计者同时应考虑到检查、维护、修理和立管功能等因素。悬挂点的安装位置是由以下多种参数确定的:

①浮体类型　半潜平台、Spar 平台、张力腿平台和浮式生产储油卸油轮。

②立管性能　在立管设计中立管运动是关键的因素。

③便于安装　立管悬挂系统应该便于实现，以便于回收和更换。

④弹性　悬挂点是应力危险区域，应该具有足够的柔韧性来确保应力水平在允许范围内。

⑤检查、维护和修理（IMR）。

⑥更换程序和立管自身的安装程序很类似。

⑦运行功能。

图 5 – 38　张紧装置

目前大部分的深水钢悬链立管是在水下悬挂的，如半潜平台通常在它的浮筒位置悬挂钢悬链立管。图 5 – 40 显示了一个立管的悬挂位置。

（2）悬挂系统空间布置

悬挂系统空间布置是指布置悬挂立管的位置和间隔。然而，当存在很多立管时，浮体的主体结构、立管数量、水下装备的布局、立管功能（油田内部的和输出的）和立管干扰等因素都应该在设计立管间隔之前加以考虑。

对于立管干扰来说，立管系统设计应该包括与其他立管、系泊线、张力腱、船体、海床和任何障碍物之间潜在干扰的评估或分析。在立管设计寿命的期间内都应考虑相互干扰的问题。

（3）方位角

方位角是立管和平台坐标系之间的角度。确定方位角时需要考虑下面的参数：

①立管数量；

②水下布局；

③立管相互干扰。

（4）悬挂角度

悬挂角度定义为平台中心线和立管之间的角度。悬挂角度是控制立管性能的重要参数之一，通常在 10° 到 15° 范围之内。确定悬挂角度的因素包括：

①立管的运动；

②着底后的立管方向、立管柔性接头和应力节的位置；

③有效载荷——作用于立管的外部载荷；

④立管间距，确保立管之间不会相互干扰。

（5）主船体结构上的高度

立管在主船体上的高度应该由悬挂系统来确定。在确定主船体上的升高位置时，应该考虑下面这些参数：

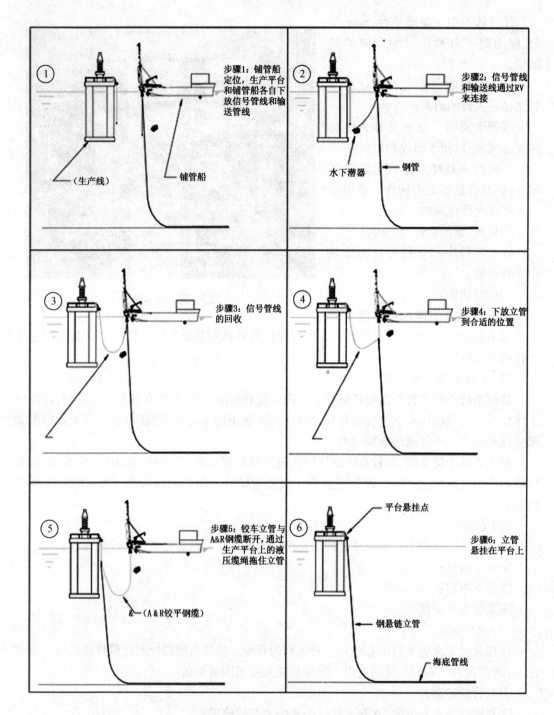

图 5 – 39　运送到浮式生产平台系统(FPS)的钢悬链立管

①安装；

②立管性能；

③立管位置(内部或外部)；

④主船体结构设计。

4. 其他的考虑因素

（1）检查和测试

这一部分与立管不同阶段的检查和鉴定有关，包括建造阶段、安装阶段和安装后的测试。

本章中涵盖的建造阶段包括管子和覆层的生产、建造、组装和立管管线的压力测试。安装阶段包括立管的线路测量、筹备、运输、在位现场安装。安装后处理阶段包括分类连续性的调查以及考虑损坏、失效和维修的问题。

图 5 – 40　立管悬挂位置

①制造阶段的检查和测试

在立管管线的制造期间，必须要依据要求进行检查，还要进行必要的资格测试，对达到的规范有所记录。

②安装阶段的检查和测试

安装阶段的检查和测试包括安装前的线路测量、安装指南、安装程序、突发事件处理程序、检查、系统压力测试、最终测试和运行准备等。

③建造阶段之后检查的情况

对于立管结构的损坏、失效、老化或者安装部件的维修等都需要作出汇报并且有所记录，定期检查。所有必要的维修都要立即进行并且要符合要求。

④运行中的检查和勘察

运行阶段包括运行准备工作、检查、勘察、维护和修理。在运行期间，应该经常有计划地进行立管的检查和勘察，给出整体性评估中的立管真实运行情况。运行期间的检测可以根据结构可靠性方法进行计划和安排。

⑤对于超期利用结构的检测

对于在同一位置处超过最初设计寿命的立管，如果它们还在使用中，就需要接受额外的结构检查，目的是校核立管的真实运行状况。检测的范围取决于现有检查记录的完整性。从立管安装开始，任何改动、修理、替换或者设备的安装都要包括在这个报告里。立管的检查表可以根据系统重新资格认定或者系统重估体系，应用结构可靠性方法，综合过去的检查报告进行设计。

（2）清管要求

如果经营者要求立管清管，那么钢悬链立管就应该设计成可以进行清管的结构。浮动船体上的立管、应力节或柔性接头以及海床上的连接接头等都需要有相应设计，保证清洁和检测清管的通道顺畅。

（3）采油树和油管悬挂系统

为了完成生产井口，引进了油管柱（Tubing String），它由一个油管悬挂器来支撑。悬挂器支撑着管材以及管子和覆层之间的环形密封剂。为了调节通过管子和环面的流量，水下采油树被安装在井口位置。水下采油树是一个远程控制阀门，用以控制流向、流量和中断流动。

5. 敏感性分析考虑的因素

需要评估的关键灵敏度因素包括海流、海浪、抑制器长度、海床土壤硬度、柔性接头刚度和船体幅值响应算子。海况条件、柔性接头刚度、船体运动和管线重力等参数在整个工程中由于外部因素的变化可能会发生改变。因此，为了解这些关键输入数据变化而进行的敏感性分析是较有价值的。

十七、增加疲劳寿命的方法

对于超深水钢悬链立管工程，为减缓船舶运动或者超深水涡激振动诱导立管疲劳相关的一些不确定性因素，可以进行如下选择：

（1）优化船型以降低波浪作用引起的船体运动。这是被许多船体设计者采用的一个方案，其中半潜船型在桩柱几何形状方面有很多变化，如减小水线面面积来降低垂荡运动，或者沿着桩柱改变水线面面积来降低垂荡和纵摇运动。

（2）在服役寿命内，多次改变船体位置，以改变触地点位置并延长了钢悬链立管的疲劳损伤沿立管触地点区域其长度上的分布。

（3）海况预测模型的发展增加了在深水海流预测和特定位置深水海流测量的信心。

（4）与风险有关的完整性管理方案包括检查、监测、测试和分析。用以证明设计假设或者使用中涡激振动响应的直接测量是有效的。由于缺乏在半潜平台和 FPSO 上使用钢悬链立管的现场经验，涡激振动的监测是极其重要的。另外，海流数据和 VIV 预测工具的不确定性要求进行涡激振动诱导疲劳损伤的监测。

（5）涡激振动设计中更高安全系数的使用考虑了在海流数据和 VIV 响应预测方面的不确定性。

十八、双层管系统

1. 功能要求

对于一些生产立管，要求绝热来避免水合物、蜡或石蜡的堆积。外部绝热材料的使用有时会影响立管的动态性能，因为它增加了拖曳力并降低了水中重力。通常应用双层管绝热技术来满足严格的绝热要求，同时以更重和更加耗费成本的结构形式来维持一个可接受的总体动态响应。

2. 结构元件

双层管系统的内部和外部管系可以通过一定间距的隔离壁连接。隔离壁限制了相对膨胀，它可以把环面空间分成单独的隔间。隔离壁的使用对于管线来讲是一个很好的解决方案，但是对于动态钢悬链立管，必须要考虑高应力集中、局部疲劳损伤和局部热损失增加等的影响。也可以使用均匀的间隔器（扶正器），它允许内外管之间通过相对滑动保持对中性。依据工程的判断，在早期设计阶段的一些影响可以忽略，但是如果必要，必须给予相应的考虑。

下面列举的是单屏障(Single – barrier)钢悬链立管常见的一些影响:

(1)在安装期间可能会沿着钢悬链立管的残余曲率;

(2)由于较大的弯曲曲率导致的残余应力;

(3)两个管子之间残余的轴向力;

(4)内外管之间的连接,包括长度和扶正器的使用;

(5)立管末端的边界条件和初始条件;

(6)安装期间疲劳寿命的损耗;

(7)内外管的预加载荷;

(8)运行期间由于热膨胀和内压引起的轴向力和相对运动;

(9)泊松比对轴向应变的影响;

(10)由于扶正器的作用,包括震颤影响,在内外管上产生的局部应力;

(11)内外管间的摩擦影响;

(12)热应力和热循环影响;

(13)由于热效应和一般动态载荷引起的弯曲的校核(包括螺旋型弯曲);

(14)土壤作用在外部管子上的力;

(15)内外压力对内外管的应力有不同的影响;

(16)在铺设方向反向的填充材料对于卷轴的影响应该加以评估,并且横截面的变形要达到最小;当它卷起来时,管子会发生屈服,并且和卷轴接触点位置是很柔软的;

(17)在卷起时,双层管扶正器对管子几何形状的影响;

(18)扶正器的磨损;

(19)涡激振动计算的合理性(如考虑阻尼);

(20)任何电学加热对腐蚀速率的可能影响;

(21)损坏对于热学和结构性能的影响(如由于坠物撞击外部管系)。

双层管分析软件的能力应该经过仔细分析,因为目前可用的商业软件存在很大的区别。双层结构钢悬链立管可以模拟成一个单一的等值管(EP),这是一项新的技术,在许多分析的方面需要特别的注意。在总体等值管分析中,为了估计某一个管子内的载荷和应力,在设计的初期阶段采用应力扩大因子是可以接受的。然而,因子是随着具体情况改变的,考虑其不确定性十分重要。最终,还需要进行双层管校核的完整分析。

在双层结构钢悬链立管的分析中,两个有用的参考是 Gopalkrishnan, et al. (1998),以及 Bell 和 Daly (2001)。Gopalkrishna 说明了在简化的等值管处理方法和完全双层管(PIP)分析之间巨大的差距,特别是它考虑了静应力情况。

3. 强度设计标准

对于高温高压系统,可以应用下面的公式计算等效应变标准:

$$\varepsilon_p = \sqrt{2(\varepsilon_{pl}^2 + \varepsilon_{ph}^2 + \varepsilon_{pr}^2)/3} \qquad (5-68)$$

式中　ε_p ——等效塑性应变;

ε_{pl} ——纵向塑性应变;

ε_{ph} ——塑性环形应变;

ε_{pr} ——径向塑性应变。

最大许用塑性应变累积应该根据精确的断裂力学理论进行计算。双层管系统中内层管的抗爆裂能力是由内压决定的,局部弯曲能力是根据外层管承受全部外压时进行评估的。

十九、完整性监测与管理系统

1. 监测系统

监测系统为强度和疲劳评定提供了对柔性接头角度、立管顶部张力和立管触地点应力的运行保障。

监测系统的参数如下:

(1)使用安装在船体底部浮筒上的声觉多普勒剖面仪(ADCP)测量沿水柱的海流轮廓,目的是监测顶部914 m(3 000 英尺)水柱的海流轮廓。声觉多普勒剖面仪安装在海床上以监测底部610 m(2 000 英尺)水柱的海流轮廓,而中部的 ADCP 用于获取中部水柱的海流轮廓。

(2)为了监测柔性接头的旋转角,通常使用倾角罗盘来测量这个角度。

(3)为了监测顶部张力,一般使用传统的应变仪。

(4)为了监测触地点的立管应力水平,一般使用测量仪表和加速计。

2. 应用监测数据进行的完整性管理

由监测系统参数收集的监测数据将会用于管理立管结构的完整性。这些数据可以用来确定可以接受的船体位置偏移,协助制订检测计划,校核设计工具以提高精确性,发现立管系统中由于破坏(不可预测的环境情况)引起的任何不正常现象以及进行结构整体性的再次评估。

二十、成本估计

这一章节讨论对刚性立管材料等级的选择。

在离岸油气工业中采用的钢从碳钢到特殊钢有很多种类。应用的碳钢实例依据 API 规范有从 B 到 X70 的许多等级。应用的特殊钢的实例一般是双重结构形式。

在材料等级的选择上,需要考虑以下因素:

(1)成本;

(2)抗腐蚀影响的能力;

(3)质量要求;

(4)可焊接性能。

钢的级别越高,单位质量的成本越贵。然而,随着生产高级钢成本的降低,工业界的大致趋势是使用这些更高级的钢材。但是,值得注意的是钢级别的选择已经成为关键的设计因素。图 5 - 41 显示了一个典型的钢悬链立管截面。

图 5 - 41　典型的钢悬链立管截面

立管材料等级的选择对于如下各项的成本有一定的影响：

①立管的建造；

②立管的安装；

③立管的操作。

（1）建造

随着等级的提高，钢的成本也增加。但是，提高等级可以减小立管壁厚，相对于使用低级钢，高级钢可以降低总体建造成本。

（2）安装

高级钢的焊接比较困难，而且相对于低级钢而言，铺设速度也更低了。如果立管是以铺管船在深水中的最大铺设张力进行铺设，那么应用高级钢比较合适，因为管重力的降低会形成较低的铺设张力。一般来讲，使用低级钢制造的立管安装成本更低。

由于对焊接条件要求的提高及使用价格高昂的焊接材料等消耗品，使用高级钢成本会逐渐增加。

（3）操作

根据立管传输的不同液体，立管可能会承受：腐蚀（内部的）；内部侵蚀磨损；H_2S 引起的腐蚀。

在设计时，为了避免腐蚀缺陷，应该选择特殊的材料，或者应该修改操作程序来满足要求（如在设计和使用阶段，使用特有的化学腐蚀抑制剂避免腐蚀）。

第六章　顶端张力式立管

一、简介

顶端张力式立管(Top Tensioned Risers，TTR)通常用作动态浮动生产单元(FPU)和海底水下系统之间的沟通管道,常见的动态浮动生产单元有如图6-1所示的Spar平台和张力腿平台(TLP)等干采油树生产设施。

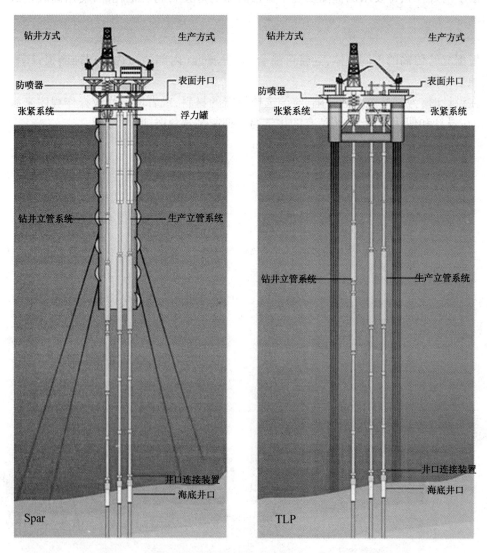

图6-1　用于 Spar 平台和 TLP 平台的顶端张力式立管

(The Composite Catalog® of Oilfield Equipment Services, 2002/03, 第45版)

　　顶端张力式立管是一种独特的立管形式,它依靠能够提供超过本身表观重力的顶端张力器来保持稳定。顶端张力式立管通常用于 TLP 和 Spar 平台的干式采油树生产平台。顶端张力式立管一般设计为直接连接海底油气井的形式,井口通常位于平台上。这种类型的立管必须能够承受管道渗漏或者失效而引起的管道压力。目前,一共有四种典型的顶端张力式立管,分别是钻井立管、完井/修井立管、生产/注入立管和输出立管。表 6 – 1 显示了 TTR 的类型和一些参考规范。

表 6 – 1　顶端张力式立管(TTR)类型

TTR 类型	应用	规范
钻井	1. 移动海底钻探单元(Mobile Offshore Drilling Unit, MODU)钻井立管 2. 水面井口平台钻井立管	API RP16Q API RP 2RD DNVOS – F201 DNVRP – F204 DNVRP – F202 DNVOSS – 302
完井/修井	1. MODU 完井/修井立管 2. 水面井口平台完井/修井立管	API RP 17G API RP 2RD DNVOSS – 302
生产/注入	1. 水面井口平台生产立管 2. 水下回接器	API RP 2RD API RP 1111 DNVRP – F204 DNVOSS – 302
输出	表面井口运输立管	API RP 2RD API RP 1111 ASME B31.4 ASME B31.8 DNVOS – F201 DNVOSS – 302

　　一般来讲,顶端张力式立管可以承担生产、注入、钻井和输出的功能,本章主要讲述的是顶端张力式立管的组成单元和设计分析等方面的内容。

　　下面简要介绍下钻井立管。

　　目前,深水钻井和修井工作由含接缝的钢管来完成。船舶或平台设备已经发展到可以在水深达 1 700 m 以上的区域进行工作,在深水环境下,与钻井工作相关的主要挑战源于浮力控制、减阻装置的应用等方面。

　　钻井立管在设计中需要考虑的主要因素如下:

　　(1)质量;

　　(2)顶端张力;

　　(3)成本;

　　(4)运行时间;

（5）涡激振动（VIV）等。

深水钻井的两个关键内容是立管质量的确定和立管工作状态的控制。为了降低立管质量，需要考虑许多新型的材料。一些复合材料构成的立管已经在实际工程中加以应用。一种组合连接钻井接头也已经得到测试，并且准备应用在墨西哥湾的近海试验中。

合成泡沫材料可以用来为顶端张力式立管提供浮力，从而降低顶端张力，但是从材料的获得和运营时间角度来说比较昂贵。而且，合成泡沫可能增加阻力直径以及涡激振动（VIV）疲劳，这一点尤其需要注意。钻井立管的实际使用寿命都只有短短数年，由于考虑到疲劳方面的影响，钻井立管在每次布放时都需要进行比较频繁的检测。

二、顶端张力式立管系统

1. 概述

在干式采油树生产开发系统中，顶端张力式立管负责连接水下井口和水面生产设施，它的路径一般是从海底向上伸出，穿过船体或平台龙骨，最后到达水面上生产甲板附近的某一点。

张力腿平台（TLP）的张紧系统一般由四个或者更多个安装在甲板上的液压气动张紧轮组组成，它们通过位于表面防喷器（Surface - BOP）下方的张紧器接头上的承载环（Load Ring）给立管提供接近恒定的张力。目前，一种新式的混合蓄压气缸已经应用于许多现有的深水 TLP 平台（如 Mars、Ram - Powell 和 Ursa 等 TLP 平台）上，这一类张紧器的主要特点是能够降低甲板载荷，改进每个气缸的操作。

传统的 Spar 平台张紧系统包含一个空气罐浮力系统，它由一个主干和通过机械接头连接的气罐分段组成，并且通过每个立管槽进行壳体定位并集中于中心井处。空气罐系统提供很大一部分张力用于支持立管的外部壳体和内部结构的重力。在空气罐系统的制造中，合成材料的使用可以降低整个系统的重力，体现出更明显的优势。对于应用于 2 134 m（7 000 英尺）水深的立管，其气缸系统总长度可能超过 76 m（250 英尺），具体长度值取决于它的功能要求和期望得到的名义顶端张力系数。

这里，需要着重强调一下顶端张力的重要性。尽管 TLP 平台和 Spar 平台立管张紧系统的结构特征有很大不同，但是它们都要利用顶端张力来支撑立管重力。在 TLP 平台上，顶端张力可以借助张力环实现局部载荷转移的方式来施加；在 Spar 平台上，顶端张力则通过立管顶部节点上的分布力来施加。对于立管设计要求中的名义顶端张力，它的影响因素通常包括立管的偏斜，立管间的干扰，以及在预期寿命内降低涡激振动（VIV）诱导疲劳的需要等。若要减少顶端张力，一般可在保障必需的张力的条件下，降低立管重力或者增加系统可用阻尼。若要减少涡激振动的影响，首先，可以通过调整合成材料固有的结构阻尼来进行一定的减缓。再者，可以根据需要，增设涡激振动抑制装置，或者增加顶端张力来限制涡激振动引起的疲劳损伤。当然，涡激振动抑制系统的使用会增加成本和安装难度。而顶端张力的增加除了会导致立管基座处和井口系统载荷的增加，还会增加平台的载荷。

另外，对于 Spar 平台立管系统，还可以根据需要适量增加浮力罐的数量。增加的浮力罐需要安装在 Spar 平台根部附近，因为在那里承受着增加的静水外压，对改善顶端张力更为有效。在 TLP 和 Spar 平台上，还可以扩大立管之间的间隔以避免碰撞或者给浮力罐备好预留空间。不过,在极端情况下,限定的立管间隔可能会限制用于平台上的顶端张力式立管数量。所以,在设计中一定要注意可能影响海底布井的因素,一般说来,这些因素具体包括:立管间的干扰、补充钻井、井口数量和海流方向性等。

2.顶端张力式立管的布局和组装

顶端张力式立管是一根很长的、柔性的、圆柱形管道,通常用于连接海底井口以及浮式平台。顶端张力式立管在顶端施加张力来维持立管顶部和底部在环境载荷下的弯曲所形成的角度。顶端张力式立管的布局通常是成组的矩形或者圆形。

图6-2展示了一个典型的顶端张力式立管系统布局图。

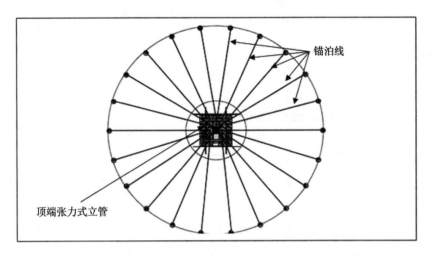

图6-2　典型顶端张力式立管系统布局图

图6-3展示了一个用于TLP平台的典型的顶端张力式立管的组装图。顶端张力式立管的构造取决于立管的功能和所选择的隔板(单一或者双重)数量。一般情况下,顶端张力式立管构造包括如下部分:

(1)管段。主体结构是由刚性管段部分组成的,这一结构是由钢、钛、铝或者复合材料组成,但以钢材料为主。

(2)连接器。相邻的立管管段通过连接器连接,连接器的形式有螺纹式、法兰式、爪式、夹子式、箱体式和销子式等。

(3)张紧系统。立管通过张紧系统支撑,如:传统的液压张紧器、气缸、修理和维护(RAM)张紧器、张紧器平台和平衡物。

图6-4展示了用于Spar平台的基于浮力罐的顶端张力式立管。浮力罐系统已经在下面的Spar工程实例中得以应用:

(4)1996年,Oryx平台的封口型浮力罐;

(5)1999年,Genesis平台的非整体性浮力罐(Non-Integral Buoyancy Cans),使用钻井架安装;

(6)2000年,Hoover平台的整体性浮力罐,使用重型起重船和钻井架安装;

(7)2002年,Horn Mountain平台的整体性浮力罐,带有顺应引导器(Complaint Guides)和"U"型管。

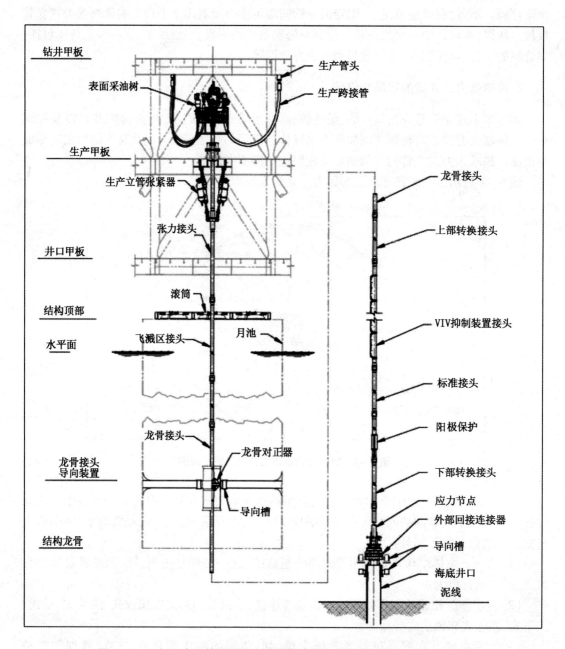

图 6 - 3　TLP 平台上的顶端张力式立管组装布局图（Jordan et al.，2004）

　　浮力罐减弱了立管的垂向运动与船体的耦合作用，并且能够在船厂进行建造。不过，它的安装需要有重型起重船或者为离岸安装特殊设计的钻井架才可以进行。另外，在风暴条件下，它存在较大的垂向运动，可能会在浮力罐和 Spar 中心井口之间产生横向载荷。这都是在使用浮力罐时需要注意的问题。

3. 总体设计的考虑因素

　　在顶端张力式立管的设计中，为了防止立管失效，要考虑的因素包括：可接受的浮体运

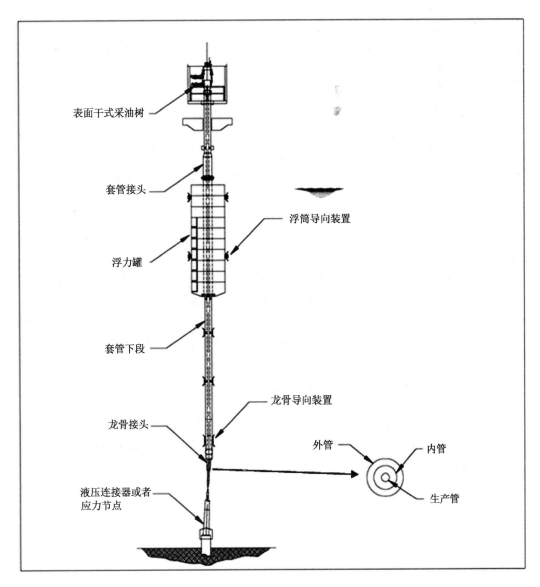

图6-4 Spar平台上顶端张力式立管的浮力罐布局图（Yu et al. ,2004）

动,张紧系统的许用冲程,最大立管顶端张力,应力节和柔性接头的尺寸,龙骨接头的形式和尺寸,立管接头增加的长度,液体隔板、阀门和密封装置的安全理论和设计标准,海流作用下立管阵列之间的干扰和涡激振动,浮力罐和平台浮体之间的相互作用等。

设计中需要考虑的因素的具体内容会在下面章节进一步讨论。

(1)浮式平台的水平运动

浮式平台的水平运动会在立管根部和顶部末端引起应力,具体发生在靠近应力接头、柔性接头和龙骨接头的位置。随着水深的增加,船体的运动对于海底附近的立管的影响会越来越小。然而,在某些局部流动条件下,较深水域的底部海流可能会在立管底部造成倾角和应力上的显著增加。

（2）海流引起的疲劳损伤和碰撞

在相邻立管之间，由海流引起的疲劳损伤和碰撞是超深水立管在设计中要考虑的一个要点。在进行立管系统设计时，要着重考虑立管的疲劳寿命，因此，散点图形式的海流数据是必备的重要数据。

（3）立管的顶端张力

在水深达到 1 500 ~ 2 000 m 位置时，立管的顶端张力的影响会尤为突出，对于立管的要求也变得更多。在这种情况下，相对于金属立管，由复合材料制成的立管系统具有更明显的优势，也更易于维护保养。在这个水深下，顶端张力式立管的结构必须要加以优化，主要目的是降低顶端张力，常见的方法有通过使用单层套管立管代替双层套管立管等。

（4）立管的需用张力

由于立管的张力必须支撑立管重力，防止底部的压缩，还要限制相邻立管之间的涡激振动损伤和碰撞，所以立管的需用张力随着水深的增加而提高。而同时，增加的张力也会影响到张紧系统的尺寸、浮力的要求、柔性接头及应力接头的尺寸等要素。目前工程界的趋势是在深水的区域，把顶端张力式立管的管节从 12 m 增加到 24 m，在控制需用张力的情况下还减少了安装时间。当然，在这种情况下必须要考虑到管节长度增加对操作和生产成本造成的影响。

在成本优化方面一个重要的问题是，通过合理的设计标准和分析步骤来避免过于保守的设计。立管设计的实践经验在一些推荐规范中都有体现，例如 API RP 2RD。

三、顶端张力式立管的组成部分

立管组成部分设计的目的，是确保包括连接器、浮力单元、涡激振动抑制器和支持系统在内的立管组分具有足够的结构强度、疲劳强度和在最恶劣载荷组合情况下的整体密封性，对立管系统组成成分需要进行详细的有限元分析来确保各部分状态良好。顶端张力式立管系统的部件会在下面的章节中具体讨论。

1. 张紧系统

顶端张力式立管系统有两种张紧系统：浮力罐张紧系统和液压气动张紧系统。

（1）浮力罐张紧系统

浮力罐张紧系统最适合于 Spar 平台。在 Spar 平台的立管系统中，浮力灌张紧系统包括一系列浮力罐的组合，它由密封柱轴（Airtight Stem）以及一个或者多个浮力罐组成。这些浮力罐可以是整体的，或者非整体的，或者说分段的，如图 6 - 5 所示。在分段设计中，单个的分段浮力罐连接成一组系列，其中，顶部罐要密封，底部则与海水连通。柱轴由顶部、中部和底部三部分组成。顶部柱轴连接到位于生产甲板的立管顶部；中部柱轴从平均水线下开始，到最底部浮力罐末端结束；底部柱轴罩在龙骨接头上，并且略微延伸到 Spar 平台龙骨下面，其延伸量会受到分舱破损引起的向上冲程的影响。

一般情况下，柱轴延伸量需要等于最大向上冲程加上 5 英寸。柱轴的通径由需要穿过它的设备尺寸决定。一般情况下，需要穿过柱轴内径的最大规格制品是回接器。例如，一个 36 英寸的柱轴能够容纳特有的回接器，它会被安装在 10 ~ 14 英寸直径的空气罐的中心处。在一个典型的气罐系统中，每一个气罐都会由舱壁分成许多单独的舱室。分舱的目的，是通过把失效舱室从余下的完整舱室中分离出来，把个别舱室破损后导致的后果降到最低。

为了实现张紧系统的最佳效率,浮力罐直径需要尽量大,而总的浮力罐的数量需要尽量少。这样便会减少连接器的数量,而同时增加单个浮力罐的长度。但是,直径的增加需要更厚的外壳,或者处理更加密集的环形加强筋,因而产生沉重的内部机构。浮力罐直径的增加也会导致不同井口之间距离的增大和潜在的船体或平台构架结构的增大。在其他方面,如运输、安装和运营期间的维护等问题,也都需要平衡不同浮力罐长度导致的成本和效率问题。

在浮力罐的设计中,还要考虑密封或非密封的选择。密封式浮力罐能够消除立管冲程时气体压缩引起的浮力损失,这也有利于减小冲程。立管冲程的减小可以减少所需的甲板升高的高度,并且对平台总体尺寸有积极影响。不过,密封式浮力罐也需要认真地设计,因为在这种情况下,浮力灌的外壳必须能够承受足够的静水压力,对壁厚也就有了更高的要求。

由空气压缩引起的浮力损失在水面附近最为严重,在浮力灌串列的顶部设置密封式浮力罐消除这种损失是最有效的。对于非密封式浮力罐,静水压力是可以忽略的。

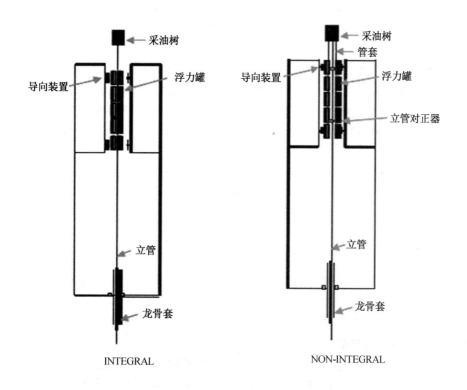

图 6-5 整体性和非整体性气罐系统

在浮力罐系统中使用复合材料可以减小浮力灌自重,使其以更短的长度和更小的直径提供更高的净升力。而且,由于可以使用光纤对疲劳临界区域提供在线监测,提高了整个系统的可靠性。此外,分段复合浮力罐的应用使得各部分重力明显变轻了,其总重力恰好在平台起重船所能达到的提升能力范围之内,由此也省去了在安装中使用重型起重船。

(2)液压气动张紧系统

液压气动张紧系统较适用于 TLP 平台。TLP 张紧系统由安装在甲板上的四个或者多个张紧轮组构成,通过连接表面防喷器(BOP)下的张紧轮接头上的集索圈给立管施加近于恒定的张力。张紧轮组由一系列液压气缸组成,这些气缸带有控制液压流体的蓄压容器。复合式蓄压瓶已经在早期的一些TLP平台上得到了应用,包括 Mars,Ram – Powell 和 Ursa 等 TLP 平台。图 6 –6 所示为 TLP 平台上的液压气动张紧系统。

图 6 –6　TLP 平台上的液压气动张紧系统

这些压力容器的容量范围在 12 000 in³①到 24 000 in³ 之间,依据 ASME 规范,它们具有特定的几何尺寸,如:外径 17 ~ 20 in,长度 80 ~ 120 in,质量 145 ~ 363 kg。此类压力容器能够保证在 3 000 psi② 的运行压力下(爆炸压力 >15 000 psi)服务 35 年。这些特定的压力容器由覆盖在高密度聚乙烯(HDPE)内衬上的碳/硫 – 玻璃纤维环氧树脂复合材料(Carbon/S – Glass Fibre Epoxy Composite)和 316L 不锈钢材料制成的轴筒构成。现今有超过 200 个不同尺寸的蓄压瓶在各式各样的深水设施中使用,其中一些的无故障使用期已经超过了 8 年。这些复合材料容器的质量是等效钢制容器的 1/3,而复合材料的成本比钢制容器还要低。目前,复合材料容器的预计成本是每个容器 4 500 美元/天。

如果 ASME(美国机械工程师协会)的规范能够考虑使用持久强度好的碳复合材料,而不是依据持久强度较差的 E 级玻璃复合材料指定的安全系数,压力容器的成本还可以大幅度地降低。在设计张紧器系统时,对于碳复合材料,建议设定安全系数为 2 到 3。

2. 浮力系统

在水深超过 610 m(2 000 英尺)的情况下,浮力系统需要提供向上的提升力来降低顶端张力的需求,防止立管中应力过大,同时降低防喷器(BOP)在布置和收回时的挂吊载荷。在深水立管系统中,合成泡沫和空气罐浮力系统可以单独或者组合使用,以提供立管系统需要的升力。图 6 –7 所示为典型的浮力舱单元。

随着水深的增加,合成泡沫材料浮力系统效率会逐渐降低,为了抵抗更高的静水压力,合成泡沫需要做得更加结实和紧密。为了达到所需的提升力,需要在材料中使用更多的泡沫,但是成本也会相应地增加。

空气罐浮力系统在布置的时候是充满空气的,随着水深的增加,压缩空气量也需要增加,也就要求更强的空气压缩系统。在空气压缩的过程中,空气密度的变化是必须要考虑的,它会随着静水压力的增加而增加。

空气罐浮力系统也可能会带有排气功能,可以通过向海水中释放气体来控制立管的浮

---

① 　1 in³ = 16. 387 064 × 10⁻⁶ m³

② 　psi = 磅/平方英寸

图6-7 典型的浮力舱单元

力。这对于在深水中控制悬挂立管的响应很有用且很有必要。

3. 回接连接器

回接连接器(Tie-back Connector)和锥形应力节(Tapered Stress Joint,TSJ)用于生产立管和完井之间的海底连接。回接连接器和锥形应力节可以作为整体部件来生产,以形成一个完整的末端连接组合。

回接连接器的设计中,必须要保证能够承受足够的压力、弯曲和张力载荷。压力完整性和疲劳寿命也必须能够承受在生产服务寿命内立管带来的动态力。

实际上,外部的回接连接器是一个具有内锁结构的装置,用来实现管道与水下井口的液体的连通,并能抵抗反力。回接连接器的结构适于降落在井口位置,其内部结构的一部分装有开口锁环,可以进入井口。进入井口的结构中装有可以相对于回接连接器移动的锁定激发单元,它有一个锁定位置,在该位置可以将锁环展开锁住,并施加以预载荷,同时与井口内部的锁定结构相互啮合。该激发单元还有一个解锁位置,可以将回接连接器从井口释放。一个或多个驱动部件可以从激发单元中伸出来,暴露在连接器主体和井口的外面,它们可以通过ROV或者其他类似的工具来操控。

4. 龙骨接头

龙骨接头用于对外壳上的疲劳危险区域进行局部加强。龙骨接头是通过收缩配合的轮毂和滚球固定在柱轴的中心处的,而龙骨接头的两端则是通过法兰连接到立管上的。

由于船体运动和环境载荷作用,立管中的弯矩一般是通过安装在柱轴底部末端的龙骨接头以及柱轴和立管之间的一套对正器(Centralizer)来传递的。本节会着重讨论龙骨接头和茎秆结合处的分析方法,以及柱轴顶部的分析问题。

图6-8显示了用于Matterhorn顶端张力式立管系统的龙骨对正器和引导器。龙骨接头位于立管伸进船舶底部的位置。通过提供必要的额外壁厚来承担载荷的分布,龙骨接头可以避免由于船体运动而在立管上产生的较大的弯曲应力。

在龙骨接头设计中,比较关键的几个设计因素包括:冲程、船体入口处的立管弯曲响应、接头与引导器结构之间的摩擦力和剪切力等。工程实践中的建议是,龙骨接头长度应该比许用的船体运动冲程大 50%。接头的横截面以及锥形截面的设计由设计环境工况和操作工况下的承载弯矩的要求来决定。

海水环境下,龙骨支撑的潜在摩擦影响可能很大,甚至可以影响龙骨接头外壳的设计。因此,在立管系统详细设计阶段,需要考虑龙骨接头和主引导器表面之间间歇的接触和摩擦。

疲劳问题也是不可忽略的一点。初步的龙骨接头疲劳分析可以使用 $S-N$ 曲线进行,其对应的应力集中系数(SCF)为1.5。对于具体的工程实例,疲劳问题需要详细评估,并且要考虑龙骨接头设计的所有方面。

图 6-8　在船体龙骨引导器内的龙骨扶正器
(Jordan et al. , 2004)

5. 锥形应力节

锥形应力节(Tapered Stress Joint, TSJ)是一种特制的、带有锥形截面的立管接头,用来把弯曲载荷分布在一段可控的长度范围内,以控制弯曲应力在可接受的范围内。在干采油树生产立管系统中,安装锥形应力节的典型位置是在井口连接处,深吃水船舶龙骨接头的上部和下部。

锥形应力节是变壁厚的锻制管件,因此,锥形应力节的弯曲刚度随接头的长度而变化,继而使立管接头的弯曲应力沿着长度保持不变。

在设计寿命内,所有预期的载荷组合条件下需要承受的过度弯曲要求,决定了锥形应力节的厚度和长度。锥形应力节的设计长度也会受到加工制造等方面因素的限制,其较合理的长度应该在 18 m(60 英尺)以内。如果必要的话,锥形应力节还可以通过增加节数来得到更长的长度。

在锥形应力节的总体设计分析中,关键的问题是极限响应和疲劳响应。一般要通过局部有限元分析方法来校核锥形应力节的设计,并确定在总体疲劳分析中需要使用的应力集中系数。一般来说,锥形应力节的危险区域在锥形应力节和连接器之间的结合处。在最坏情况的载荷条件下,位于井口界面处的锥形应力节位置会发生最大的角位移和张力。当海面的船体出现严重的偏移和运动并导致立管在极端的环境载荷下被冲离井口位置时,会发生最大的转角和张力。根据钻井的需要,当有必要增大船体位移时,需要增加锥形应力节的长度。锥形应力节和第一个标准立管接头之间的结合面是最危险的区域,有必要在这个接合面使用更厚的立管,以便尽可能地优化响应并限制锥形应力节的长度。

6. 立管连接器

单个的立管单节是通过位于每一个管段末端的机械连接器,即立管连接器,组合在一起的。这个连接器可以连接或分离立管、传递载荷,并且为立管提供密封性。

最常用的立管连接器包括:

①螺纹或者沟槽连接器,通过扭矩或者径向过盈装配;

②法兰连接器,如美国国家标准协会法兰(Standard ANSI Flange),见图6-9;

③紧凑式法兰连接器;

④挡块式连接器,在公头和母头之间使用径向楔固定,见图6-10;

⑤箍式连接器,它是通过插销组装的。

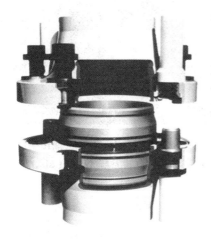

图6-9　法兰式连接器

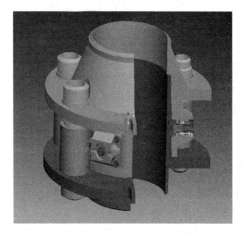

图6-10　挡块式连接器

为了改善立管的多种响应,浮力调整和立管连接器的布置可以是多种形式的。在布置立管时,需要考虑的关键因素如下:

①立管的曲率　在立管弯曲的位置,如果海流和波浪载荷较大,则避免使用浮力接头,这样可以降低柔性接头的弯曲角度。

②涡激振动(VIV)　增大浮力或增加连接器数可以降低涡激振动引起的疲劳损伤。

③悬挂　保持浮力管节位于波浪区的下面以减小立管上的横向载荷,在立管底部使用滑动接头增加张紧力,这些措施都可以改善立管在悬挂状态下的极限状态。

④安装和回收　当立管进入波浪区的时候,控制好立管的浮力,降低立管的横向载荷。

图6-11所示是在印度尼西亚的 West Seno 油田使用的高疲劳接头钻井和生产立管系统。

法兰连接的设计目前已经基本实现了标准化。螺纹式连接器使用螺纹接头连接各个立管,省去了焊接的步骤。截止到目前,已经证实螺纹连接在深水中是一种可靠的连接方式。这项技术已经应用在了墨西哥湾的 TLP 平台和 Spar 平台上。

到目前为止,在顶端张力式立管系统中,已经应用了多种专用的连接器。在选择这些连接器类型时,要考虑以下的因素:

①生产还是钻井应用类别(单用途还是多用途)。

②内部还是外部立管(对双套管结构而言)。

③暴露在水中的情况。

④可用空间(对内部立管而言)。

⑤立管连接器的材料（要考虑高强度钢的焊接问题）。

⑥飞溅区的要求。

⑦过去使用的连接器的经验或者历史记录。

⑧载荷（极限轴向力、压力和弯曲载荷）。

⑨疲劳特性（应力集中系数 SCF 和 $S-N$ 曲线）。

⑩密封方法和持续能力。

⑪立管安装和运行的要求。

目前标准规范中推荐的立管连接器使用要求：

①双层生产立管的内层结构　一般采用 110 级钢连接器，它的末端是加厚的，并且使用一体式螺纹连接器（没有焊接）。一些情况下，连接器会安装到非加厚的普通立管上。

图 6 – 11　在印度尼西亚的 West Seno 油田使用的高疲劳接头钻井和生产立管系统（Utt et al. , 2004）

②外套结构（单一成分或双套管生产立管）　一般使用 X80 级别的焊接式的钢连接器。

③钻井立管　一般是 X80 级别的标准钢制法兰，或者专用的法兰连接器。

连接器的选择对于钻井立管来说尤为重要，连接器必须可以在多种工况下组装或断开。目前来说，在双层管钻井立管中，尽管螺纹连接在内层管连接上使用得非常普遍，法兰式连接仍然是更优的选择。

（1）功能要求

在可靠的模式下，立管连接器允许有多种结构和断开方式。立管连接器还应允许半接头之间的可交换性，以便保证立管单节在不同装配顺序下都能够正常运行。

整个立管结构的外部应该保证设备有较好的通过性，这些设备包括引导架结构和用于立管安装、回收、检查和维护的专门工具。

立管管线和各组件都应该布置一定的内部清洗孔道，在必要的时候能够使清洗组件轻松地进入井口位置，进行清管和维护工作。

对于永久性固定的立管，在接头或连接部位应该提供可以连接阳极附加装置（手镯状阳极）的条件。立管上与电气有关的连接应该采用焊接形式，或采用其他的一些可靠的方法，但必须保证处于低应力状态。

（2）密封

连接件与其配合部分之间应该是密封的，配合的部分应该与通过立管的流体相匹配。封口必须保证能够在内外载荷作用下保持完整性。封口的设计可以是整体性或者非整体性的。整体性密封内置于连接器，并且不可替换。而非整体性密封使用的是单独的密封元件，这些元件是可以被替换和拆除的。

立管连接器的密封必须在静态下完成，比如，应该在彼此没有或者只存在很小相对运动的接口之间进行密封，这有利于保证密封处良好的工作性能。

对于连接器与立管部件之间的密封设计工作,应该考虑到外部压力的作用,还应该考虑导致外部载荷和内压频繁变化的运行条件,如果这些条件与外部压力组合起来的话,可能导致在密封处频繁的反向压力作用。因此在密封设计中,所有的工作条件(如试运行、测试、开始运转、温度、操作等)都应该加以考虑。

就像连接管线一样,浸泡在内部液体中的密封环也应该考虑内部腐蚀的问题,而且要选择兼容性好的材料。因此,在真实的环境条件下,封口和封口表面都需经过防腐蚀设计。

在立管连接器上,金属与金属之间的密封是最常见的密封形式。而对于那些没有采用金属与金属密封形式的固定立管,应该增加一部分额外的密封。

对于输送可燃液体、高压和腐蚀性液体的情况,应该使用可靠性较高的密封形式。密封形式的选择还要考虑使用寿命、所处的化学环境和温度条件以及压力和允许的相对位移条件等。

循环载荷作用下的连接器应该采用非承载式密封(Non – load – carrying Seal),这样做可以保持高度可靠的防渗漏性能。

连接器和密封口,包括任何螺栓预紧形式,都应该作为一个整体系统来确定其密封性能。因为连接器对密封也会产生影响,这些影响来自公头和母头连接器的扭矩、螺栓支撑能力以及预紧力等。

(3)局部分析

对于连接件和其他的结构零件应该进行局部有限元分析,这些零件包括井口模块、锥形接头、张力接头、柔性或球形接头、滑动接头以及复杂的立管截面(多层管结构)。在局部分析中使用的载荷和边界条件需要从整体分析中获取。

在强度、泄漏和疲劳的有限元分析中,要应用最不利条件下的容许裕度来进行计算。在疲劳分析中,最重要的因素是应力集中系数(SCF)。应力集中点是结构发生疲劳断裂的根源,因此,利用最不利条件下的容许裕度来计算应力集中系数对于得到连接器的疲劳寿命是很有必要的。

7. 张力接头和张力环

接头本身应该保证生产和环形钻孔的连续性。接头的上部末端要能够连接到圣诞树(Christmas tree)或者立管短节,而且底部末端应该能连接上一个标准的立管单节。张力节顶部和圣诞树之间的连接通常是用法兰短节连接的形式。法兰短节的长度选择要考虑到设备需要达到的总的层叠高度。在张力接头的设计中,应该使其在所有可预见的设计条件下,能够将需要的张紧力传递到生产立管的顶端。

张力环通常是螺旋形的,以便在安装时能够做出适当的调整。张力环要设计成适合钻井张紧轮系统的形式,还要和很多的张紧线匹配。同时要有大量的吊眼(padeyes)来满足钻机张紧轮调整的需要,最终达到尽可能降低立管管体扭矩的目的。另外,也可以在结构中使用可旋转的环体消除扭矩的影响。每一个吊眼的尺寸都要足够大,使得它能够承受需要的张紧力和其他相关的连接件的作用力。

在张力接头的设计中,要使接头能够承受至少一个张紧器失效时引起的非对称拉力。可以使用 Flexcom 等专业软件来进行张紧轮位置点的总体设计。张力环和张力接头接合处的设计还可以使用通用的分析软件,如 ANSYS 或者 ABAQUS 等。

8. 油管/套管悬挂器

悬挂系统的作用是控制不同立管套管之间的载荷分布,以及实现载荷从张紧装置向立管各部件的传递,如图6-12所示。油管/套管悬挂器的设计因素与标准立管接头/连接器的设计因素类似。

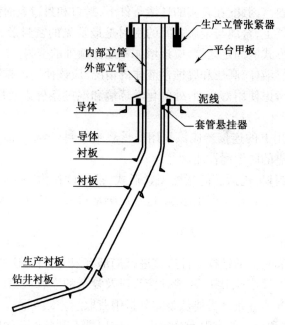

图6-12　一个水平井口套管悬挂器的布局图（Yu et al. , 2004）

在考虑了温度和压力的影响情况下,悬挂器设计的关键问题就在于它在油管和/或者内部套管上产生要求的预紧力的能力,对于大部分情况,在套管设计中,由双层管的外管产生的所有轴向载荷都需要考虑进来。

悬挂器应该设计成简单并且易于安装的形式,所有的密封位置都要精心设计,确保连接处的整体完整性和压力/密封性。

在近期的一些工程中,出现了精确地考虑沿双层套管三个管型截面的载荷分布的情况,而其渐渐成为一种发展趋势,这就要求设计者能够列出所有可能的载荷情况,特别是沿着立管截面各种各样的热力学状态,因为热应力对载荷分布具有很大的影响,需要认真对待。

对于多重套管的立管,不要求所有的管都是正向的张力。然而,确保每一根管线都处于张紧状态具有以下的好处:

(1)提高螺纹连接件的疲劳寿命;

(2)降低泥浆管线附近的对正要求;

(3)多重管线的弯矩计算能够得到简化并且提高准确度。

9. 分布式的浮力泡沫

在顶部分布的浮力泡沫是用来提供拉力的,并且它能够降低深水环境下立管接头的水下承载。典型的分布浮力系统包括多个浮力舱单元、合成纤维 Kevlar 带和止推环这几部分。这些浮力舱通常是以半壳体形式构成的,用皮带捆在立管接头上,它的止推环恰好安装在底部,也有的安在立管接头上下连接器顶部。

在浮力系统设计中,表面积和体积之比应该降到最小,目的是将渗水引起的损失浮力降到最低。而且,通常应该安装一个与浮力舱相匹配的外部保护层,它有助于减小渗水,并且对于安装前和安装过程中的一些正常操作引起的碰撞摩擦,它能够提供有效的保护。选择浮力舱的材料时,设计者要考虑到水深条件、化学条件、极端的温度条件以及寿命期间内遭遇的各种载荷。

设计止推环时,应该能够使它将浮力从系统传递到立管节点处,并且足以支撑系统在空气中的全部重力。制造每个壳体内部的结构时,都要考虑到各个管线、辅助管和立管夹持设备的布置问题。

最后,设计者在进行浮力舱的设计时需要确保在储存、处理、运输和安装过程中不会出现很棘手的难题。

四、设计、施工、安装和连接的要求

1. 设计方面要求

包括立管管系、分界面、细节和部件在内的立管系统在设计的过程中应该遵循以下基本的设计原则:

(1)立管系统应该满足基础设计任务书中给出的功能和运行要求;

(2)设计时要确保一些无意识的情况不会升级成为重大的灾难;

(3)能够进行简单可靠的安装、回收,并且坚固耐用;

(4)方便进行检查、维护、更换和修理;

(5)立管的接头和各个部件必须能够在目前认可的技术条件下制造出来;

(6)结构细节方面的设计和材料选择应该考虑到尽量降低腐蚀、侵蚀和摩擦的影响;

(7)在切实可行的范围内,尽量保证立管的各个元件不会产生疲劳,对于不能依据这个规则设计的无效或者多余的元件,在设计阶段尽可能提早地把它们检查出来;

(8)设计时,要考虑为张力、应力、角度、振动、疲劳裂纹、摩擦、磨损、腐蚀等方面的监测提供便利。

2. 施工方面的要求

管线系统应该依据相应推荐规范(RP)来建造。

由于是安装在海底,因此管线的建造需要细致地操作。安装系统也需要精心设计、执行和监督,以确保安全施工时立管系统的完整性。而且需要准备出详细的建造程序,在这个程序中,以下基本的安装变量的限制裕量也应该明确表示:

(1)管子张力;

(2)管线分离角;

(3)铺设作业和临时放弃时的水深;

(4)回收;

(5)结束性的工作。

施工程序应该反映出连续铺设作业的容许限度要求,对于管线的修正和临时放弃施工必备的限制条件,以及对于一些可能损伤需要额外检查的情况等。

3. 安装方面的要求

金属立管可以用浮式生产系统(FPS)、浮式钻井装置、施工船(井架驳船)或者是借助牵引颠倒的方式来安装。

在这个阶段,需要有一个安全的立管布置操作流程图。

安装立管需要特殊的操作工具,利用这些工具可以方便地进行连接、提升、下放和立管的支撑工作。其他一些测定压力和检查的工具也需要同时使用以确保安装工作的顺利进行。

安装方法的选择应该考虑天气条件的影响,同时还需要考虑一些应急的操作程序,如中止安装和颠倒安装等。

4. 安装过程

在这一节中,将会介绍一些传统的钻井立管安装方法,这些方法在 TTR 的安装中也有应用。

(1)张力腿平台(TLP)的顶端张力式立管(TTR)安装过程

①立管回接器和锥形应力节通过一个 V 型入口引入,沿着支架下降,其中应力节的上端放在支架上面。

②把下面的转换接头(X-over)连接到井架上,并把转换接头放在应力/锥形节上,然后把这些接头连接起来。

③将接头进行标准连接,最终达到要求的立管长度。

④安装 VIV 抑制器达到立管需要的长度。

⑤将顶部的转换接头和最后一个涡激振动(VIV)抑制器接头的上端连接在一起。

⑥顺次安装龙骨接头、飞溅区域接头和张紧轮接头。

⑦在生产甲板和飞溅区域接头之间安装液压气动张紧轮。

⑧调整液压气动张紧轮,使立管处于合适的张紧状态,如自然状态。

⑨完成生产跳接线和控制线的安装,以及采油树和生产立管张紧轮(PRT)之间的连接。

(2)Spar 平台的顶端张力式立管(TTR)安装过程

①立管的安装是从起重机将液压连接器/应力接头和龙骨接头组件吊装到船上,倒置过来并且逐个悬挂到空置井槽位置开始的。

②一旦钻井架滑到井槽和吊索上端,并且连到回接器插头末端时,这些组件就会被放到十字架上。

③通过增加标准的立管接头的形式,达到龙骨接头安装所需要的恰当长度的要求。

④安装双锥形单球龙骨接头。

⑤安装 VIV 抑制器接头,此时立管接头应该安装在轮箍上。

⑥当达到需要的立管长度时,就开始制造波形接头同时缓慢放下管束,这一过程中 ROV 会辅助监测进程的执行并且帮助将液压连接器插入井口,然后 ROV 会通过一个液压热塞锁住连接器。最后,需要进行立管的过度拉伸和内部压力测试来校核连接器的完整性。

⑦当通过调节 Spar 压载达到合适的吃水状态时,就需要将立管拉伸到它的工作应力状态,可调整的立管支撑结构被调整到正浮位置,波形接头滑落,同时表面井口连接到着底环

上。随着立管被慢慢放下,多余的波形接头长度就会被除去,同时密封口和管轴也安装完毕。一旦防喷器轴和表面防喷器连接起来,井下安装的准备工作就结束了。

⑧井下安装结束,生产和气体提升管安装完毕并悬挂在海底井口下面的密封垫上之后,双层管线连同控制/化学品注入脐带管线一起沿着立管向下延伸,并且顶部悬挂在表面井口处。最后,安装表面采油树,将它锁定在管轴和跳接出油管上,而脐带管将以平台为基础的各支线管路与控制设备连在一起。

⑨当井口投入生产时,立管的重力就会转移到浮力罐上,载荷的传递要求浮力罐排压水舱和 Spar 平台的压载水舱之间能够很好地相互配合。当载荷传递结束后,立管的可调整支撑结构就会被除掉,由浮力罐为生产立管提供完全的支撑和张紧力。

5. 连接要求

顶端张力式立管(TTR)的连接一般称为悬挂系统。悬挂系统是一种提供支撑的方法,在风暴条件下,它能够为从平台中断开的立管提供支持,并且不会在立管中产生额外的应力。当环境条件超过立管的安全极限时,立管和水下钻井立管组件(LMRP)就会与防喷器(BOP)脱离,直到天气改善后,再重新将立管组件悬挂起来。脱离的立管可以悬挂在吊钩上、十字叉接头上、分流器罩壳上或者专门设计的横梁结构上。应该考虑升沉立管时的动态载荷以确保悬挂组件的强度足以承担由悬浮立管产生的轴向和横向载荷,同时这些载荷还不会对立管和船体造成破坏影响。

(1)悬挂位置

悬挂位置就是悬挂点相对于浮体的位置,是由很多因素决定的,首先就是浮体本身的类型,如半潜(SEMI),Spar,TLP 或者 FPSO。第二个因素是立管的性能,又叫做立管运动,这也是决定悬挂点位置和立管设计的关键因素,从安装、回收和修缮的角度来说,立管的悬挂应该是相对灵活的。因为悬挂点一直处于应力载荷下,因此应该具有足够的韧性。此外,设计者还应该考虑到立管的检查、维护、修理和立管的功能。

(2)悬挂的间距

悬挂间距是立管的空间布置问题,在确定间距时,有很多情况都是许多立管安装在同一个位置,这时就需要考虑很多因素才能确定悬挂间距,包括浮体的主体结构、立管数量、水下设备的布局、立管(油田内部的或者输出立管)的功能和立管的干扰等。

对于立管干扰,设计时应该包括对以下项目的评估和分析:与其他立管、锚泊线、张力腱、船体、海床以及其他障碍物之间可能存在的干扰,这些在设计寿命的所有阶段都应加以考虑,确保安全运行。

(3)方位角

方位角是立管和平台坐标系之间的夹角,由立管数量、水下设备布局和立管的干扰等因素决定。

(4)悬挂角度

悬挂角度定义为平台中心线和立管之间的角度。悬挂角度是控制立管性能的最重要参数之一。悬挂角度通常在 10°～15° 范围之内。确定悬挂角度的因素是:

①立管性能　立管的运动;
②着底后的立管方向　立管柔性接头和应力节的位置;
③有效载荷　作用于立管的外部载荷;

④立管相互干扰　立管间距以确保立管不会相互之间干扰。

（5）主船体结构上的升高（elevation location）位置

主船体上的升高应该由悬挂系统来确定。在确定主船体上的升高位置时，应该考虑以下参数：

①安装；

②立管性能；

③立管位置（内部和外部）；

④主船体结构设计。

五、立管连接器设计

立管连接器的设计应该能够确保蓄积的水/液体不会干扰它的安装或者运行。

连接器的强度应该足以承受设计载荷和变形的影响而不会超过它的设计极限，这些变形通常是由制造/破裂、管子主体结构上的外载荷、热梯度以及内外压力载荷引起的，所有相关的限制因素都应该在设计中考虑周全。

在强度、疲劳、渗漏和防火性能上，连接器至少要设计成与管子或者焊缝具有相同的级别，以确保结构的完整性。

对于那些在腐蚀环境下工作的连接器，设计时需要采取一些补偿措施，可以通过在节点处采取一些可以接受的腐蚀控制方式来设计连接器，或者给连接器添加一个有防腐蚀材料的涂层。这些都可以在一定程度上降低腐蚀。

在设计连接器和各个组件时，制造者应该对下面的载荷参数/条件加以考虑和记录：

（1）组装载荷，也就是连接器之间进行组装时的装配载荷；

（2）内外压力，包括测试压力以及海水、泥浆和其他媒介产生的压力；

（3）立管不同水深截面上的弯矩和有效张力；

（4）循环载荷，也叫做立管不同水深截面上的循环应力；

（5）热应力影响（蓄积的流体/水、异种金属）和热瞬态；

（6）安全装置的断开载荷，即突发性事故发生时的载荷。

在极限状态（ULS）和偶然的极限状态（ALS）需要考虑的问题包括（但是不限于）下面各项：

（1）局部弯曲，即局部结构的挠曲变形；

（2）不稳定的裂痕和过度屈服；

（3）密封性，即连接器防止液体或者气体渗漏的紧密性；

（4）某个连接器的螺纹脱离（带有螺纹的连接器）；

（5）滑动件之间的黏合效应，即一些部件之间的滑动摩擦。

诸如变形、偏斜、最后阶段的损坏等现象，这些都不利于立管的正常使用，因此需要在使用极限状态（SLS）考虑这些因素的影响。

六、设计阶段的分析

在设计顶端张力式立管之前，为确保设计满足标准，需要进行如下的分析工作：

(1)顶端张力因数的分析;

(2)管子尺寸大小的分析;

(3)张紧系统尺寸的分析;

(4)冲程分析;

(5)立管涡激振动引起的疲劳分析;

(6)干扰分析;

(7)强度分析;

(8)疲劳分析。

1. 顶端张力因数的分析(TTF)

顶端张力因数(TTF) = 立管顶端张力/立管湿重

一般 TTF 值取在 1.2~1.6 之间,以下因素决定 TTF 值的选择:

(1)相互干扰,即相邻立管之间的影响;

(2)立管的涡激振动;

(3)立管材料的强度;

(4)受损状态,需要考虑不同的张紧轮类型和浮体类型。

2. 管子尺寸的分析

这里提到了两种类型的管子,分别是生产立管和立管套管束。第一种类型的管子必须满足井口预期流量的要求,而其他类型的管子必须满足 API 5CT 规范中涉及的关于漂移方面的要求。表 6-2 给出了不同外径的管子对应的漂移测试要求。

表 6-2　不同立管外径对应的漂移测试要求

漂移心轴尺寸		
外径/英寸	长度/英寸	直径/英寸
$8\frac{5}{8}$ 或更小	6	$d-\frac{1}{8}$
$9\frac{5}{8}$ 或更小	12	$d-\frac{5}{32}$
16 或更小	12	$d-\frac{3}{16}$

注:d 代表内层管子直径。

管壁厚一般由以下因素决定:

(1)周向应力;

(2)组合应力;

(3)塌陷,即压力引起的管子塌陷变形。

周向应力通常决定了立管的壁厚大小。在设计立管时,轴向应力也是一个需要重点考虑的参数。

在计算周向应力时,需要考虑以下因素:

(1)制造裕量;

(2)内外管壁的腐蚀裕量;

(3)磨损裕量,如立管组合。

3. 张紧系统尺寸的分析

对于张紧系统的尺寸分析过程,需要考虑三个问题:浮力、液压/气动张紧轮、直接悬挂。

在设计 TTR 之前,需要对浮力罐尺寸进行分析设计,因为浮力罐可以降低顶端张力式立管的张力和载荷。浮力罐的尺寸大小取决于以下因素:

(1)顶端张力系数和立管湿重;

(2)井湾尺寸大小;

(3)茎秆尺寸大小;

(4)考虑浮力时,茎秆的应用;

(5)确定冗余量的方法选择;

(6)对于完井或者修井任务需要补充的张紧系统。

液压/气动张紧轮是立管和平台之间的一个弹簧式装置,它的构造形式取决于以下几个方面:

(1)顶端张力系数和立管湿重;

(2)气缸数量;

(3)确定冗余量的方法选择;

(4)张紧轮的刚度;

(5)冲程。

因为立管的质量会影响到它的功能和疲劳寿命,因此张紧系统的质量在系统分析中也要考虑,然而,张紧器支持的质量从完井/修井到钻井过程中一直是变化的,并且立管从生产到注水这一过程中的功能转变也会导致张紧器支撑质量的变化。

立管质量应该包括下面各项组件的裕量:

(1)连接器;

(2)阳极、控制线、应力节和龙骨接头的质量;

(3)浮力舱;

(4)涡激振动抑制器装置;

(5)制造商提供的壁厚裕量。

4. 冲程分析

对于顶端张力式立管,张紧轮会在立管上部向上提拉,目的是限制弯曲变形和保持恒定的张力。当浮体和立管相对垂向移动时,张紧器必须能够产生持续的拉力。张紧器的行程称为冲程。立管的冲程会影响到对于张紧器、绞车、表面设备和钻台之间的间隙以及滑动接头等的设计要求。

在冲程分析中,需要考虑的影响因素包括:潮汐(单位深度),海流(单位速度),热膨胀,风暴潮(单位深度),沉陷(单位深度),立管间隔和船体吃水的裕量,受损状态(张紧器和船体),船体运动,张紧轮刚度。

5. 立管涡激振动分析

一般情况下,需要对立管的长期疲劳状况和极限状况进行 VIV 疲劳分析。对于横向的立管涡激振动引起的疲劳损伤的前端评估,一般可以使用商业化的软件程序。MIT 编写的 Shear 7 是目前应用最广泛的一个评估程序。

减轻 VIV 疲劳损伤有两个主要的方法,分别是增加顶端张力系数(TTF)和增加抑制装置。立管轮箍和整流罩是目前最普遍的两种抑制装置,它们均可以将单独立管的运动降低 80%~90%。由于引起的阻力系数更小,因此整流罩要比轮箍更加适用,这一点已经在立管阵列中得到了证实。然而,在波浪区中,不建议使用整流罩,因为整流罩一般只是在水平方向的海流环境中才能有效地降低涡激振动的影响,而在波浪区中流体的方向是非常复杂的,在这里整流罩不能起到很有效的作用。

在确定涡激振动抑制装置的长度时,设计者需要考虑以下因素:

(1)将效率修正系数添加到升力系数中;

(2)使用迭代的方法计算升力系数,这种方法直接给出了 A/D 需要进行换算;

(3)对于抑制装置需要考虑使用升力系数曲线。

6. 干扰分析

在立管分析中一般会面临两种干扰情况,分别是立管与立管之间,立管与船体或者锚泊线之间的干扰,这些干扰一般都是由大的风暴和海流单独或共同引起的。干扰原理通常就是屏蔽效应。

图 6-13 描述了这种屏蔽效应,而图 6-14 说明了在干扰分析的计算中出现的各种力。

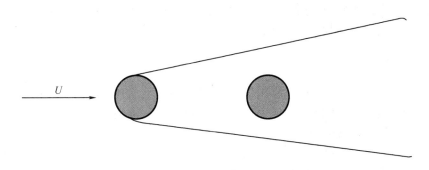

图 6-13　屏蔽效应

虽然进行立管干扰分析很困难,但是目前已经有很多干扰分析软件程序可以使用。其中有两个重要参数必须要考虑,分别是顶端张力系数(TTF)和阻力/立管湿重比,因此,在分析的时候,潜流、张力调整器的精度和立管涡激振动对阻力系数的影响必须加以考虑,确保分析的准确性。另一方面,风暴引起的干扰可以通过时域分析和频域分析方法计算,这些在 API 2RD 规范中都有明确的表述。

由于干扰具有破坏性,因此在设计中需要采取一些减缓措施,降低相互之间的接触程度,否则就需要证明这种接触不会对立管产生破坏。

这种相互干扰可以通过以下方式削弱:减少接触、增加顶端张力系数、增加井湾处立管

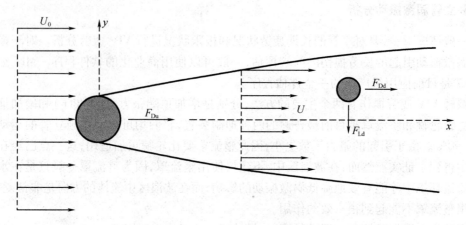

图 6 – 14　尾流中的流动形式

间隔以及调整海底井口间距等。

7. 强度分析

强度分析的目的是检查立管各组件的临界水平。在基础设计阶段,可以利用有限元分析方法对多种载荷情况进行分析,可以应用的技术手段包括静态模拟方法、频域和时域模拟的方法。

Spar 平台上 TTR 立管的分析分为三个步骤,第一步是由环境条件获得 Spar 的运动形式,并且需要知道环境是如何影响 Spar 运动的,然后通过分析处理这些信息得到龙骨处的最大位移、相应的倾斜角、最大倾斜角和相对应的纵荡值。最后,将这些运动加入立管有限元分析模型中,进而分析校核立管各组件中的应力水平。

8. 疲劳分析

疲劳分析的目的是检查主要部件的疲劳水平是否符合要求,确定分析焊缝使用的 $S - N$ 曲线形式以及决定连接件的许用应力放大因子(SAF)等。波浪载荷引起的疲劳分析可以采用频域和时域模拟的方法进行。

七、顶端张力式立管的详细设计阶段

1. 概述

在初步设计阶段,主要的内容包括:顶端张力因子的确定,管子尺寸、形式,冲程分析,张紧系统的尺寸确定,立管部件尺寸确定,初步 VIV 分析,干扰分析,强度分析,疲劳分析。

详细设计阶段包括细致的强度和疲劳分析、对中器间隔分析、立管操作和安装分析。由于这种立管本身的性质,立管系统的设计是一个反复迭代的过程,流程大致如下:

(1)考虑系统操作的所有方面,确定设计时需要考虑的全部情况,同时需要确定选择单层还是双层结构,以及立管堆叠形式。

(2)确定初步的壁厚尺寸、材料、其他相关的设计因素(如腐蚀裕量、尺寸公差)。

（3）通过静态分析来校核连接形式，并确定需要的张力。

（4）进行极限工况分析、VIV 分析、疲劳响应分析。

（5）进行干扰预测。

（6）如果（3）（4）（5）或（6）中的结果要求进行设计方面的调整，就需要改进系统设计并重新进行所有相关的分析工作。

（7）最后确定一些特殊部位的设计形式，如锥形应力节头（TSJ）或者龙骨接头。通常，在设计开始时，根据前期经验选择的特殊部位的初步设计形式会成为总体模型的一部分进行分析，然后在接下来的各种设计阶段中对这些设计进行改进，如疲劳分析结果会对 TSJ 的轮廓进行改进。同时，还有必要进行局部有限分析，通过它校核某些部件的设计形式，并且求出相关部位的应力集中因子（SCF）。

（8）进行安装分析。

（9）完成所有的设计报告书。

在各个设计阶段，必须要考虑到对一些关键参数敏感度的研究，这在总体设计中也是至关重要的。

2. 累积连接模型和张力要求

对于连接模型的选择方法和张力要求列举如下：

（1）考虑所有用于立管堆叠的部件，计算立管处于各种内部流体状态时的表观重力。

（2）通过分析系列的载荷条件计算最小顶端张力，立管的张力要求可以参考引用张紧系数：

张力系数 = 张紧系统提供的张力与从海床上的锥形应力节到采油树之间的立管表观重力之比。

（3）可以采用如下的设计策略：对立管最重的状态应用的张力系数为 1.05，此时假设有一个张紧构件失效，那么张紧系统在其他的所有载荷组合形式中都可以提供足够的张紧力。也就是说，在立管表观重力最重的情况下，如果有一个气罐（张紧器）失效，张紧系统也能提供足够的张力。对于其他所有的内部流体状态和张力过剩状态的张力系数都可以根据这个要求进行推断。

（4）在确定最重的立管重力状态时，如油井维修或者井口断开状态，还需要考虑管线重力、控制/注入线、对中器和表面采油树（防喷器 BOP）的安排。需要注意，在一些系统工程中，还需要采用额外的张紧罐为防喷器 BOP 提供支撑，具体形式需要依据计算结果确定。

（5）从确定较重立管状态需要的最小顶端张力到确定所有其他运行状态需要的立管张力系数，都需要考虑系统的全容量状态和过剩张紧系统的情况。

（6）对于生产立管的堆叠连接进行有限元建模分析。

（7）对于船体的偏移进行静态有限元分析，确定当立管、锥形应力节和龙骨接头处于基础分析中定义的静态漂移状态时的应力水平，如果有必要，还需对立管和锥形应力节（长度和壁厚）的设计进行修改，确保应力保持在许用范围，并且要重新计算需要的顶端张力。

（8）需要对所有载荷条件的轴向应力进行校核，确保轴向应力在可以接受的范围内，并且在管线截面位置留有足够的边缘空隙，可以承受立管的极限偏移以及海流和动态载荷造成的影响。

(9)评估立管冲程范围。

初步设计的目的是保证立管张紧系统能够为多种运行状态提供足够张紧力,包括正常生产状态、油井维修、完井、井口断开和紧急完全关闭状态等。根据内部流体压力、密度和功能载荷等系列数据,可以确定一个包含各种临界运行状态的矩阵,这些数据也是进行立管张紧系数设计和张力分布评估的依据。

需要注意,张力系数可以看作是一个施加到整个立管组表观重力上的顶端张力的比率。

初步计算之后,需要进行立管的有限元建模分析。

3. 混合立管截面

通常应用有限元模型模拟混合立管截面形式,其中包括一个单跨梁单元,并且这个模型含有等效复合结构的一些属性,包括弯曲刚度、扭转刚度、轴向刚度、质量、内部流体、浮力、阻力、直径以及有限元离散化等,必须通过计算确定这些属性,而且要考虑到 TTR 复合立管截面的设计形式。这些等值属性的计算将会在下面进行讨论。

(1)弯曲和扭转刚度

在计算抗弯和抗扭刚度时需要考虑到生产立管和其他气举装置、工作管线的刚度在模型总体刚度中的特性。利用下式计算等效刚度:

$$EI_{\text{model}} = EI_{\text{casings}} + EI_{\text{tubing}} + EI_{\text{otherlines}} \qquad (6-1)$$

$$GJ_{\text{model}} = GJ_{\text{casings}} + GJ_{\text{tubing}} + GJ_{\text{otherlines}} \qquad (6-2)$$

式中　E——杨氏模量;

　　　I——弯矩;

　　　G——剪切模量;

　　　J——扭矩。

(2)轴向刚度

有限元模型中使用的轴向刚度值取决于立管安装中预拉力的次序,通常比较合理的做法是假设内外覆层都会承受立管的整体动态张力,此时等效轴向刚度可以用以下方法计算:

$$EA_{\text{model}} = EA_{\text{outercasing}} + EA_{\text{innercasing}} \qquad (6-3)$$

式中　E——杨氏模量;

　　　A——横截面积。

管线材料和其他的线路可以认为对立管轴向刚度没有影响。

(3)质量

计算等效质量时需要考虑生产立管、气举装置和环面中的工作管线的质量:

$$M_{\text{equiv}} = M_{\text{casings}} + M_{\text{tubing}} + M_{\text{otherlines}} \qquad (6-4)$$

式中　M_{equiv}——等效质量;

　　　M_{casings}——外套覆层质量;

　　　M_{tubing}——管线材料质量;

　　　$M_{\text{otherlines}}$——其他线路的质量。

(4)内部流体

计算内部流体等效密度时需要考虑生产立管和立管环面空间内的不同流体密度情况,可以采用流体面积比率的形式进行计算:

$$\rho_{\text{annulus}} A_{\text{equiv}} = \rho_{\text{annulus}} A_{\text{annulus}} + \rho_{\text{tubing}} A_{\text{tubing}} + \rho_{\text{gaslift}} A_{\text{gaslift}} - M_{\text{additional}} \qquad (6-5)$$

式中　$M_{equiv} = M_{casings} + M_{tubing} + M_{otherlines} + M_{additional}$；

　　　ρ——流体密度；

　　　A——流体面积；

　　　$M_{additional}$——附加质量。

（5）浮力

在有限元模型中使用的等效浮力直径是外部保护性外套的直径,可以用下面公式得到：

$$D_{buoyancy\ model} = D_{buoyancy\ outercasing} \qquad (6-6)$$

式中　D——直径。

（6）阻力直径

由于只有外部保护层暴露在水动力载荷中,因此等效阻力直径就是外部覆层的直径：

$$D_{drag\ model} = D_{drag\ outer\ casing} \qquad (6-7)$$

式中　D——直径。

（7）有限元模型离散化

由于对于给定状态的模型长度和纵横比没有硬性的规定,因此通常会有一些推荐的梁单元长度规范可以使用。

例如：

构件长度 $\leqslant (EI/T)^{1/2}$　　　　　　　靠近边界条件

构件长度 $\leqslant \pi / \omega (T/m)^{1/2}$　　　　　远离边界条件

式中　ω——分析中包括的最高横向频率；

　　　T——外加张力；

　　　m——分布质量；

　　　EI——抗弯刚度。

4. 船体边界条件

船体边界条件可以应用在船体侧向平面上立管在龙骨升高位置的节点处,这些边界条件会导致立管随着船体发生横向偏移,但是仍然允许立管发生冲程运动。然而,由于船体边界条件是附属于特定立管节点位置的,因此边界条件的高度会随着立管冲程运动发生变化。

船体边界条件也可以采用导轨面形式建模,导轨面的位置、方向、长度与立管距离都是特定的,这些导轨面不能连接到特定节点上,并且在立管冲程时要保持同样的高度。同时需要在这些表面上应用纵向和横向摩擦系数来模拟立管和表面之间的摩擦作用,在进行导轨面建模时可以在表面和立管之间留有一定间隙,以便在施加边界条件之前可以允许立管发生小范围的运动。

5. 涡激振动和干扰分析

（1）VIV 分析

涡激振动分析的目的是评估长期海流和极端海流条件的影响。

横向涡激振动引起的疲劳损伤的前端评估可以使用现有的商业软件进行。

由 MIT 开发的 Shear 7 软件是目前应用最为广泛的程序,由 Vandiver 和 Li 于 1998 年开发,可以进行立管在长期疲劳和极限情况下的 VIV 疲劳分析。

用 VIV 分析时,张紧线的控制方程如下：

$$m_t \ddot{y} + R\dot{y} - Ty'' = P(x,t) \tag{6-8}$$

式中　m_t——单位长度质量；

　　　$\ddot{y}$——结构加速度；

　　　R——单位长度阻尼；

　　　$\dot{y}$——结构速度；

　　　T——张力；

　　　y''——结构位移的二阶导数；

　　　$P(x,t)$——单位长度的激振力。

系统位移响应可以用模态响应叠加的形式给出：

$$y(x,t) = \sum_r Y_r(x) q_r(t) \tag{6-9}$$

式中　$y(x,t)$——圆柱体位移响应；

　　　$Y_r(x)$——r^{th}阶模态形式；

　　　$q_r(t)$——时间函数(t)。

将方程(6-9)带入方程(6-8)得到

$$M_r \ddot{q}(t) + R_r \dot{q}_r(t) + K_r q_r(t) = P_r(t) \tag{6-10}$$

式中　M_r——模态质量，$M_r = \int_0^L Y_r^2(x) m_t \mathrm{d}x$；

　　　R_r——模态阻尼，$R_r = \int_0^L Y_r^2(x) R(x) \mathrm{d}x$；

　　　K_r——模态刚度，$K_r = -\int_0^L T Y_r''(x) Y_r(x) \mathrm{d}x$；

　　　P_r——模态力，$P_r(t) = \int_0^L Y_r(x) P(x,t) \mathrm{d}x$；

　　　$\dot{q}_r$——r阶模态的模态速度。

对于两端固定的变张力梁，n阶固有频率计算如下：

$$\int_0^L \sqrt{-\frac{1}{2}\frac{T(s)}{EI(s)} + \frac{1}{2}\sqrt{\left[\frac{T(s)}{EI(s)}\right]^2 + 4\frac{m_t(s)\omega_n^2}{EI(s)}}}\, \mathrm{d}s = n\pi, \quad n = 1,2,3 \tag{6-11}$$

式中　s——沿着梁单元纵向轴线的坐标，从 0 到 L；

　　　$T(s)$——拉力；

　　　$EI(s)$——弯曲刚度；

　　　$m_t(s)$——单位长度质量；

　　　ω_n——结构的n阶固有频率。

n阶模态形状表达如下：

$$Y_n(x) = \sin\left\{\int_0^x \sqrt{-\frac{1}{2}\frac{T(s)}{EI(s)} + \frac{1}{2}\sqrt{\left[\frac{T(s)}{EI(s)}\right]^2 + 4\frac{m_t(s)\omega_n^2}{EI(s)}}}\, \mathrm{d}s\right\} \tag{6-12}$$

式中　x——空间位置。

如果原点位于最小拉力末端，n阶曲率表达如下：

$$Y_n''(x) = \frac{1}{2}\left\{\frac{T(x)}{EI(x)} - \sqrt{\left[\frac{T(x)}{EI(x)}\right]^2 + \frac{4\omega_n^2 m_t(x)}{EI(x)}}\right\} \times$$

$$\sin\left\{\int_0^x \sqrt{-\frac{1}{2}\frac{T(s)}{EI(s)}+\frac{1}{2}\sqrt{\left[\frac{T(s)}{EI(s)}\right]^2+4\frac{m_t(s)\omega_n^2}{EI(s)}}}\,ds\right\} \tag{6-13}$$

其中脱落频率是

$$f_s = St\frac{V}{D}$$

式中　St——斯特罗哈（Strouhal）数，是雷诺数（Reynolds）和结构粗糙度的函数；

　　　V——海流速度。

在位置 x 处，各种模态引起的疲劳损伤可以通过每个模态损伤叠加的形式给出

$$D(x)=\sum_r D_r(x) \tag{6-14}$$

由激励频率 ω_r 引起的疲劳损伤 $D_r(x)$ 是

$$D_r(x)=\frac{\omega_r T}{2\pi K}[\sqrt{2}S_{r,\mathrm{rms}}(x)]^m\Gamma\left(\frac{m+2}{2}\right) \tag{6-15}$$

式中　$D(x)$——位置 x 处的累积疲劳损伤；

　　　$D_r(x)$——位置 x 处由于第 r 阶模态引起的疲劳损伤；

　　　ω_r——r 阶模态的激励频率；

　　　$S_{r,\mathrm{rms}}$——由 r 阶模态引起的均方根（RMS）应力；

　　　m 和 K——通过 $S-N$ 曲线，$N=KS^{-m}$ 定义的常数；

　　　S——应力范围；

　　　T——时间。

伽马函数 $\Gamma(x)$ 定义如下：

$$\Gamma(x)=\int_0^\infty t^{x-1}e^{-t}dt \tag{6-16}$$

在数学分析程序中，伽马函数应用广泛，在一些编程计算中也会用到。

减轻 VIV 疲劳损伤的方法包括增加顶端张力系数、增加抑制装置。

最常用的两种涡激振动抑制装置是轮箍和整流器，它们都可以将单独立管的运动降低大约 80% 到 90%。

确定需要的 VIV 抑制器长度的方法如下：

①在升力系数中应用效率换算系数；

②采用迭代方法计算升力系数，其中在 A/D 中已经给出了规定的换算方法；

③应用升力系数曲线确定抑制装置。

（2）干扰分析

在 TTR 总体设计中，干扰分析是很重要的一个方面，目前的设计规范还不允许立管在各种设计条件下发生碰撞。人们已经认识到在超深水 TTR 立管可行性设计中，立管碰撞已经成为一个关键性的问题。DNV 船级社近期发布了一个关于立管干扰的推荐规范（RP），在这个新的推荐规范中有立管干扰设计和分析方法、标准的相关内容，设计中部分地体现了新的规范要求，其中的干扰分析项目应该考虑以下内容：

①潜流；

②张力调整器的精确性；

③立管 VIV 对阻力系数的影响。

在不过多改变现有规范的前提下,设计原理可以选择为:

①在任何情况下都不会发生碰撞,包括 10 年一遇的海况;

②允许发生碰撞,但是要设计成可以承受 10 年一遇的风暴条件。

井口布局如图 6 - 15 所示,表面井口可以安排成 4×6 的阵列形式,24 个井位仅仅使用 21 个,每一行和列之间的中心距离是 4.6 m(15 英尺),水下井口和表面井口布局形式相同,但是它的行列间距是 12 m(40 英尺)。由于 TLP 平台没有偏移,立管底部最大分布间距是 21 m(73 英尺),这种形式出现在西北角井位安装的立管上。

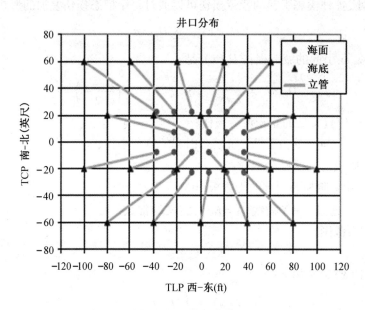

图 6 - 15　井口安排

图 6 - 16 显示在 10 年一遇的环流条件下临近立管之间最小的中心距离是 0.8 m(2.6 英尺),当立管连接器外径大约 0.3 m(1 英尺)时,在 10 年一遇的环流条件下通常不会发生碰撞。最小的间隙会出现在立管束中部截面位置,逆流和顺流立管中都会出现 VIV 振动诱导的阻力系数放大效应。顺流立管的海流剖面经过改进后包括了伴流效应和旋涡脱落效应,这一点在 API RP 2RD 规范中已经有详细规定。

除了 10 年一遇的海况外,还需要校核由于立管碰撞引起的立管强度和疲劳水平,通常假设复合立管节点可以满足 DNV 发布的新 RP 规范要求,在某些复合节点位置进行的坠物测试显示这种节点优异的性能。

以下情况需要进行潜在的干扰评估:

①水下生产立管之间;

②水下生产立管和水下钻井立管之间;

③水下立管和锚泊线之间;

④水下立管和脐带管之间;

⑤水下立管和离岸安装之间;

⑥水下立管和任何其他的障碍物之间。

干扰的类型包括:

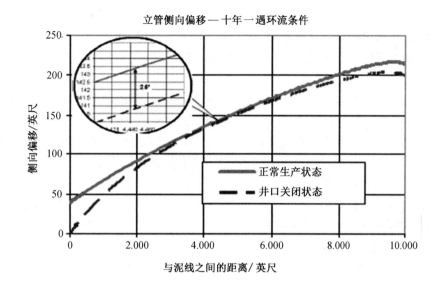

图 6－16　TTR 间隙校核(w/VIV)

①立管对立管的干扰;

②立管对船体、锚泊线的干扰。

引起干扰的原因包括剧烈风暴和海流两种情况,风暴引起的干扰可以利用时域分析和频域分析方法计算。海流中的干扰通常由旋涡脱落引起。目前已经有可用的软件程序用于海流中的干扰分析,主要的控制参数是顶端张力因子(TTF)和阻力/立管湿重比。减缓干扰的方法包括:

①改变立管设计形式,将接触降低到可接受的水平;

②对于可能发生的接触需要进行校核确保不会对立管造成损伤。

6. 动态分析(极限条件和疲劳)

通过 Morison 方程模拟的波浪和海流作用力在速度方面是非线性的,但是可以线性化。对动态运动响应方程线性化的解决方法是将位移振幅和相位看作是频率的函数,进而转换成针对特定海况条件的线性化方程。

当用根据波幅划分的位移幅度来生成载荷时,得到的结果是频率响应函数或者转移函数。转移函数可以用于生成各种环境条件下的响应模式。

为了对阻力进行恰当的线性化处理,认真选择分析频率对充分模拟立管响应很重要。分析中使用的频率可以对波能谱、浮动安装响应特性和立管固有频率进行充分的定义说明。

在有些立管分析中遇到的非线性效应可以直接进行时域建模,另外,也可以用时域方法分析瞬间情况、评估等效频域分析方法的准确性,或者用于设计阶段的标准化处理。

立管系统的大幅度位移和旋转的估计也需要进行非线性时域模拟,然而,对于某些情况,为节省计算量也会采用线性时域模拟方法。

(1)极限条件分析

TTR 设计阶段的一个重要方面是极限环境条件分析,可以采用有限元模拟 TTR 立管的响应,其中还包括船体位移,以及 TTR 工作地点普遍存在的海流和波浪数据,例如,墨西哥湾可能含有 100 年一遇的飓风、环流和潜流期等。极限分析中需要用这些参数确定立管顶端张力和悬挂位置可能会产生的角度,接下来这些数据会用于抗弯加强筋设计,这些加强筋可以限制 TTR 的移动并且保证立管具有足够的疲劳寿命。

（2）疲劳分析

在疲劳分析中,设计者感兴趣的三个主要方面分别是:TTR 中立管对船体运动响应产生的脉动应力,月池中沿着立管和气罐产生的水动力压力,作用在龙骨下部立管上的深水海流。应力波动引起的临界点累积疲劳损伤可以作为 TTR 疲劳性能的一个指示器,那些负责预测船体运动和立管分析的设计者之间需要相互沟通,进而找出所有恰当的装载方法并且采用一套合理的疲劳评估理论。

设计者可以用表面波和流引起的船体运动来进行 TTR 模型分析,并且模拟立管由于船体运动产生的响应,以及由此引起的作用在月池内立管上的水动力载荷。采用时域分析的方法来估计均方根应力以及跨零周期,每个海况引起的疲劳损伤可以使用窄带应力处理的闭合解形式估计,同时配合近似应力集中系数和 $S-N$ 曲线方法。所有海况下总的疲劳损伤是通过 Palmgren – Miner 线性累积损伤理论进行计算的,其中考虑了每个海况可能出现的概率情况,这种分析方法假定窄带应力方法很有效但是比较保守,就保守分析的情况来说,会引起有些立管系统构件得到的疲劳寿命预测无法被接受,因此,实际中,可以利用时域分析雨流计数法进行替换。

在由波浪环境引起的 TTR 疲劳寿命设计中,通常会使用两套疲劳海况,在早期分析阶段,通常会选择一些有代表性的疲劳海况,如果过于保守,就会对过程进行修改,进而可以考虑到引起立管疲劳危险点的更多海况。

7. 土壤条件

对于模板结构来说,由于它的作用是确保水下井口不会发生运动,因此通常将在海床上的立管基座看成是固定形式。对于个别井口的布局,在立管模型中还需要包括井口以及合理的导向器长度（如 80 m）,因此可以确定立管土壤间作用对总体系统载荷的影响。在工程详细设计阶段,还有必要评估一下安装裕量对于立管的响应的影响（如:未对准、垂向井口角度等的影响）。

嵌入海床内的导向套管活动性也是套管设计中需要着重考虑的,以便确定立管根部弯矩。如果海床下的土壤中含有松散的黏土（通常是在深水中）,那么这一区域抵抗横向偏斜的阻力就会降低,导致发生显著的运动。

通常在横向载荷作用下,黏性土壤会表现出塑性,因而有必要将导向套管的横向变形和土壤阻力联系在一起,可以通过横向土壤阻力 – 变形（$p-y$）曲线来表示,$p-y$ 曲线的纵坐标是单位长度的土壤阻力 p,横坐标是横向变形 y。

对于特定的变形情况,$F-y$ 曲线的瞬时斜率可以看作是弹性刚度,因而,为了使用 $p-y$ 曲线作为非线性弹簧元件,必须要将其转换成 $F-y$ 曲线的形式,对于特定的变形,这一点可以利用下面的简单关系加以实现

$$F = p(y) \times L \tag{6-17}$$

式中　F——弹簧轴向力, N;

　　　p——土壤阻力, N/m;

y——变形，m；

L——外力在套管上的作用长度。

8. 立管组成部分建模

立管的主要部分建模包括气罐、张紧系统、龙骨接头接口、柔性接头、井口锥形应力节和井口连接器、海生物、轮箍和整流器、水动力系数等。

（1）气罐

整体性气罐是以一定的间距附着在立管上的，它们与立管平行布置。每个气罐的顶部直接连接到立管上。在建模时，每个气罐都是一个单独作用在立管上的垂向力，作用点是气罐连接点。气罐的浮力和重力也可以合成到立管模型中，连接有气罐的立管节点会以具有等效几何特性的结构进行模拟，这个结构能够正确地模拟出立管节点和气罐的综合刚度，气罐的外径就是对应的阻力直径，作用点是气罐重力和浮力的合力作用点。

模型的等效弯曲刚度是气罐、保护性外套和管材的抗弯刚度之和，表达如下：

$$EI_{\text{model}} = EI_{\text{casing}} + EI_{\text{tubing}} + EI_{\text{aircan}} \qquad (6-18)$$

式中　E——杨氏模量；

I——弯矩。

对于龙骨处的非整体性气罐也以相同的方式建模，利用两组合成线性元件代替气罐结构，其中一个代表立管，另一个代表气罐。气罐元件直接刚性连接到立管元件上，连接点就是气罐向立管传递张力的位置，浮力舱通过一个对中元件和关节连接在立管底部，这些元件可以在无须传递弯矩或者轴向力的情况下把茎秆和气罐集中在立管上。模型中的气罐需要借由质量、外径和壁厚进行详细说明。

立管的抗弯刚度没有变化，表达如下：

$$EI_{\text{model}} = EI_{\text{casing}} + EI_{\text{tubing}} \qquad (6-19)$$

式中　E——杨氏模量；

I——弯矩。

由于气罐随着立管做向下冲程运动时引起浮力损失，因此必须要对气罐净浮力进行修正。

上述的建模指导适用于底部开放式的气罐。另外一方面，气罐也可以采用密封结构，这样产生的浮力就是恒定的。密封的气罐可以作为立管的一个整体元件进行建模，气罐和立管统一成为复合模型的一部分，因此会导致质量、刚度、浮力和阻力的增加。

（2）张紧系统

水汽张紧系统可以采用多种方式建模，具体情况取决于设计要求水平。所有需要的张力可以通过一个单独的垂向弹簧元件施加，或者利用单独的弹簧元件准确模拟每个张紧器进而对综合的张紧器组建模。

①单独的弹簧模型

非线性弹簧单元的一端通过铰接连接到立管上的张紧圈升高位置，另一端垂向固定在铰接处上部的船体边界位置，将非线性弹簧单元连接到立管上的铰接元件几乎没有旋转刚度，因此，外力只能施加在这一点的平移自由度方向上，在连接点处不会产生诱导的弯矩，因此加载方式与张紧器在实际中的形式很相似。

船体边界条件的目的是确保张力施加在船体垂直轴上，正如液压气动张紧系统一样。

立管系统需要的张力是由位于平均位置的弹簧单元提供的,非线性弹簧单元的曲线斜率与张紧系统的刚度对应,并且指定用于构件的拉伸还是压缩情况,这样就可以精确地模拟出立管向下冲程运动导致的张力增加,向上运动导致的张力减小。

②确切的张紧轮模型

如果需要对张紧轮进行准确的模拟,可以使用与单一弹簧单元系统同样的方法,尽管每个张紧轮需要用一个单独的弹簧单元模拟,这种方法也是有效的。弹簧元件可以采用与液压气动张紧轮同样的定位角度。

(3)龙骨接头界面

下部的龙骨过渡接头(LKTJ)和上部的龙骨过渡接头(UKTJ)可以通过线性锥形节来模拟,其中龙骨接头在中间位置。

在有限元模型中,龙骨接头是用两组非线性元件代表的,其中一个代表立管,另一个代表龙骨套管,这种方式可以有效地将套管集中于接头处,确保龙骨套管和接头之间不会有弯矩过渡机构。

(4)柔性接头

在适合的情况下,柔性接头可以利用铰接件模拟,并且具有与柔性接头相同刚度的旋转刚度。柔性接头的刚度应该能够反应出预期加载方案,如小角度旋转的刚度要比大角度旋转高得多,在疲劳分析中,柔性接头非线性刚度特点的准确模拟同样是非常关键的。

(5)井口锥形应力节和井口连接器

锥形应力节可以简单模拟为带有线性变化外径的系列元件,锥形应力节区域的单元网格需要经过细化,这样可以确保精确地模拟应力节外径的变化情况。

为了评估水下井口处的载荷情况,井口和连接器需要进行等效几何特性模拟、重力和刚度的模拟。对于水下井口的安装裕量还需要认真考虑,以便正确地模拟泥线位置的立管。对于初步可行性/概念设计研究,立管模型中不必包括井口连接器;对于详细设计阶段,是否包括井口连接器则取决于要求的详细设计水平。

(6)海洋生物

海洋生物可以是柔软或者是坚硬的,柔软的水生物通过草类材料代替,坚硬的水生物通常含有多层外壳,水生物的影响通过在有限元模型中增加的重力、浮力和阻力来实现。

(7)轮箍和整流器

目前有各种商用VIV抑制器,最普遍的就是轮箍和整流器,这两种装置通过扰乱管线周围流体流动形式的方法抑制VIV,进而防止旋涡的生成。

抑制装置的影响也要在有限元模型中加以考虑,其中包括有装置连接那一部分立管模型的重力、浮力、阻力、惯性的增加情况。

阻力和惯性系数对于螺旋状立管是普遍存在的,然而,在确定最终的水动力系数时,还需要考虑轮箍的高度和倾斜角度,整流器的参数也可以利用轮箍的方法进行计算。

在SHEAR7软件中,VIV抑制器模块是利用轮箍形式的基本参数建模的,而且,使用了升力换算系数。升力换算系数在一定程度上就是VIV抑制器的效率系数,轮箍的标准升力换算系数是0.2(假设为轮箍效率的80%)。

(8)水动力系数

下面是一些用于模拟处于环境波浪中的裸露立管节点时使用的水动力系数实例。

①垂向阻力:1.0(0.6~0.7超过临界点,>1.2次级临界流动);

②切向阻力:0.0;

③垂向惯性:2.0;

④切向附加质量:0.0。

对于大部分工程来讲,疲劳分析(其中较高的阻力将会削弱疲劳载荷)中可以使用较低的垂向阻力系数(如0.7);较高的系数(如1.2)可以用于极限响应分析中,因为较高的阻力会增加极限载荷。

9. 安装分析

在复合管分析中,有许多设计方面要考虑的因素,包括:套管和管材延长,内部流体和海水影响,安装和运行条件下的立管温度分布,内部套管和管道的等效几何特性,三维立管、井湾几何和井口图。

可以利用有限元方法预测安装和装配表面采油树时的吊钩载荷、浮力舱高度、浮力(如果使用气罐张紧器)、立管套管张力以及管道张力,其目的是确保立管内外层套管和生产管道在工作时张力可以进行恰当地分布。

进行安装分析的目的是:确定张力要求和立管串列中的张力分布;预测采油树高度,包括热效应;确定安装时的立管拉伸长度。

八、土壤条件

1. 介绍

在这项研究中,需要沿着土柱用这些参数的平均值计算土壤弹簧元件的等效刚度,这些等效弹簧也会用于连接立管的分析当中。

本节将会介绍得到循环载荷下软土 $p-y$ 曲线的方法,曲线的形式如图 6-17 所示,注意图表中点 a 处偏离的位置是静态阻力 p 等于极限阻力 p_u 一半的位置。

下面给出的方法用于得到深度为 H 时的 $p-y$ 曲线,在模拟泥线下不同深度处的导向套管/土壤作用时,需要用到一系列的 $p-y$ 曲线。

2. 方法

得到循环载荷下 $p-y$ 曲线的方法对于生成这个曲线是很重要的,必须要获得下面这些数值:

(1)c:未排水土壤的剪切强度;

(2)γ:水中土壤的单位重力;

(3)D:外部套管直径;

(4)H:泥线深度。

用下面的方程计算深度 H 处土壤的极限横向阻力:

泥线附近土壤的极限横向阻力:

$$p_u = 3cD + \gamma HD + J_c H, \ H < X_R \tag{6-20}$$

泥线下面的极限土壤横向阻力:

$$p_u = 9cD, \ H \geqslant X_R \tag{6-21}$$

式中　p_u——单位长度极限横向阻力,lb/in;

　　　c——深度 H 处非干扰黏质土壤的未排水剪切强度, psi;

　　　D——导向套管的外径, in;

　　　γ——水下土壤容积密度, lb/in;

　　　J_c——由实地试验确定的无量纲经验常数,范围从 0.25 到 0.5,0.5 的情况适用于墨西哥湾地区的黏土;

　　　H——泥线下的深度, in;

　　　X_R——泥线以下到缩减阻力区底部的深度。

如果土壤强度和单位重力是常数,联立深度方程(6 – 20)和(6 – 21)可以得到:

$$X_R = \frac{6D}{\left(\frac{\gamma D}{c}\right) + J} \qquad (6 - 22)$$

为防止土壤强度和单位重力随水深变化,方程(6 – 20)和(6 – 21)可以通过作图方式求解,如 p_u 对深度的曲线,两个方程的第一个交点可以看作是 X_R。

然后计算得到

$$y_c = 2.5\varepsilon_c D \qquad (6 - 23)$$

式中　y_c——横向偏移,此处位置的静态土壤阻力是极限阻力的一半;

　　　ε_c——应变,出现在实验应力 – 应变曲线中最大应力一半的位置,曲线是由未扰动土壤样本的未排水压缩试验得到的,在没有实验应力 – 应变曲线的情况下,对于软质黏土推荐采用0.01。

方程(6 – 24)可以用于建立从原点到点 b 的循环 $p - y$ 曲线,$p = 0.72p_u$,$y = 3y_c$。

$$p = 0.5p_u\left(\frac{y}{y_c}\right)^{\frac{1}{2}} \qquad (6 - 24)$$

在 b 点,循环载荷的横向阻力达到最大值,阻力全部损失的位置可以假定发生在泥线处,此时泥线处的横向偏移达到了 $15y_c$,如图 6 – 17 所示。然后,确定 $p - y$ 曲线从 b 点到 d 点的下一段直线部分,$p = 0.72p_u(H/X_R)$,$y = 15y_c$。

对于大于 $15y_c$ 的横向偏移情况,曲线上的直线部分最终是用下面的方程确定的:

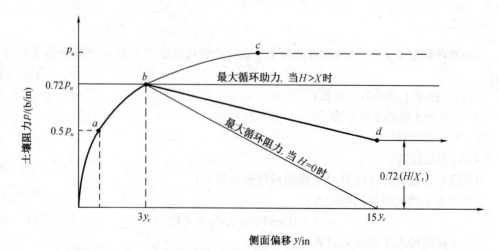

图 6 – 17　软质黏土循环 $p - y$ 曲线图

$$p = 0.72p_u \frac{H}{X_R} \tag{6-25}$$

九、阴极保护系统的要求

特殊构成形式的环氧覆层可以用作阳极周围的绝缘防护材料,当位势小于－800 mV时,就可以实现充分的保护效果,同时为了防止发生过保护现象,位势必须大于－900 mV。即使安装了外加电流阴极保护(ICCP)来保护船体,在船舷水管、导缆器、转塔船体月池等位置中也要额外添加牺牲的阳极。

水下环境中钢材腐蚀的速率由多种因素决定,如氧含量、钢材状况、温度等,覆层的损坏和脱落也会导致裸露钢材数量的变化。

随着腐蚀速度的变化,对于阴极保护电流的要求也要发生变化,如今的外加电流保护系统(ICCP)是通过连续测量钢材表面与参比电极之间的电势差来控制保护电流供应的,电流会在一个闭环系统中自行调节达到需要的状态,这样就可以确保不会引起船体的粗糙度变化以及燃料消耗的增加。

如上面所提到的,ICCP系统的目的是在结构上得到均匀分布的保护电位,通过设计变量时阳极数目(和位置)和参比电池的位置,尽可能降低阳极能量消耗。已经开发的边界元素模型被证明是一种模拟船体阴极保护系统最为精炼的数值计算方法。这些计算机模拟技术、"模拟退火法"运算法则和搜索方法的应用使得设计者可以对船体金属结构和海水之间接触产生的电场加以预测,因而可以对阴极保护(CP)设计进行优化。

这也提供了一种预测保护性能、等级变化以及系统引起的海水中电场变化的工具,并且可以评估电干扰的影响。

为了防止阴极保护或者杂散电流引起破坏,与生产船体外部设备连接的机械接口必须进行电学连接,这样的连接包括:

(1)当轴承接触位置不能提供足够的传导面积时,需要进行流体、电学旋转接头和转塔锚泊系统的电学连接;

(2)没有提供传导路径的锚链和止滑器;

(3)电缆。

对于使用钢索进行系泊的位置固定的系统,建议钢索封头应该进行电学隔离,这样可以防止镀锌的导线充当临近元件的阳极而被腐蚀掉。

阴极保护(CP)电路:TTR和干采油树将会通过脐带跳接线连接到船体CP系统上,跳接线中含有两根基础缆线用来保证在干采油树和船体之间电流连续性。TTR的其他部件都是处于电学接触情况中的,包括浮力舱和茎秆。

十、延长疲劳寿命的方法

有两种延长TTR疲劳寿命的方法,第一个方法需要进行设计的修改,另一个方法是在分析阶段降低保守性。

对于第一种方法,可以增加立管上VIV抑制器的数量,增加一些浮力泡沫或者选择其他方法增加它的有效载荷,这些措施可以减缓立管的疲劳损伤,进而增加疲劳寿命。

第二种方法对于 VIV、强度、干扰等提供了非保守的分析方法。因而,立管的设计寿命可以通过保守性分析得以延长。

十一、立管监控系统

1. 监控系统回顾

立管响应监控系统可以依据供能方式和与监控设备之间的通信进行分类,有三种类型的立管监控设备:

①自动控制的,带有单独的电源和数据存储;

②实时的,带有连续的电源和通信传递;

③声觉的,带有单独电源和半连续的通信传递。

（1）自动监控

自动监控设备不会连续地与数据处理中心进行通信,独立的监控系统中装配有记忆卡和电池组,仪器被定期地取出以便下载其中存储的数据并且安装新的电池组。这项工作需要有 ROV 来接近监控系统位置执行,或者在立管回收阶段安装钻井和完井立管时进行,得到的数据在陆上进行处理,进而可以确定立管系统的响应特性。这些系统在能量消耗方面有很严格的限制,能够存储的数据量也很有限。但是,目前的技术已经允许仪器连续工作几个月,就数据同步方面来说,独立的系统受到声音测量速率精确度的限制,以及内部独立时钟精确性的限制。通常情况下,独立的系统仅仅具有相对粗略的同步性,然而,如果采用频域分析方法时,这种系统形式也是可以接受的,此时需要假设在一段时间内的响应是静态的。这些监控系统安装很简单,也很容易修理,因而可以重复更换。

（2）实时监控

通过持续提供能量以及与仪表装置的通信连接可以实现实时监控,这些能量和通信连接需要由线缆完成。就能量损耗来说,实时监控系统更加可靠,可以在不需更换电池组的情况下适应一系列的监控设备。虽然也受到一定的限制,但是这些系统可以充裕地适应传统传输技术下数据速率的广泛要求。就数据同步性来说,实时监控具有更优越的能力。实时监控也存在一些挑战,最严重的是含有电能和传输线缆的系统安装挑战,也是设计中一个必须考虑的因素。监控仪器中增加的线缆需要额外的资源消耗以及昂贵的设备。线缆的安装会对后期立管的安装带来困难,因此通常都是和立管一起进行安装的,因而增加了安装的复杂性并且延长了安装时间,结构更加复杂,比独立的或者声学系统的元件更多,这主要是由线缆和连接器的要求引起的。因此,由定义可知,实时监控系统在数据可靠性方面没有自动的独立系统可靠,它的维修也更加复杂,在设计阶段也需要进行很多的考虑,同时还需要确保不会发生单点失效的情况。

（3）声学技术

可以利用声学技术借助水柱进行实时的无线数据传输,数据从立管上的仪器传输到表面控制室内,这项技术已经应用于 Petrobras 中,其中数据存储单元是沿着立管安装的,用于进行数据存储,定期得到的数据可以通过声学通信的方式传输到表面无线电收发机上,当海流剖面图显示没有发生任何异常情况时,就可以关闭传感器组来节省电源。如果需要,存储单元可以设计成自动开启并开始存储数据的形式。声学通信的形式十分可靠,如果管理恰当,可以为操作者提供非常准确的实时信息。最重要的是,可以不必利用 ROV 搭设昂贵的脐带管线(1 219 m 到 1 524 m),可以利用多点网络转发器(通常在海床上以五角星阵列形式布置 4~5 个转发器)进行精确的定位,并且配合 ROVNAV 收发器(由 ROV 携带或者安装在 Spar 的龙骨上)和安装在立管上的转发器一起使用。在 Spar 上布置钻井立管之前,需要在钻井立管上每个预定位置安装转发器,也可以借助 ROV 在完成铺设的立管上安装转发器。系统需要测量从表面接收器到转发器之间的距离,确保转发器的精确定位安装。然后数据会传输到 Spar 的甲板上或者海床位置。需要确保立管上的转发器一直处于视线之内,以及至少三到四个海床阵列转发器处于视线之内。在进行海床转发器定位时,还要兼顾考虑整个生产立管模块、各支管和其他水下设备的位置,避免发生冲突。

图 6 – 18 显示的是一个正在安装的监控系统。

图 6 – 18　监控系统

2. 传感器的配置

由于临界疲劳损伤位置总是随着不同的激励模态发生变化,因此设计者有必要确定传感器的数量和位置以便获得响应的具体形式。

通常情况下都是利用经验或者理论方法布置传感器,可以沿着整个立管布置传感器阵列或者集中于敏感区域附近,通常是在以下三个位置成簇集中(图 6 – 19)。

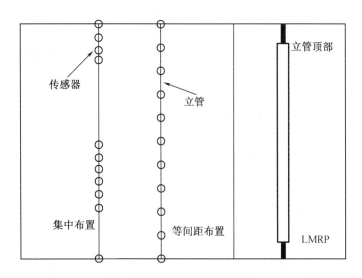

图 6 – 19　深水立管的传感器布置(Wei et al. , 2009)

(1)立管顶部聚集;

(2)中跨聚集;

(3)底部应力节(LSJ)聚集。

理论和经验可以配合使用达到优化传感器的配置的目的,利用模态分解和线性回归的方式可以得到优化方法。通常由分散的监控位置获得的响应形态都会借助模态分解的方法加以解释说明,线性回归的方法可以识别出利用传感器测量的响应错误并且将错误最小化处理。

布置传感器的原则是要有足够的空间范围和传感器间隔,这样就可以获得预期的全部立管响应模态。传感器可以沿着整个立管分布,或者集中于敏感区域,空间范围至少要达到能够获得四分之一波长的最低模态数的水平,如图 6 – 20 所示,同时必须要有足够的测量点,以便识别各个高阶模态数。

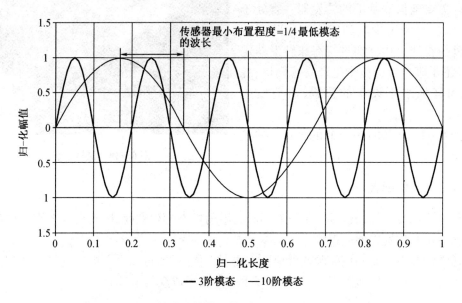

图 6 – 20　需要的传感器阵列范围图示(Wei et al. , 2009)

空间假频是由沿立管的数据量不足导致的,因此在各个分散点的测量值不能唯一地与初始形态进行关联,如图 6 – 21 所示。为了解决这个问题,在最高阶响应模态的每个波长内至少要设置两个数据测量点。

可以利用模式清晰度指标(MCI) 来确定任意两个模态之间空间假频的范围(图6 – 22) ,清晰度指标可以用不同的模态范围进行计算,如低阶、中阶和高阶响应模态。

上述的模态清晰度方法适用于所有基于模态分解进行数据分析的监控程序,这种优化的方法已经在各种深水立管监控系统中加以应用了。

3. 立管响应监控系统实例

立管响应监控系统可以用于许多方面,下面是一个设计完整的钻井立管声学监控系统,它说明了一种最低限度的设计布局。立管监控系统可以用于半潜平台上的钻井立管。这个系统的主要目标是监控那些对于确保安全钻井操作至关重要的参数,并且帮助扩展钻井立管的操作空间。

(1)系统概述

推荐的系统形式如图 6 – 23 所示,运动传感器、瓶子和声频调制解调器的位置也显示在图中,这些位置的确定可以通过有限数量的测量值获得更加有效的总体 VIV 响应,并且得

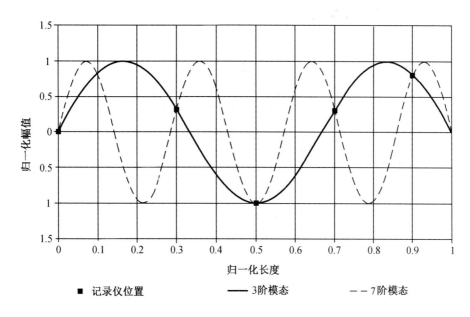

图 6 – 21　空间假频的实例（Wei et al.，2009）

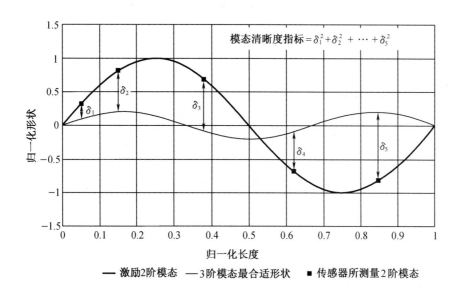

图 6 – 22　模态指标图示（Wei et al.，2009）

到立管上的最大疲劳损伤情况。这些也不是最终的位置，还需要根据模态认证分析进行优化。

（2）VIV 疲劳监控系统

这些 R – 和 K1 标示的瓶子（如图 6 – 23 所示）组成了 VIV 监控系统，它用 7 个瓶子和 5 个应变仪进行 VIV 疲劳响应的测量。VIV 监控系统可以分成三个关键区域，分别是：

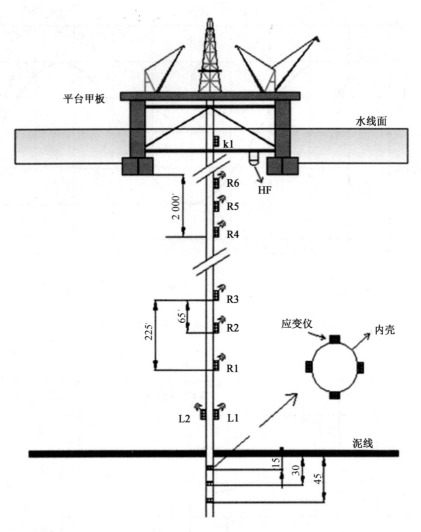

图 6 - 23　对于钻井立管仪器的推荐布置形式（Wei et al. , 2009）

①立管顶部传感器（K1）

在立管顶部末端放置的一个瓶子内包含一个倾角罗盘、一个加速计和应变仪,它们可以用来测量 VIV 响应,以及此临界区域的应变(疲劳)。这些瓶子通过脐带线连在一起组成了完整性监控和管理系统(IMMS)。

②中跨集群（R4, R5, R6）

在立管中跨附近安装了 5 个瓶子,每一个都包含一个倾角罗盘和加速极(3 个轴向),可以提供沿着立管悬垂部分产生的重要的 VIV 响应测量数据,安装这些瓶子的目的是可以通过它们收集立管中跨区间内的 VIV 数据,而不是只依靠立管两端的仪器数据。这在一定程度上降低了数据处理中出现空间假频的可能性。

③低位置处的应力节（LSJ）集群（R1, R2, R3）

这个集群中含有三个瓶子,每个瓶子中有一个倾角罗盘、加速计(3 个轴向)和一个应变仪,它们将会被安装在最终的三个立管节点位置,进行 VIV 疲劳失效响应的测量以及这个临界区域的直接应变值(以及疲劳)。

（3）低位置处应力节（LSJ）角度的监控

角度监控系统（L1 和 L2）用于连续监控和实时显示应力节的角度，由于命令传输、测量和回复的影响，每次更新都要占用 4~5 s 的时间。水中的声速大约是 1 494 m/s，然而，更新速度（读数间隔）是完全可以设置的，因此，操作者可以自行设定系统进行连续更新，此种传感器的测量精度在 ±0.05°之间。

（4）套管应变的监控

套管应变仪可以测量沿着套管最危险部分的疲劳损伤分布情况，研究表明套管中最大的弯曲发生在泥线以下 9 m 深的位置，因而，建议对管子最大弯矩处的三个横截面（4.6 m 分隔处，以 9 m 处的标记为中心）应变分布进行监控，进而可以得到疲劳损伤情况，在套管圆周方向上，每隔 90°设置一个应变仪（如图 6-23 中右下角所示），用它们来测量两轴向的弯曲和轴向应变，这些单元将会被规则地向上布置一直到泥线以上，得到的数据也会以声学方式传输到船体甲板上的完整性监控和管理系统（IMMS）中。

（5）声学系统配置

目前有两种声学系统配置形式用于监控立管的响应，分别是：水下传感器/调制解调器/变频器单元；表面单元（接收器/指令器/显示器）。

①水下传感器/调制解调器/变频单元配置

水下传感器/调制解调器/变频单元是最小化传感器/声频调制解调器系统设计中最重要的一部分，用于收集振动信息，并传输到表面控制室，它包括一个三维加速计传感器、数字信号处理器（DSP）& 调制解调器和变换器。

传感器能够收集到非常微小的振动信息，并转换成电信号，通过使用模拟/数字转换器产生数字信号。数字信号处理器（DSP）可以对这个信号进行处理分析。而且，DSP 还会充当传感器控制单元、数据记忆存储和变频调制解调器的作用，变频器能够与表面单元之间发送和接收声音信号，实现振动信号和电信号的相互转化。表面单元发出指令后，任务电路就会激活数字信号处理器（DSP）开始工作。图 6-24 所示为水下传感器/调制解调器/变频单

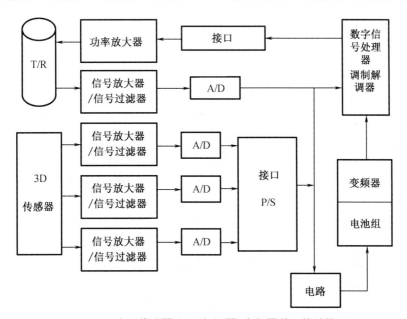

图 6-24　水下传感器/调制解调器/变频器单元的结构图

元的结构图。

整个单元能够以两种模式工作,分别是工作模式和待机模式。当处于待机模式时,DSP和传感器就会休眠以降低消耗。有两种方法可以激活它,分别是异常电流和表面单元的指令,这也是任务电路的功能,因此可以叫做"需求与经济效益的工作方式",这种方式效率很高,而且节约能源,这也意味着大部分时间里只有任务电路处在工作状态监控信号。

②表面单元(接收器/指令器/显示器)配置

表面单元如同没有灵敏元件的传感器/调制解调器/变频器单元一样,因为这个单元处于表面状态,能量供应不再是一个问题,计算机可以借助傅里叶变换对收到的数据进行简单处理,得到每一个监控点的频谱图像。表面单元的作用是接收来自水下单元的信号,并将信号解调以恢复成水下传感器测量的原始数据形式。图 6 – 25 所示为表面单元结构图。

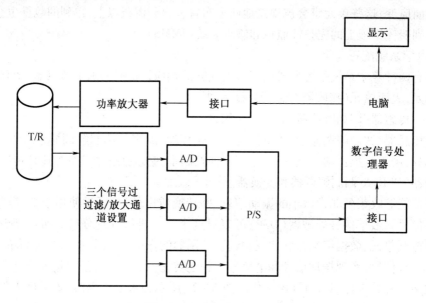

图 6 – 25　表面单元结构图

在这个系统当中,采用的调制方式是码分多址联接方式(CDMA),其中应用了扩展频谱(spread – spectrum)技术和特种编码方案(其中每个发射机分配了一个代码),允许多个用户通过同一物理通道进行多路复用。多径传播、频道时间变化、小范围可用宽带、严重的信号衰减和长距离传输等因素导致水下通信十分困难,相比于陆上通信,水下通信采用的是声波而不是电磁波,因而速率非常低。码分多址联接方式(CDMA)的主要优势在于它能够更加有效地利用光谱传输,具有抗干扰、抗多径性能,是水下声学通道中一个很有效的通信方式。

因为有三个水下传感器,并且它们依据海流状况各自随机进行数据传输,所以每个传感器必须要同时测量三维的海流数据,于是人们开始采用扩频调解技术。

在这些情况下,无论是硬件还是软件都非常复杂,为了实现系统的功能,需要使用最高速度的数字信号处理(DSP)芯片,并且构成一个基于 PC 机的并行信号处理器。为了应用扩频调解方案,需要具备广泛的宽带处理能力,然而,宽带变频器、功率放大器和信号处理器的设计和开发更加困难。

③传送和检测信号

在水中的所有信息都是通过声学进行传输的,由于水下的声学通道十分复杂,因此这种传输不是一项容易的任务。通常情况下,信号会被多路信号和长距离传输中的杂音干扰。目前设计者已经使用一种扩频调制解调技术——码分多址联接方式(CDMA)——来解决这一问题,码分多址联接方式(CDMA)已经在许多通信和导航系统中得到了应用,甚至包括全球定位系统(The Global Positioning System)。

通常情况下,水下声学通信只占据很窄的带宽,其他的部分会被浪费,而扩频调制解调技术却可以充分利用这些空闲的带宽,进而确保传输的可靠性,码分多址联接方式(CDMA)使得水下长距离声学传输更加可行,它允许多个传感器利用相同的物理通道进行多路复用。

码分多址联接方式(CDMA)利用了数学上代表字符串的向量之间正交特性,水下单元处理器将来自不同传感器和特殊向量的字符相乘,只有借助正确的向量,接收器才能把特定传感器的数据进行解码。

(6)选择性模式处理方法(SMA)

对于各种类型的传感器,只有应变仪可以对 VIV 应变进行直接测量,因而,可以直接测得应力和疲劳损伤,其他的传感器只能提供间接的 VIV 应力响应信息,并且为获得沿着立管的 VIV 应力和疲劳损伤分布还需要进一步处理。直接测量应变的方法需要大量的应变传感器,目的是获得深水钻井立管的疲劳损伤峰值,但同时这种方法的成本也很高。一个更具有成本效益的处理方法是使用不同类型传感器的组合来获得有限个位置处的测量值,进而基于模态叠加方法进行数据处理,得到沿着立管的 VIV 应力响应。

SMA 的主要作用是选择占主导地位的模态进而提高效率,典型的 VIV 响应可能包括多个峰值点和多个模态,如果要立即找出所有的激励模态(如图 6 – 26 显示的 45 个),理论上讲需要进行与激励模态数目相同次数的测量。

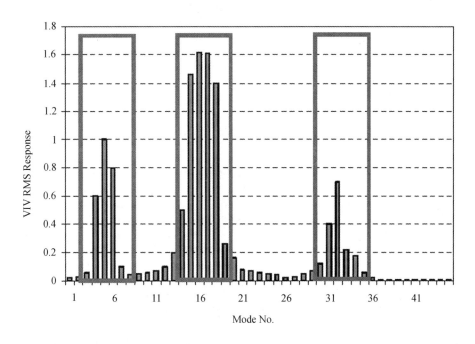

图 6 – 26 VIV 感应波谱

然而,如果通过搜索感应频谱把 VIV 响应分成包含大部分响应的多个波段形式,并且给每个波段分配相应的代码,然后在每个波段范围内进行处理,理论上讲,需要的测量次数仅仅是每个波段内的模态数目,这种方法可以显著降低测量次数和成本,另一个好处是这种方法可以为模态识别引入较少的模态数,进而降低发生空间假频的可能性。

每个波段内的 VIV 响应可以由 n 个模态确定($n \leqslant N$,其中 N 是得到的可用信号总数):

$$y(x,t) = \sum_{i=s}^{s+n-1} \phi_i(x) q_i(t)$$

从这 N 个可用信号中,可以选择 n 个测量值来确定模态参与因子 $q_s(t)$ 到 $q_{s+n-1}(t)$。

$$\begin{bmatrix} \phi_s(x_1) & \cdots & \phi_{s+n-1}(x_1) \\ \vdots & & \vdots \\ \phi_s(x_n) & \cdots & \phi_{s+n-1}(x_n) \end{bmatrix} \begin{Bmatrix} q_s(t) \\ \vdots \\ q_{s+n-1}(t) \end{Bmatrix} = \begin{Bmatrix} y(x_1,t) \\ \vdots \\ y(x_n,t) \end{Bmatrix}$$

选择性模式处理方法(SMA)的操作步骤如下:

①执行快速傅里叶变换(FFT) 得到 VIV 感应波谱;

②找出响应峰值,并且把感应波谱分成多个波段形式;

③选出每个波段内的候选模态(n)(候选模态的最大数目取决于可用的测量次数 N);

④解出每个波段的模态参与因子;

⑤将所有波段的响应求和得到总的响应。

第七章 柔 性 立 管

一、简介

　　柔性立管的起源可以追溯到20世纪70年代。最初,柔性立管应用于气候环境较为温和的地区,如巴西的Garoupa油田、北海的Duncan和Balmoral油田都较早地应用了柔性立管作为海洋输油管道。其后,柔性立管技术得到了迅速的发展,现今已在北海地区以及墨西哥湾等地得到了十分广泛的应用。柔性立管适用范围为:最大水深2 438 m(8 000英尺);最大承受压力10 000磅/平方英寸(psi);最高能够承受水温超过66 ℃;同时允许船体在恶劣气候条件下的大幅运动。

　　柔性立管是一种多层复壁管,各层管壁采用不同的材料制成,且在承受外部或内部载荷时,各层管壁相互间能够发生轻微的滑动,因此具有较低的弯曲刚度。柔性立管的复壁结构主要包括高硬度的金属层和低硬度的聚合材料层,分别用于保证立管的结构强度和流体流动的完整性。柔性立管具有许多优于其他种类立管和输油管道(如SCRs)的特点,如可预制配件;便于卷筒储藏,减少运输和储存费用;可用于顺应式采油平台等。

二、柔性立管的布置形式

　　柔性立管系统的布置形式有多种,选择何种形式要根据产品的要求和当地的环境条件,这期间需要进行静态分析,考虑如下因素:

　　(1)整体的性能和形状;

　　(2)结构完整性、刚性和连续性;

　　(3)横剖面属性;

　　(4)支撑方式;

　　(5)材料;

　　(6)成本。

　　图7-1所示为柔性立管系统的六种主要布置形式。影响布置形式设计的因素有很多,比如水深,与主船体的连接和悬挂位置,油田布置(如不同类型的立管数量和系泊线的分布),最为重要的是环境数据和主船体的运动特性。

1. 自由悬链线形

　　自由悬链线形是柔性立管最简单的布置形式,其对海底基础设施的要求最小,安装简便、廉价。然而,该种布置形式会因船体运动使立管遭受恶劣的载荷情况。当船体运动剧烈时,在立管系统的触地点很可能遭受屈曲压力,拉伸防护层作用减弱。随着水深的增加,由

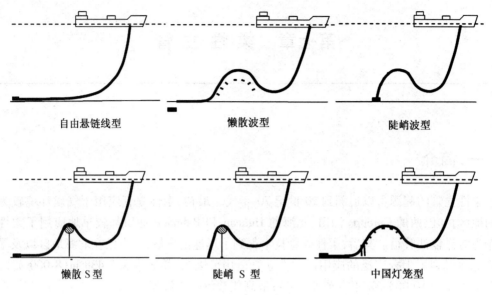

图 7 - 1　柔性立管系统的布置形式

于立管长度的加长,立管的顶部张力需求增大。

2. 懒散波形和陡峭波形

选用波浪形式的系统布置,浮力和重力共同作用在长长的立管上,从而解耦了立管触地点与船体运动的关系。懒散波形相比于陡峭波形,需要的海底基础设施更少,但是如果在立管作业期间的管内流体密度有所改变,懒散波的布置形状容易发生改变,而陡峭波形具有较好的海底基础和弯曲加强器,则不容易发生变形。

浮力模块是由合成泡沫制成的,具有较低的流体分离特性。浮力模块需要夹紧在立管上,以避免滑脱使立管布置形式发生改变,铠装层遭受较高的应力。但是夹紧时要注意夹具不会损伤立管的外套,避免水进入管间隙。浮力模块在一定时间后会发生浮力损失,所设计的波形布置结构要能顺应浮力损失 10% 的情况。

3. 懒散 S 形和陡峭 S 形

懒散 S 形和陡峭 S 形的系统布置,会在海底安装一个固定的支撑或浮力块。该支撑固定在海底的结构物上,通过钢链定位浮力块。这一方法解决了触地点问题,使得触地点的运动仅引起很小的张力变化。

4. 中国灯笼形

与陡峭波形布置相似,中国灯笼形的系统是通过锚控制触地点,立管的张力传递给锚而不是触地点。此外,该种布置形式的立管是系到位于浮体下面的井口,这使得井口受到其他船舶干扰的可能性减小。

这种布置形式能够适应流体密度的大范围变化和船体的运动,而不发生布置结构形状的改变,也不会引起管结构产生高应力。但是其安装复杂,所以仅在前面介绍的布置形式都不可用时才采用。该种布置形式最大的缺点是安装成本过高。

当前,世界上只有 3 家公司供应柔性立管,分别是丹麦的 NKT Flexibles 公司、美国的 Wellstream 公司和法国的 Technip 公司。

三、柔性立管横截面

柔性管有两种,分别是粘性柔性管(Bonded Flexible Pipes)和非粘性柔性管(Unbonded Flexible Riser)。粘性管是由织物(Fabric)、弹性纤维(Elastomer)和钢(Steel)构成的各层经硫化作用粘合在一起制造而成的。粘性管只适用于短节管,如跨接管(Jumpers)。

图 7 - 2 展示了粘性柔性管的横截面。图 7 - 3 是 Heidrun TLP 的照片,展示了 $5\frac{1}{2}$ 英尺的生产装置和 2 英尺的气举软管(Gas Lift Hoses)组合成的采油树。

图 7 - 2　粘性柔性管(Antal et al. , 2003)

图 7 - 3　Heidrun TLP 上的生产装置和气举软管

非粘性柔性管可以根据不同长度需求制作成几百米长。除非特殊说明,本章其余部分涉及的内容均指非粘性柔性管。图 7 - 4 展示了一种典型的非粘性柔性管的横截面。柔性管横截面有 9 个组成部分,其中只有五种是主要组成部分,分别是:骨架(Carcass)、聚合物内护套(Internal Polymer Sheath)、耐压铠装(Pressure Armor)、张力铠装(Tensile Armor)和聚合物外护套(External Polymer Sheath)。在内护套和外护套之间的空间是管内的环(管内环面)(Pipe Annulus)。

1. 骨架

骨架构成了柔性管横截面的最内层。如图 7 -4 所示,它通常由许多不锈钢制平钢带自锁连接而成。骨架的制造可使用不同等级的钢材,钢材的选择主要由管内液体的特性决定。最常用的制造骨架的钢材是 AISI 304、316 和 Duplex。制造骨架的材料需要能够抵抗钻管内液体的腐蚀,因为钻孔内液体需要直接流经骨架表面。

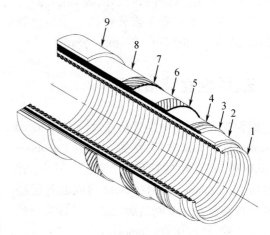

图 7 - 4　典型非粘性柔性管横截面图
(Zhang et al. , 2003)

1—架构层;2—内部流体隔层;3—抗压铠装;4—抗磨层;
5—抗拉铠装;6—抗磨层;7—铠装层;
8—抗局部扭曲层;9—外部流体隔层

骨架的主要功能是防止由静水压力和环面内合成气体造成的管道坍塌。当气体从管内中心孔通过聚合物内护套扩散到环形套筒中时,环形套筒内的混合气体是立管的一种潜在失效模式出现在运送碳氢化合物的管道中。当井口关闭,压力下降,管内中心孔的气体被抽空时,环内的气体压力会导致立管塌陷。因此,钢制骨架的作用是承受这种导致坍塌的压力。对于运送不含碳氢化合物液体的管道(例如注入水的管道)则不会发生混合气体渗入环内导致立管坍塌的情况,因此不需要建造骨架。

2. 聚合物内护套

聚合物内护套为保持钻孔内流体完整性提供了一道屏障。曝光浓度(Exposure Concentrations)和液体温度是设计内护套时要考虑的两个关键问题。常用的制作内护套的材料有:聚酰胺 – 11、高密度聚乙烯(HDPE)、交联聚乙烯(XLPE)和聚偏氟乙烯(PVDF)。聚酰胺 – 11 和 HDPE 是最常见的两种材料,都可以耐受最高大约 65 ℃(149 ℉)的温度和 7% 的许用应变。当护套需要有耐高温能力时,可以用 PVDF,其可承受高达 130 ℃(266 ℉)的温度。然而,PVDF 的许用应变只有 3.5%。护套层的厚度是由内钻孔液体温度、合成物和内钻孔压力等参数共同决定的。护套的平均厚度为 5 ~ 8 mm,但也制造过 13 mm 的内护套。

3. 耐压铠装

耐压铠装的作用是抵抗由管内钻孔液体压力引起的管壁周向应力。耐压铠装缠绕在聚合物内护套上,由互锁铠装键(Interlocking Wires)制成。铠装键的轮廓如图 7 - 4 所示,这种形式允许立管发生挠性弯曲,并且可以控制铠装之间的间距以防止内护套从中挤出。为了最好地防止管壁环形电压出现,耐压铠装缠绕时应与管的长轴成 89°夹角。

制作耐压铠装键的材料是高强度碳钢。铠装键的选择主要取决于管道的工作环境是酸性还是碱性的(酸性环境的定义参见 NACE MR 01 – 75)。柔性立管中使用的最高强度钢丝的极限抗拉强度可以达到 1400 MPa (200 ksi)。然而这些高强度钢丝容易发生氢脆裂(HIC)和硫化物应力裂开(SSC)。因此,对于工作于酸性环境的立管而言,不能使用如此高强度的钢丝。可以用极限抗拉强度低至 750 MPa (105 ksi)的附加钢层来解决该问题。

4. 抗拉铠装

抗拉铠装键通常成对交叉缠绕。顾名思义,抗拉铠装层用于抵抗作用在柔性立管上的张力载荷。抗拉铠装层通常由平矩形截面的铠装键沿与管轴成 30° ~ 55°夹角方向缠绕装配而成。当要求立管的抗拉铠装层也承受环向应力或立管没有耐压铠装层时,抗拉铠装层的缠绕角设计为 55°,此时立管的扭矩平衡。

抗拉铠装层需支撑立管各层的重力,并将载荷从终端设备传向船体结构。深水立管的高张力通常需要为柔性立管设计四层抗拉铠装层。抗拉铠装键同耐压铠装键相同,都是由高强度碳钢制成。考虑高强度的铠装键容易产生 HIC 和 SSC,管道工作环境的酸碱性仍然是影响铠装键强度的决定因素。

5. 外聚合物护套

外聚合物护套所用材料与内聚合物护套相同。外护套的主要作用是阻隔海水,同时也保护铠装键在安装时不与其他物体发生碰撞而受损。

6. 其他层和外形构造

柔性立管的横截面除了上述 5 层主要部分外,还有其他几个次要层。这些层包括缠绕在铠装键的抗磨层。它的作用是减少立管弯曲时因摩擦和外部压力导致的铠装层的磨损。抗磨层也能在一定程度上保持铠装层的缠绕形状。同时,还可以防止由静水压力造成的立管轴向受压,出现铠装键脱离本身位置发生扭曲和"鸟笼"(Bird Caging)现象。

在一些柔性立管的应用中,由于高强度载荷的存在,抗拉铠装层需要使用高强度铠装键。同时,酸性工作环境意味着这些铠装键发生 HIC/SSC 的概率较高。一种解决的办法是制造一根横截面上有两个独立环的管,内环是耐压铠装层。由于高浓度 H_2S 的存在,这些铠装层必须由强度不是很高的钢材制成,以避免遭遇严重的腐蚀问题。因此,需要在抗压铠装层和抗拉铠装层之间安装一个额外的护套,以阻止高浓度 H_2S 进入外环。虽然少量的 H_2S 还是会透过这层护套由内环流入外环,但外环中 H_2S 的密度已经降到足够低,可以使用高强度铠装键制造抗拉铠装层。

四、柔性立管设计依据

1. 设计依据

立管系统,包括其立管管线、交界面和其他组成部分,必须按照如下基本原理进行设计:
(1)正如设计依据中给出的,立管系统应该满足功能上和操作上的要求;
(2)立管的设计应避免不利事件升级为严重的意外事件;
(3)利于进行简单可靠的安装和维修以保证使用顺利;
(4)为检测、维护、更换和修理提供足够的接口;
(5)立管及其组件的建造需按相关的业内标准执行;
(6)结构细节的设计和材料的应用应该尽量减小发生腐蚀、侵蚀和磨损的可能;.
(7)立管的机械组件的设计一定要符合事故保险要求;

（8）设计应有助于对立管的相关性能和状态进行检测，如张力、应力、角度、共振、疲劳破坏、磨损和腐蚀等。

柔性立管的设计不仅要考虑整个系统，而且也应考虑一些附加条件。设计还应同时考虑购买者或者制造商的要求。

在考虑挖沟、填埋或者岩石倾倒的影响时，我们需要考虑由压力、温度所引起的轴向伸长而导致的隆起变形、蠕变和极限载荷能力，分析由温度、时间和作用在管道上的荷载所影响的管道弯曲刚度的变化。

2. 立管接口设计

由于接口处的设计会对其后管道设计和系统设计产生很大影响，接口设计必须在设计初期考虑。明确的接口定义会为系统提供最优、最全面的解决方案。

相关问题包括以下几点：

（1）连接位置。立管连接位置位于水线上方或水线下方，会对设计、安装和使用（状态检测）产生重要影响。

（2）限弯器的选择。锥形口（Bell Mouth）和抗弯器需要在设计上部接口前设计。需要注意，锥形口比抗弯器需要更大的空间。

（3）限弯器安装的位置。安装在终端或 I 形卷筒尾部。

（4）出油管道安装条件。对挖有沟槽并回填的出油管道，需要考虑突起变形的需要，并且要先加压再埋藏。

（5）连接设计。需要考虑未来可能需要使用工具进行内部检测的情况。这需要设计一个清管系统（Pigging System）为发射检测工具提供通道。这个系统也可用于从顶部连接处到柔性管的清管器。

（6）连接件。确定法兰连接的高度和位置，潜水或非潜水辅助的连接、法兰及管汇。

（7）I 型和 J 型套管。在设计套管时应考虑是选择 I 型还是 J 型，这将对柔性立管的安装方案产生影响。I 型套管端部若要求设置阀件，将对其所承受的载荷有重要影响。

（8）海底连接件。使用水平构型的连接（如低弯度 S 形）可以简化安装步骤，并可以显著减少 PLEM/立管的海底基础设施复杂性。

由于油田开发工程的复杂性，大部分顶部和海底设备的设计制造很大程度上受到立管锚泊系统设计的直接影响。锚泊系统、立管和其他部分油田开发设施的连接部件是整个锚泊立管系统设计中的重要部分。举例来说，对于立管支撑结构的设计，需要先评估立管上预期的最大载荷，它将对支撑外部立管的主体结构设计产生影响。

立管的布置形式影响了独立 I 型立管底部的锥形口和在船体连接处弯曲加强件的设计。此外，为减轻立管在安装和使用过程中发生相互间的碰扰，布置形式的设计应保证立管的稳定性以及与出油管的位置关系。

3. 功能要求

功能要求是指在修改某些参数或程序时所遵循的依据。所做出的修改要根据设计、材料、建造和试验而定。

制造商必须使柔性立管满足如下最基本的整体功能要求：

（1）防漏功能；

（2）承载功能；

（3）服役期间履行设计功能；

（4）暴露出来的材料部分应与外部环境有良好的融合性；

（5）防腐功能。

4. 材料选择

　　柔性立管与其他类型的立管不一样,有特殊的横截面结构,其他类型的立管一般只有一个管层,用钢材制造,而柔性立管管层很多,所应用的材料包括钢材料以及聚合物等。材料选择是柔性立管设计中非常关键的内容。大体上说,影响材料选择的主要有成本、抗腐蚀能力、重力要求、焊接性能四个方面。柔性立管的材料主要有两种:聚合材料和钢材。下面主要对这两种材料进行详细的介绍。

　　（1）聚合材料

　　PA－12的性能与PA－11的性能在初始阶段是相似的,然而其老化性有很大差异。对于高温环境或是动态管,外套材料选用PA－11比HDPE更加合适,这是因为PA－11的磨损和疲劳性能较好。除非遭受持续高温,否则PA－11能够很好地抵抗碳氢化合物和水合物的腐蚀。PA－11的主要老化是水解,水解主要是由于运输流体的实际操作温度、水的PH值、甲醇或者其他的水合物而引起的。

　　XLPE是PE的一个特别等级,它通过交联过程获得,为的就是提高基本材料的特性。交联是在挤压处理后通过循环热水获得。PVDF的性能部分地取决于聚合过程。当前应用的两个处理过程分别是乳胶法和悬浮法。应用PVDF关键的问题是对终端的密封。表7－1列出了柔性管中应用的聚合材料,表7－2列出了聚合材料的相关性能。

表7－1　柔性管中应用的聚合材料

结构层	材料
内压防护层	HDPE,XLPE,PA－11,PA－12,PVDF
中介层	HDPE,XLPE,PA－11,PA－12,PVDF
外套	HDPE,PA－11,PA－12
绝缘层	PP,PVC,PU

表7－2　聚合材料的相关性能

材料	温度范围	密度（kg/m³）
PVDF	－20 ℃ ~ +130 ℃	1 750 ~ 1 800
XLPE	－45 ℃ ~ +95 ℃	940
	0 ℃ ~ +100 ℃	940
PA－11	－20 ℃ ~ +90 ℃	1 050
	－20 ℃ ~ +65 ℃	1 050
HDPE	－45 ℃ ~ +40 ℃	950 ~ 960
	0 ℃ ~ +60 ℃	950 ~ 960

材料	许用应变/%	弹性模量/MPa	抗拉强度/MPa	热传导率/(W/mK)
PVDF	3.5	950	40	0.17
XLPE	7	800	30	0.35
PA - 11	7.7	350	55	0.33
HDPE	7	700	30	0.35

材料	兼容性能	气孔性能
PVDF	能很好地抵抗时效裂纹和环境应力开裂适用于高温环境的生产和注水井的流体,包括乙醇、酸性物质、氯化物溶剂、脂族烃和芳烃、原油对胺、浓硫酸、硝酸、苛性钠(建议 pH < 8.5)	只有在低温时有很好的气孔性能
XLPE	不易老化和能抵抗海水、弱酸(取决于浓度和使用频率),高含水量的生产流体。对胺和强酸抵抗能力差以及容易氧化。相比 HDPE 不易遭受环境应力开裂(环境条件包括乙醇和液化碳氢化合物)	比 HDPE 的气孔性能好,在超过 3 000 psi 的压力时,有比较理想的性能
PA - 11	不易老化和能抵抗原油腐蚀。很好的抵抗环境应力开裂。在高温对酸性只有有限的抵抗能力,对嗅化物抵抗能力有限。在高温、高含水量环境抵抗能力较差	在 7 500 psi 高压和温度高达 100 ℃ 有好的气孔性能
HDPE	不易老化、能很好的抵抗酸性物质、海水与石油的腐蚀。对胺抵抗能力较差,容易氧化。容易遭受环境应力开裂(环境条件包括乙醇和液化碳氢化合物)	在 7 500 psi 高压和温度高达 130 ℃ 时有好的气孔性能

(2)钢材

钢材料主要应用在不锈钢内衬管和装甲层。钢材的等级越高(直到特种钢),单位体积(质量)的价格越高。然而,随着高等级钢材生产成本的降低,海洋工业一般使用高等级的钢材。材料选择是深海立管设计中最初的步骤之一,也是系统设计中的关键要素。

①不锈钢内衬管的材料

不锈钢内衬管是柔性管的主体,从本质上说是波纹金属管。它是将金属钢带经过塑性变形而变成"S形",同时将它缠绕在一个轴上。在塑性变形的过程中,每一个独立的线圈互锁形成之前的线圈,从而形成连续的套管。它主要的功能是防止静水压力或者残留在环内气体的积累压力对柔性立管的破坏。另外一个重要的功能是保护内部套管免受运输流体中固体的磨损和腐蚀。对于抵抗普通的腐蚀、麻点腐蚀、氯化物诱导的爆裂,不锈钢 AISI 316L 或者 Lean Duplex 是最好的选择。

内衬管材料的选择主要取决于内部流体温度,CO_2、H_2S、氯化物、氧气的含量,其他要考虑的因素包括 PH 值,以及水、单体硫、水银在内部流体中的含量。如果在高腐蚀的环境当中,比如说由于大量的 H_2S 或者 CO_2 聚集,那么可能用到 Duplex 或者 Super Duplex。典型的不锈钢内衬管结构材料有碳钢,铁素体不锈钢(AISI 409 和 430),奥氏体不锈钢(AISI 304,304L,316,316L),高合金不锈钢(Duplex UNS S31803),镍基合金(N08825)。

表 7 - 3 是几种钢材的性能。

表 7 - 3　四种钢结构材料相关性能

性能/材料	AISI316L	Lean Duplex2102	Duplex 2205	超级 Duplex
压缩屈服强度/MPa	250	580	600	650
压缩极限强度/MPa	320	700	800	800
拉伸屈服极限/MPa	500	700	750	850
拉伸极限强度/MPa	650	900	1 000	1 000
延伸率	50%	25%	25%	25%

②装甲层的材料

装甲层的材料基本都是碳钢,其中碳的含量根据设计要求而定。当因环境引起的对结构层的强度要求很高时,选用高碳钢。酸性环境一般选用低碳钢或中碳钢,钢材也可经热处理,如淬火。

对于装甲层的制造、焊接、酸性要求等都要遵照 API RP 17J 的规范,满足要求的结构承载力。其中的化学元素如碳、硫、硅、磷和铜,在钢中的含量需要严格控制。在厂商的材料说明书中都明确给出各成分的界限。

对材料的可焊性进行评估时,若没进行过焊接热处理,则需要确定最大的等效碳含量(CE):

$$CE = C + \frac{Mn}{6} + \left(\frac{Cr + Mo + V}{5}\right) + \left(\frac{Ni + Cu}{15}\right)$$

(3)其他材料

①铝　柔性管的任何一个钢结构层都可以用铝代替。铝相对于钢的优点在于,同等强度极限下,铝的质量可以达到钢质量的 30%~60%。

②合成材料　是在树脂基底上增加了一层加固纤维。目前,此种材料仅用于替代某些柔性管的钢拉伸防护层。

③复合纤维　是未来柔性管材料的一个潜在选择。此种纤维可以用来替代钢装甲,大大减轻质量并提高柔性管在酸性环境中的性能。

5. 制造过程

制造过程需要依照制造商提供的说明书执行。特殊工序,包括焊接、热处理和涂层需要符合需求。制造商须保留特殊程序的质量说明书以供买方或买卖双方共同认可的第三方检查。

无损评估(NDE)需要符合 ASTM E709 – 磁粉探伤实验、ASTME165 – 液体渗透检验、ASTM A388 和 E428 – 超声波探伤实验、ASTM E94 和 E142 – 放射线探伤实验以及其他的相关要求。

(1)工厂验收测试

柔性立管需要通过工厂验收测试。包括规格、流体静压力、电气连接、电阻性、排气系统测试,以证明制造商制造的管道符合说明书中的要求。

所有的管道都需要进行流体静压力的测试。有阴极保护的管道需要进行电气连接和电阻测试。电阻测试和规格测试只需在粗孔结构中进行。有气体保险阀或终端设有气阀的立管需要进行排气系统测试。

(2)直径对目前立管内部压力和水深设计的限制

柔性立管的设计有两个限制条件,分别是压力和水深。同时,柔性立管也有应用限制。因此,柔性立管的设计为满足压力和水深条件的要求需符合相关的标准和规范(图7-5)。

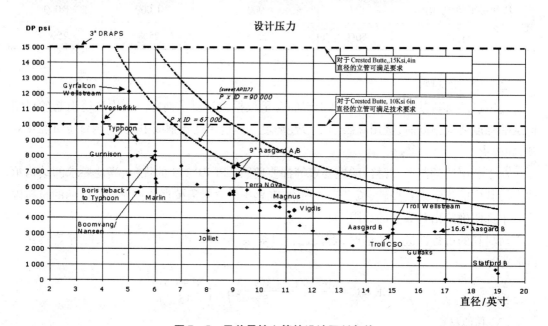

图7-5　目前柔性立管的设计限制条件

图7-6指出了当前柔性立管设计的限制。现有的注水管和最新的合格管道测量都是按照 Remery 程序进行的。图7-6同时指出了内部压力和水深限制与直径间的关系。

通过图7-6可以轻易看出水深和立管直径间的关系。如前所述,随着水深增加或者内外压力增加,内外径比随之成比例增加。

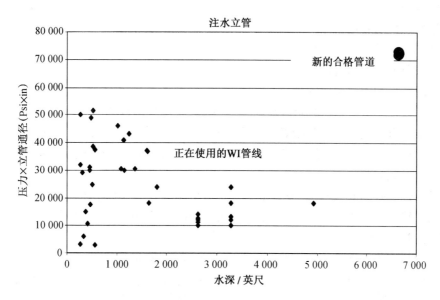

图 7 – 6　注水柔性立管技术限制（Remery et al. , 2004）

五、柔性立管设计分析

柔性立管设计分析的主要任务与前述其他立管相似。

1. 基础设计分析文件

文件应最少包含以下内容：
①主体结构和海底结构的布置图；
②用于立管分析的风、浪、流以及船体运动数据；
③适用的设计规范和公司规范；
④适用的设计准则；
⑤边缘和形管数据；
⑥用于计算静强度、疲劳和干涉分析的载荷状况矩阵；
⑦应用分析方法。
实施柔性立管设计分析时应执行几种类型的分析。分析类型如下：
①有限元建模和静力分析；
②整体动力分析；
③干扰分析；
④横剖面模型分析；
⑤极限状态分析和疲劳分析。
（1）有限元模型和静态分析
进行非线性静态分析时需要建立有限元模型,为了获得较准确的结果,在有限元建模时需要做如下考虑:
①曲率半径的网格尺寸；

②波浪载荷计算中 C_c 和 C_m 的选取；

③边界条件的确定；

④动态分析的时长和步长的设定；

⑤有限单元类型的选择；

⑥阻尼模态和阻尼系数的确定。

很多时候需要进行多次分析，以观察计算结果对这些参数的敏感性。静态分析的目的就在于确定立管布置形式的初始静态形状。静态分析中选择的设计参数一般有长度、重力、浮力以及触地点和水下浮力罐的定位。静态分析阶段中考虑的载荷通常为重力、浮力、内部流体、船体偏移和流载。

对于柔性立管的静态分析，至少需考虑其与船体位置的三种情况：近位、远位和极限远位。极限位置不一定要处于立管平面之内，尤其是在考虑环境的方向性影响时。

（2）整体动态分析

动态分析用来评估立管整体的动态响应。在静态分析阶段已经选择了柔性立管和船体的位置，这一阶段的分析需要考虑一系列的动态载荷情况。许多不同的波浪和流载荷、船的位置和运动、立管内环境载荷等复合成立管的作业载荷工况和极限环境载荷工况，立管整体的可行性评估都是基于这些工况进行的。

在动态分析阶段，船体运动的影响应该与波浪和流的载荷结合，以获得立管的响应。水动力可以用莫里森公式计算，船体运动载荷可以通过模型实验和计算机模拟得到。

由于柔性立管的动态性能都是几何非线性的，所以利用频域分析的结果是不精确的，因此，柔性立管的分析通常用时域模拟。

在精度和收敛满足设计要求之前，应仔细检查动态分析的所有结果。分析时需特别注意选取合适的网格和时间步长。仔细评估对响应特别敏感的波浪方向和波浪周期，以确定最合适的载荷工况。

对于动态分析，海况可以用规则波和不规则波来描述。在参数研究的初始阶段一般都用规则波方法，不规则波分析可以用在最终设计阶段时确定最优化布置的载荷工况。

动态分析中要得到的重要参数有：

①顶部和底部的角度（针对陡峭布置）；

②顶部和底部的有效张力（针对陡峭布置）；

③沿立管方向的最大和最小有效张力；

④浮筒系链的张力；

⑤浮筒运动距离；

⑥浮筒与立管的偏离角度；

⑦最大曲率（最大曲率半径）；

⑧立管间距；

⑨结构物和海床的间距；

⑩触地点区域立管的运动和曲率。

为了防止立管与船在连接点处弯曲过度而设计了弯曲抑制装置，设计该装置时需要知道连接点位置的角度和张力。测量角度时，需要考虑船体相关的自由度运动（如纵倾）。

（3）碰扰分析

实际的海洋平台很少只悬挂一根立管，往往很多不同功用的立管同时悬挂在平台的不同位置,因此立管与立管之间要保持互不干扰,更不能发生碰撞。立管系统设计应该包括潜在立管干扰(包括水动态干扰)的评估或分析。这些干扰包括立管之间的干扰,以及立管和锚链线、键、主船体、海床或者其他的一些障碍物之间的干扰。在立管设计寿命之内的所有阶段,都必须考虑干扰,包括安装、在位、分离以及异常情况。当确定接触的可能性和严重性时,应该评估所选择的分析技术的精确性和合适性。

立管系统应该设计成能够控制对立管或者系统的其他部分造成破坏的干扰问题。

控制立管干扰有两种方法。一种方法要求立管系统在一个可接受的范围内,有一个最低的可能性,立管和其他物体之间的间隙必须小于特定的一个最小值。另一个方法允许在立管和其他物体之间有接触,但是要求分析和设计这个接触带来的影响。

干扰可能发生在立管和任何其他物体之单间,这些物体包括平台、船体或其他立管。如果发生干扰的立管之间差异较大,比方说,尺寸不同、特性不同、海洋生长物范围不同、顶部张力和应力分布不同、边界条件不同、流场环境不同等,这种差异越大,所形成的干扰比同一动态性能立管之间的干扰后果越严重。在具体分析中,要确定冲击载荷的大小和方向。

(4)横截面模型设计

细致的截面模型的建立是为了计算重要的截面系数,比如:弯曲刚度,轴向刚度,FAT 压力等。截面的布置和尺寸的选择是根据管线的功能要求和层结构的选择经验。截面设计计算和检查通常是由制造商用特定的经过实验数据验证的软件完成的。

(5)极限分析和疲劳分析

线材和管材的应力是在设计压力下进行计算的。极限响应分析根据规则波理论来判断张力和循环角等。横截面模型用于疲劳分析。

2. 设计评审

设计评审包括对全局配置、锥形孔设计、碰扰和疲劳设计等的检查,在一些特殊的情况下,也要检查柔性油管的屈曲和稳定性。通常来说,考虑到柔性立管所用的材料,柔性立管的细节设计是由供应商来完成的。如前面提到的一样,第三方,也就是立管工程公司,负责对设计进行校正和修改。

六、建造、安装及连接要求

1. 建造要求

管道系统的建造需根据相关的说明及操作规程。

海洋工程管道是安装在海床上的,建造过程需要精细的管理。为了保证管道系统的完整性,必须谨慎地设计、实施和监控安装作业。需要对施工过程中如下基本变量的容许范围作准确定义:

(1)管道张力;

(2)管道偏移角;

(3)布置过程和临时弃船时的水深;

(4)回收;

(5)完工。

建造程序应该反映出连续铺管操作的允许极限，修正、临时报废极限，以及对可能的破坏的补充监测条件。

在管线制造过程中，制造工人应该有足够的对自身和管线安全的责任感。

2. 安装要求

金属立管可以由浮式生产系统（FPS）或者浮式钻井架、施工船（浮式起重机）以及拖拽和直立方式来完成。

在操作阶段，需要准备立管安全布置操作流程预案。

为了铺设管线，我们需要一些特殊的工具来对立管进行连接、升降和支撑。另外也需要对压力进行测试和检测的工具。

安装方法必须满足足够的"气候窗"来实现其操作，还要考虑意外事故的处理、安装的推迟和返工。

（1）安装分析

安装分析应该考虑一些偶然情况，分析中应该用最大载荷。如果用到张紧轮，在不违反管的设计标准情况下，应该校核最小和最大的张力载荷。最小张力载荷应该比要求能够阻止管的滑移载荷大，定义如下：

$$F_{\min} = \max\left(\frac{T}{\mu_1}, \frac{T}{\mu_2}\right)$$

式中　$F_{\min}$——支撑立管的最小张力载荷；

T——立管上的最大载荷；

u_1——外部套管和张紧轮衬板之间的摩擦系数；

u_2——外部套管和它下面的装甲层之间的摩擦系数。

（2）监控

海底情况需要经常由潜水员或安装在 ROV 上的摄像机监控。为了便于安装完成后回顾海底运动情况，需保存监控录像。录像需要识别所有可视的标记，证实铺设模式和布置形式，栓结法兰、连接件、限弯器以及浮舱的情况，所有的录像需要被保存在独立的文件中，并且每个文件需要单独标记以方便保存和检索。

（3）卷筒安装

卷筒在任何时候都应与滑道布置在同一直线上。滚子、单点附件或其他附属件都不应为立管结构引入非常规载荷。此时，可利用立管倾斜装置使立管曲率达到要求。尽量避免单点接触，对接触点的载荷进行计算以保证作业中不会引入非常规载荷。

（4）卡盘式安装

卷筒式安装的方法及建议同样适用于卡盘式柔性立管的安装。

（5）盘卷式安装

除非储藏带可以用于安装，否则储藏带需要被临时的展开钻机替代，优先于船外线圈的展开。适合的时候，柔性立管需要被缠绕在旋转货盘上，同时，释放井架需要有一个合适的旋转接头。起重机应缓慢地将立管升至水平位置，使其内部所有弯曲旋转释放。潜水员不可以用锋利的工具移动临时的铺设井架。

（6）非盘卷式安装

非卷圈式柔性立管需要用多点提升的起重机升至船外。如果使用船外的沟槽和卷扬机,应确保柔性立管及关键部件不会遭受损害。管道也可以直接放在甲板上或将一端挂起。在这种情况下,安装程序应确保不超过 MBR 标准。

(7)展开及连接

展开过程中的载荷和变形应符合允许极限。安装过程中需要监测弯曲半径,或是安装方法和铺设参数的设计能够确保不超过最大曲率(MBR)标准。例如,当用 ROV 监测触地点(TDP)时,使用转发器保持最小的距离修正,以保证立管的构造符合 MBR 标准。如果可行,牵引键(或使用薄弱连接)应在立管因遭受过大张力持续损坏前断开。当考虑牵引的最大摩擦力时,在利用钢管或 J 形管铺设过程中,柔性立管不可以承受过大的张力,这一过程需要后张力。

连接顺序的制订应考虑到在无口法兰移走后,极少量的抑制钻井液遗失的情况,除非在连接后马上使用含抑制钻井液的驱油。总的来说,柔性立管不可以放置在周围有物体限制其移动的区域。但是当程序、仪器和柔性立管经过特别设计,这种情况也被允许。当存在冲刷问题时,冲刷垫的使用应优先于物理限制。

建议出油管与终点在主铺设方向上直接(如井口或管汇)垂直连接。这样允许管线有超量的长度和扩张量吸收连接处的终端环路。在出油管长度考虑不足时可能会用到终端环路。

(8)挖沟及埋藏

如果已经安装的柔性立管需要被埋入柔软的海底,需要安装立管跟踪设备以备日后寻找其路线。当埋入的柔性立管遇到坚硬海底沟道,或是穿过海沟中的巨石,需要有合适的沙袋或者其他方法使管道顺利通过锐利边缘或是拐角处。这种情况下会违背 MBR 标准,管道的外护套可能发生损坏。

(9)船及设备

船及设备需要保持良好的运转状态,移动前需进行检测。需要校准所有的测量工具,特别是测量载荷的工具。所有起重设备都需要有合格证明。

当管道的张力分布在张紧装置上时,需要由卷线盘传动装置、固盘传送带传动装置、安装程序及控制系统控制管道的张力。

柔性立管安装过程中,安装船需要如下控制设备:

①用于布置立管的 ROV;

②确定顶部最大张力的张力测控设备;

③确定偏移角大小的设备;

④对履带张紧装置的压缩载荷测量。

(10)安装程序

每根立管的安装程序由系统配置和每根立管独立的组成元素决定。在这一节的安装程序举例中,展示了在船外滑道水平安装的例子。同样,也可使用垂直安装。其简图分别参见图 7 - 7 和图 7 - 8。

柔性立管安装时可能采用注水、自由灌水或不注水的方式。制造和安装承包商需要决定安装条件。一些管道可能需要采用注水或自由灌水安装,以防止坍塌,保证其稳定性。考虑到这一点,骨架材料(粗镗孔结构)的选择需要制造商给予确认。

在决定使用何种方式安装立管时,需要考虑的因素有:立管连接前的预安装;需要安装的辅助部件的数量和大小,包括浮力块;地基形态及锚泊系统(重力锚、桩锚、吸力锚);连接系统,如立管及注油管的连接;极限环境情况(安装环境);其他安装系统的界面,如系泊线;

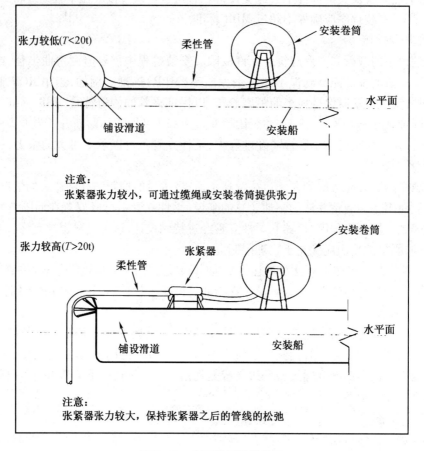

图 7 – 7 水平放置铺设简图

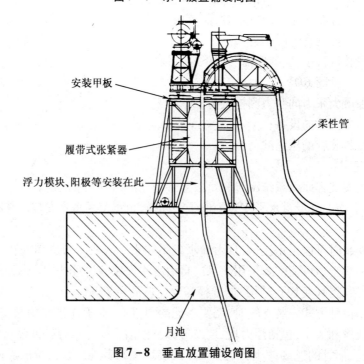

图 7 – 8 垂直放置铺设简图

是否需要潜水员帮助;安装船的需求,包括数量、大小、移动及复位的花费;挖沟及保护需要;捆绑式或多重管线的安装;水下及上建的操作,尽可能找出进行陆上安装的原件/设备,减少离岸安装的操作;ROV 控制。

(1)出油管

图 7-9 展示了典型柔性立管出油管安装程序。出油管应与出油管起始基座附近的桩或重力块相连,并一直铺设到终结基座。最终铺设好的出油管应有一部分备用长度。充气浮力单元连接于出油管终端,与出油管基座铰接。图 7-10 展示了使用 J 形铺管法的柔性立管出油管安装过程。对 J 形铺管法,需要预先在低锥形孔处使用密封塞,以防止防腐液流失。

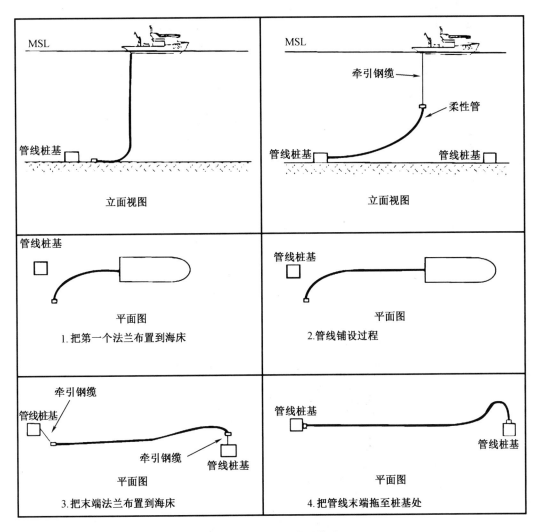

图 7-9　典型出油管安装过程

(2)立管

图 7-11 至图 7-15 分别展示了典型柔性立管形状的安装步骤,包括低弯度 S 形、高弯度 S 形、懒波形、陡波形以及悬链线形。这些图展示的是柔性立管在一端连接于船尾时的安装形式。这种方法不一定适用于所有情况,而且其顺序可以颠倒。图中的船简单地代表了

半潜式钻油平台,但并不代表实际安装情况。安装者通常习惯于分别安装各部件。

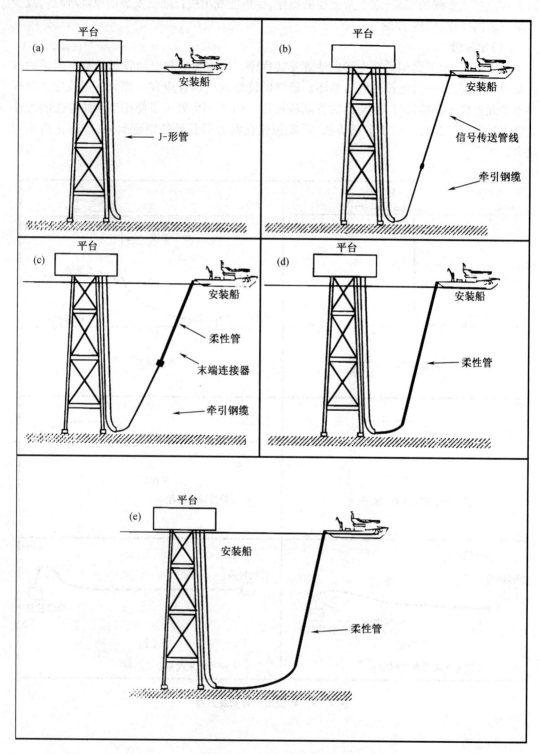

图 7 - 10　J 形管铺设过程

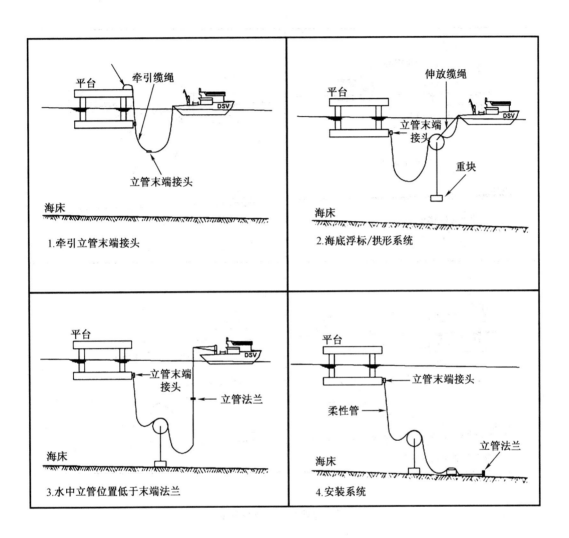

图7-11　低弯度S形立管安装步骤

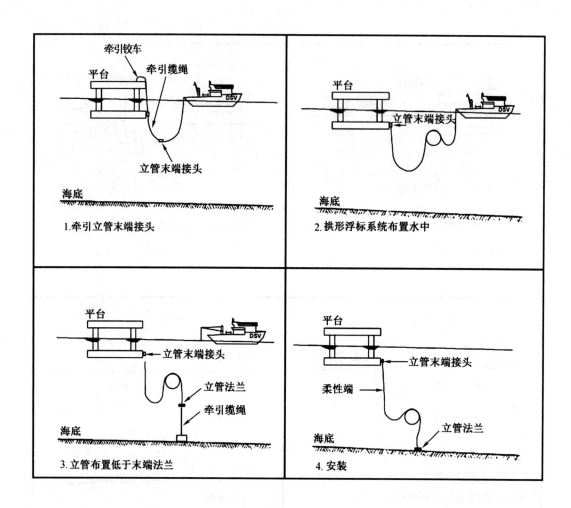

图 7 – 12　高弯度 S 形立管安装步骤

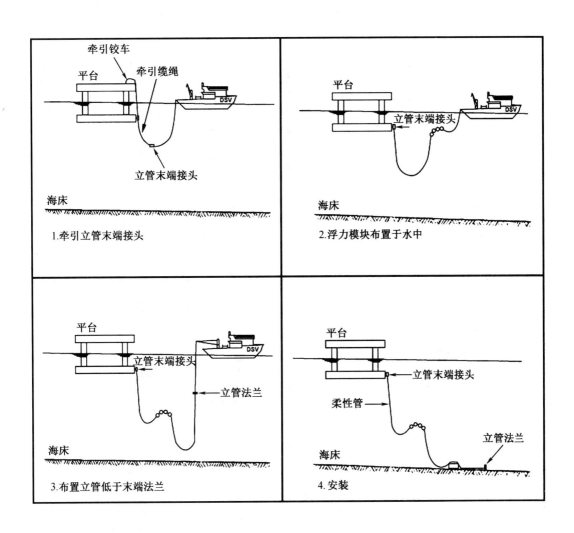

图 7 - 13 懒波形立管安装步骤

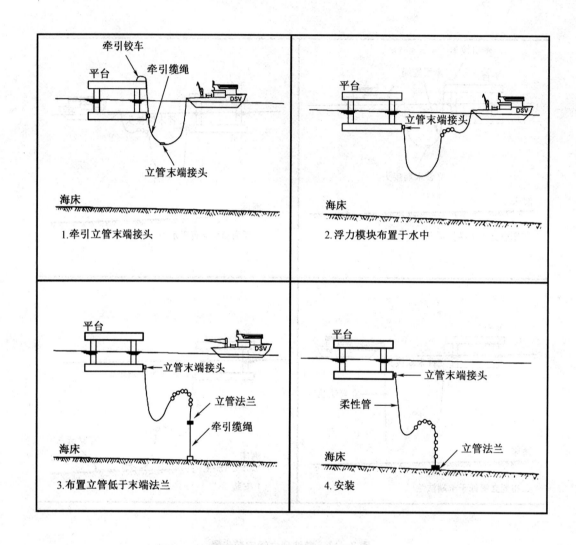

图 7 – 14　陡波形立管安装程序

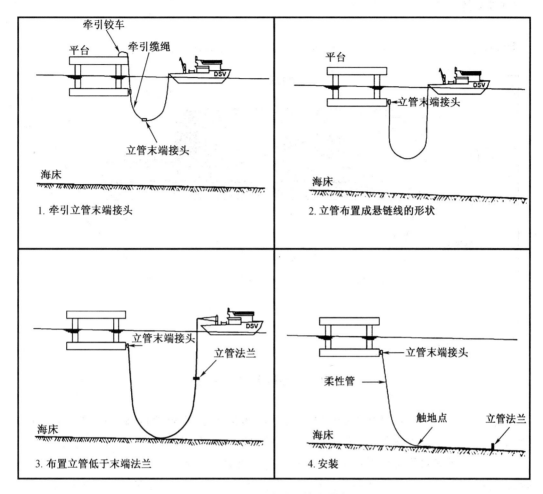

图 7－15 悬链线式立管安装步骤

3. 连接要求

柔性立管的连接要求与钢悬链立管(SCR)及顶部预张力立管(TTR)相同。

七、终端部件以及环面排泄孔道设计

1. 终端部件设计和顶部加强筋(锥形口)

终端设计在整个柔性立管设计中十分关键。管件的主要功能是将作用在立管铠装层上的载荷转移到船体上,同时协助聚酯层阻隔流体,起到密封作用。

设计安装终端部件需要考虑许多重要因素及步骤。对于压力保护层和密封圈的尺寸、压力铠装、扭转螺栓的设计,需要严格控制生产偏差,以确保载荷从管线钢制层有效地传递到船体结构上。环氧材料的添加也要恰当地进行,以确保不会产生气孔。环面出气孔的正确定位和运行对于确保环面内无气体混合物存留是非常重要的,图 7－16 就是一个典型的终端部件系统形式。

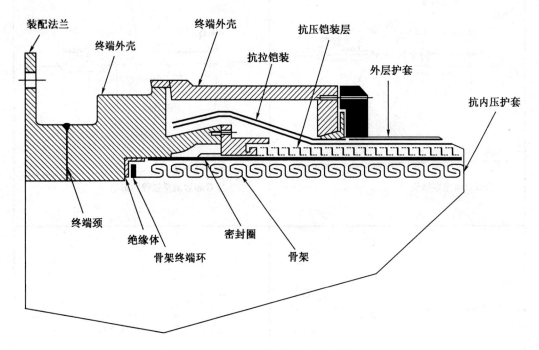

图 7 – 16　典型的终端部件系统

立管中发生疲劳损伤最严重的位置通常是顶部悬挂点,在这个区域可以利用加强筋或者锥形孔防止发生过度弯曲,利用二维有限元模型进行曲率和锥形孔的详细设计分析。

通常用二维非对称锥形梁模拟弯曲加强筋,二维梁单元模拟管结构,管子和加强筋之间的接合可以用一个二维的普通链接件代替。在分析中还需要考虑弯曲加强筋的非线性应力应变曲线和非线性挠曲滞后回线,如果使用锥形接口,通常会采用刚性二维实体单元。

在总体动态分析中,对于每一个载荷情况,通过了解顶部张力和模型底部的角度的大小,进而得到沿着柔性管的曲率分布情况,如图 7 – 17 所示。

2. 环形通气系统

随着时间的延长,中心管道的液体就会穿过内部聚酯层渗透到管子环形空间内,这些渗透的气体有水,CO_2 和 H_2S,它们的存在会对钢结构层产生不利的影响,水和 CO_2 会在压力层和抗拉铠装层引起常见的腐蚀或者孔蚀,水对于刚性立管的疲劳寿命存在不利影响。H_2S 还会引起氢压诱导的裂化(HIC)和硫化物应力腐蚀开裂(SSC)现象,因为温和环境工作的管子可以使用高强度拉力钢材(在酸性环境就会遭受腐蚀影响),因此在设计阶段,这种化合物的集中分布现象需要加以评估以达到标准。

渗透性气体除了对管子钢结构层产生腐蚀和疲劳影响外,对环面产生的压力还会造成内部聚酯层的塌陷,如果核心管的压力突然降低(如紧急的系统停车),这些气体产生的环面压力就可能比核心管压力大很多,导致内部聚酯层的塌陷变形、丧失流动完整性和管子的失效等。设计的钢质内壳需要抵抗这部分环面压力引起的塌陷变形,然而,也存在没有内壳结构的管子,特别是输送非烃类物质的管子,这种类型管子的失效模式已经在柔性立管中发

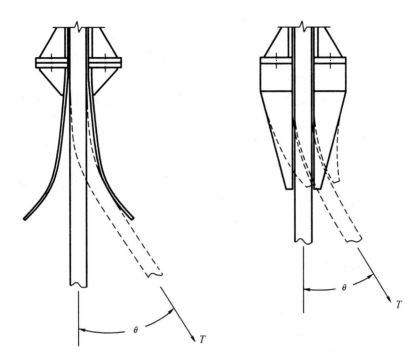

图7-17 锥形接口和加强筋位置曲率分析的总布置图(Zhang et al., 2003)

生过。

为了预防这部分渗透气体在环面的堆积,通常在管结构中设计一个排泄系统把气体排到大气中。排泄阀安装在两端,配合管子的总体布置,直接和环面相连接,设计时要求在30~45 psi预置压力下正常工作。安装在水下结构末端的排泄阀需要进行密封处理,防止海水进入环面孔隙内。

八、阴极保护的要求

柔性立管已经在管子内部安装了阴极保护,因此不需要在立管系统中再次安装阴极保护系统。

九、免潜水技术连接系统

是否需要潜水技术来支持安装取决于如下因素:
(1)安全考虑;
(2)水深因素;
(3)管理结构的要求或者规范;
(4)连接操作的可用空间,如果有许多立管需要连接到转塔上,可能就没有潜水空间;
(5)经济因素(免潜水连接设备成本很高);
(6)环境条件;
(7)设备的可靠性(技术风险);

（8）进度要求,如免潜水操作耗时更短。

在较远的水下和深水安装中面临各种挑战和问题,其中,连接是一个需要认真考虑的重要问题,包括水下管线和出油管与采油树的连接、各种接头形式、跨接管线的安装、可收回油嘴连接以及其他的垂向和水平的连接形式等。

免潜水连接件包含三个铰接夹紧单元,它们紧紧环绕在夹紧部位的配合轮毂周围,丝杠是由 ROV 的控制工具操作的,通过将轮毂拉到一起(中间带有密封环)形成高性能的金属间密封结构。比较特别的是,即使存在高达 5 度的偏斜或者两英寸的轴向偏差,连接件也能保持在轮毂周围,有效地保证水下连接件安装的顺利进行。设定的角度和轴向裕量对增加目标安装区域的空间(对于应用滑车引入系统后难以实现精确安装的情况有明显的改善)是很重要的,裕量的选择取决于轮毂配合件的构造形式,有利于最后的接通校正和结合工作的进行,能够尽量减少安装时间和成本消耗。

十、与浮体的连接

柔性立管的顶部可以悬挂在支撑结构的内部或者外部(如平台、油轮、半潜结构等)。在外部连接形式中,立管可以连接到与浮筒同一水平高度处水线以上的管系中,或者悬挂在上部甲板位置;而在内部连接形式中,立管通常是由一个 I 型管牵引,并且悬挂在 I 型管的顶部(如图 7－18 所示)。这两种悬挂结构有很大区别,其中内部连接仅仅需要承受轴向力,而外部连接需要同时承担轴向力、弯曲载荷和剪切载荷作用。

设计立管的悬挂结构时,设计者必须考虑下面的因素:

（1）载荷、空间和短接管段是悬挂系统结构设计中的主要限制因素。

（2）对于内部连接形式,需要考虑 I 型管内部立管的重力。

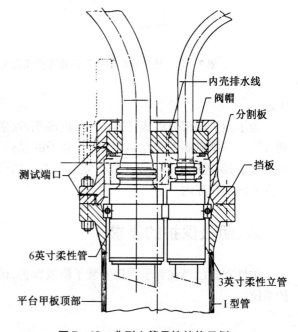

图 7－18　典型立管悬挂结构示例

（3）对于一些悬挂结构,一般在安装期间出现明显的拉伸载荷时会发生临界载荷(包括摩擦)。

（4）在 I 型管根部位置,需要采用限弯器(抗弯器或者锥形口)防止立管的过度弯曲。

（5）通常由 I 型管对限制器提供结构支撑,可能会在 I 型管上引起一定载荷作用,因此在设计时要考虑到所有相关的载荷情况。需要注意,短接管管段(如弯曲加强筋和 I 型管根部之间)的使用可能会导致这些载荷的显著增加,这些在设计 I 型管时也要加以考虑。

（6）有时候,会在 I 型管内的海水中添加腐蚀抑制剂,这就要求在 I 型管的底部进行密封,防止抑制剂损失。另外,立管安装/连接系统的设计也需要考虑到 I 型管密封性的要求,同时必须确保柔性管材料和 I 型管内的腐蚀抑制剂具有很好的兼容性。

十一、延长疲劳寿命的方法

对于柔性立管而言,船体的运动和立管的运动在立管上相互抵消,因此,考虑立管疲劳寿命时,通常只考虑正常状态。同时,当液体没有进入到立管环状空间内时,不必考虑立管疲劳状态。

然而,对于制造立管所使用的材料,需要进行横截面疲劳测试。图7-19展示了横截面动态疲劳测试过程。

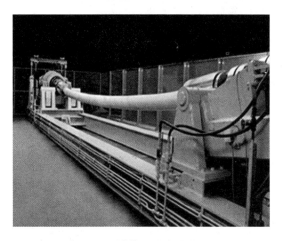

图7-19　横截面动态疲劳测试

十二、(与其他立管或锚泊链间的)干扰分析

如果使用指南系统,可以管理、控制在钻井或生产过程中的立管与周围立管发生相互干扰的危险性,同时,指南系统也可保持完整性。为了保持干扰风险在可接受的范围内,还需依靠现场工作人员在设备开启及运行过程中仔细监控环境状态的变化并考虑工作中立管有掉落的可能性。总的来说,在运转和回收过程中,由于接近井口的操作十分危险,操作者需要关闭周围的井口。

如果使用没有指南的系统,需要关闭更多周围的井,以确保再进入操作时定位系统的失效不会损害周围正在工作的井。

无论是否使用指南,需要认真考虑作为连接器用于连接井口的稳定和导向立管的 ROV 和卷扬机。当出现可以导致立管发生明显水平偏移的深穿透海流时,特别是在部署过程中,应减少立管的工作操作以避免对周围的立管和井口产生潜在危险。某些情况下,即使有横向锚泊系统或者动力定位系统,也很难安全地操作立管。

需要仔细考虑有海流和无海流情况下锚链的断开,以避免伤害周围的井口和立管。通常实践情况下,为了使立管在脱离连接时可以迅速自由摇荡,下部连接器的立管倾角需要远离周围的井。

干扰出现在相连立管或者非相连立管的水柱上时,设计队伍在指挥操作前首先要认真分析所有参与的情况。深穿透海流出现时产生的干扰对相邻立管的张力分布、附属物、浮力等十分敏感。由于流体动力阻力、张力及重力的较大差别,与生产立管相邻的钻井立管会产生复杂的情况。动力性能大不相同的立管在强烈的流或者风暴中产生的响应频率及相位不同。

某些情况下,没有 TV 或者 ROV 的帮助,很难检测出立管水柱间的相互干扰和碰撞。当需要在水柱中进行接近配件的检测时,需要很多种检测手段。

第八章　混合式立管

一、引言

这一章重点介绍两种混合式立管,分别是独立式混合式立管和集束式混合式立管。

1988 年,CooperCameron 公司最早于 Green Canyon Block29(GC29)油田应用混合式立管作为深水生产立管,其工作水深为 469 米。1995 年,Enserch Exploration Inc 和 Cooper Cameron 公司在墨西哥湾的 Garden Banks388(GB388)油田再次使用这种系统,水深为 670 米。GC29 的第一代混合式立管由钻井船在中心钻井处安装。

混合式立管转塔系统在 Girassol 油田(安哥拉的离岸工程,于 2001 年运营)中验证了它的价值。在 Girassol 油田,三个 HRTs 成功安装在水深 1 400 米处。图 8 - 1 展示了 Girassol

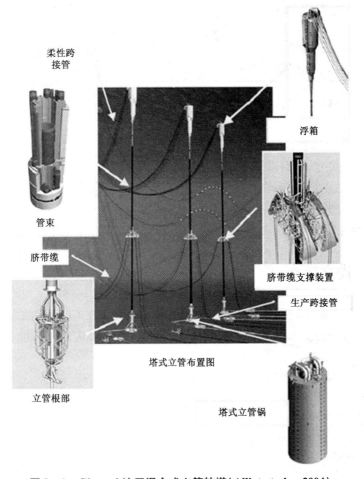

图 8 - 1　Girassol 油田混合式立管转塔(Alliot et al. , 2004)

油田的开发图。第二代 Girassol 油田的混合式立管是集束式的,在岸上制造,经拖运采用垂直安装。

　　使用混合式立管的一个优点就是便于清晰合理地安排海下布局,如图 8 – 2 所示。

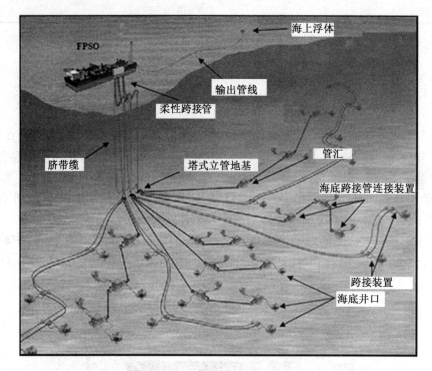

图 8 – 2　混合式立管转塔及水下油田布局(D'Aloisio et al. , 2004)

混合式立管设计内容包括:
(1)确定主要尺寸、材料以及混合式立管材料的估算单(MTO);
(2)确定浮罐、立管锚、柔性跳接软管、刚性跳接软管的尺寸、材料、外形、重力及张力;
(3)绘制设计图。
本章将主要介绍立管的基本组成部分、立管设计分析及安装、液压试验及监控。

二、混合式立管概述

近些年,混合式立管的系统及其部件的技术有所提高。在 Girassol 的发展中,提出并应用了集束式立管的概念,而 Kizomba – A 和 Kizomba – B 油田应用了独立式混合式立管的概念。

最新的混合式立管概念包括如下主要部分:
(1)立管基础;
(2)立管基础短管;
(3)顶部和底部过渡形式连接;
(4)立管横截面;
(5)浮力筒;

（6）浮力生产系统的立管顶部与挂起点间的柔性跨接管。

集束式混合式立管及独立式混合式立管具有如下特征：

（1）对疲劳不敏感；

（2）在安装浮式装置前进行预安装；

（3）立管与浮式装置运动解耦；

（4）根据立管载荷将出油管隔离；

（5）立管具有足够的柔性；

（6）回收时不会影响其他出油管。

Fisher 和 Berner(1988)提出了关于首个混合式立管系统工业设计、测试及安装的细节内容。关于混合式立管系统的主要细节内容包括：

（1）用于将立管固定在基座上的套筒连接器　连接器的设计使得其拥有 100 年的风暴抗弯能力(6.4 百万磅/英尺)。连接器的上端为一栓结法兰，与应力节相连接，在连接器装入钻机前安装。连接器运行时通过软管脐连接至立管，与之后安装的捆绑立管相独立。

（2）承受弯曲力矩的钛制应力节　应力节提供立管连接器与最底部立管单根间所需的弹性以及应力衰减。

（3）立管节点支撑的出油管　立管节为生产、环状空间、出油管提供支撑。结构构件长15 米(50 英尺)，直径42 英寸，管壁厚度为0.75 英寸，在每个的尾端焊接有带 24 颗螺栓的法兰。

（4）上端"自由"但保持位置固定　半潜式钻井平台使用立管上端连接包作为刚性立管和柔性出油管跳接管接口点。

（5）立管管理系统"控制站"　在极端海况中，立管管理系统保证立管与船体间有 49 米的警戒圈。立管受海流影响，而船受到风力作用，所以立管和船具有不同方向的运动。

1. 立管基础设施

有两种可行的立管基础设计：销钉连接基座，这种连接方式允许立管自由旋转；固定立管基座，不允许立管自由旋转。

（1）销钉立管连接基座

销钉式立管基座是一种常见的立管基座方式，其优点是不会在基座处产生较大的力矩。这一设计容许了合成橡胶弹性元件的转动刚度，类似于张力腿平台的基座形式，是一种有效并且易于安装的方法。到目前为止，这一柔性的单元完全是为了结构上的目的而设置的，并不作为流体流经的通道。它的主要缺点是会影响基座上的跳接管的设计。在这一布置中，基座上的跳接管必须能够适应立管和出油管终端间的不同角度的变化。为使基座轴线达到必要的柔韧度，需要能够支持多种流动弯曲的较大的流动轴。

这一基础结构包括钢制吸力桩(或重力基座)，用以支撑安装混合式立管的辅助设备(如推力绞车)和弹性元件。见图 8 - 3 和图 8 - 4。

吸力桩有一个大直径的圆柱体，上端闭合，下端打开，通过流体静力穿透海床。在水下时，吸力桩底端通过其自身重力穿透海床，通过水下 ROV 控制泵，抽取内部的液体，降低内部压力，使其密封于海底。通过这种方法，吸力桩内外形成不同的压力，称为吸入压力，这一压力差导致吸力桩穿透海底。

此外混合式立管也可使用一个重力基础或一个重力吸力混合式锚(或植入式锚)。

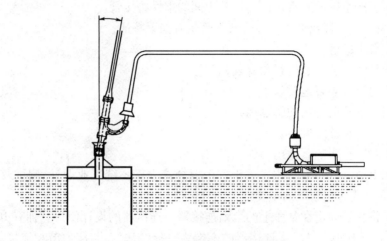

图 8 - 3　销钉连接立管吸力桩原理图

　　塔架安装在基础结构上,底部建议采用旋转门闩式的连接器(见图 8 - 5),由 TLP 系泊技术可知,这种连接器可以允许产生与传统柔性节点类似的旋转。

　　(2)固定立管基座

　　第二种立管基座是将立管基座固定在地基上,以阻止立管与地基间的相对转动。这与顶部张紧 Spar 及 TLP 立管中使用的方法相似。

　　该方法的缺点是会导致立管与基座交界面产生较高弯曲力矩,这些载荷必须作用在高完整组件上。在海流大及偏移大的海域中,需要使用锥形连接器。该方法的主要优点是可以消除立管和出油管终端间的高比例相对位移,可以简化复杂的跳接管设计。

图 8 - 4　销钉连接立管吸力桩

　　上述两种设计方案已经在现有的和设计阶段的独立式立管中应用,而固定式基座的应用越来越广泛。其中包括很多原因,包括合同和技术方面的限制,但是主要原因在于吸力桩在 FPSO 和 FPS 系泊设备的应用中比较成功,而且建造相对容易和便于安装。设计者对于吸力桩的青睐使得立管根基设计逐渐采用固定式方案,因为吸力桩结构承受高弯曲载荷的能力较差,而这可能会低估在跳

图 8 - 5　销接立管基座的旋转门闩式吸力桩

接管设计上的附加复杂程度。

2. 立管根基轴

对于一般的固定式立管根基,柔性元件孔座结构有利于优化根基位置集束式连接的设计。

在混合式立管的底部,可以设置 Y 型锻造三通器结构:

（1）垂直剖面连接到弹性元件上;

（2）横向的分支末端通过以 Cameron 垂向连接的形式接到刚性跳接软管轴上。

线轴的设计允许混合式立管根基和流体管线之间有相对位移,这些位移可由流体管线热涨或者立管根基位置的角度运动引起。对于固定式立管,立管根基线轴的设计会因为底部固定而比较容易。

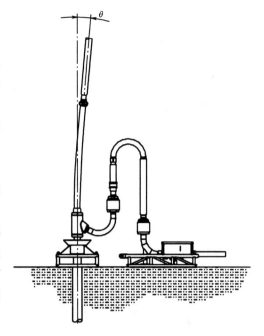

图 8-6　带有固定立管连接器的射水沉柱

3. 顶部和底部过渡锻件

立管底部的过渡锻件连接标准立管和流体管线轴,采用一个 3 m 长的增厚截面短管,为立管管系和立管顶部的高刚性结构之间提供过渡。与管道轴相配合的法兰连接器将柔性跳接管和标准立管连接在一起。

4. 立管横截面

在描述立管横截面结构时两个最重要的参数是壁厚以及防腐涂层和阳极。

（1）立管壁厚

壁厚的设计需遵循 API RP 1111 规范中的破裂和失稳标准,决定壁厚的主要设计载荷是:

①作业工况下,立管顶部的内压和轴向张力;

②关闭工况下,立管底部的外压和轴向力,除了内压（外压）之外,还应考虑浮力筒的张力、重力和热效应载荷。

（2）防腐涂层和阳极

镀层是保护外部立管的基本防腐措施,通常选择厚度不小于 0.45 mm 的熔接环氧树脂（FBE）作为钢管和线轴的防腐蚀保护结构。

还可以利用阴极保护（CP）进行二级防腐蚀处理,使用链型的 Galvalum III 和铝作为牺牲阳极。在详细设计阶段,阳极材料的工程量（尺寸和间隔）需要依据 DNV RP—B401 规范的要求进行设计。

5. 浮力筒结构

立管系统通过填充气体或氮气的浮力筒靠其浮力提供张紧力,浮力筒内部有很多被横舱壁隔开的单独舱室,每个横舱壁板的底面都布置许多加强筋加强结构。浮力筒在外部水压作用下保持压力平衡,对壁厚有最小限制要求。遇到紧急情况时至少要有一个内部舱室是充水的,在其他舱室失效的情况下,紧急舱室可以通过排水方式保证提供给立管足够的张力。图 8 - 7 所示为充氮气的浮力筒,图 8 - 8 所示为浮力筒内部示意图。

图 8 - 7　充氮气的浮力筒

通过浮力筒中心的立管是结构的主要部件,这个立管通过一个负荷肩连接浮力筒的顶部,可以将张力直接传递到立管束上。

设计钢制浮力筒需要满足如下功能要求:

(1)可以支撑混合式立管的净重;

(2)可以提供足够的张紧力,维持立管的动态平衡;

(3)限制立管在静平衡位置时的最大角位移。

图 8 - 8　浮力筒

浮力筒的系链由系泊线组成,其两端具有一定弯曲刚度,系链将浮力筒的响应与立管塔的响应分离,可以有效地减少疲劳影响。

6. 柔性跳接软管及与船体的连接装置

柔性跳接软管的作用是从立管向船体输送液体,在鹅颈处和船体终端位置使用弯曲加强装置限制跳接软管的弯曲半径、跳接软管的属性在很大程度上取决于立管的服务、清管和绝缘要求。鹅颈结构如图 8 -9 所示。

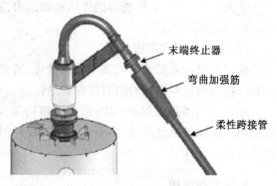

末端终止器

弯曲加强筋

柔性跨接管

图 8 - 9　鹅颈结构

　　柔性跳接软管也用来连接立管和 FPS 及船体,设计时要依据 API SPEC 17J 和 API RP 17B 规范。

　　端头部件连接 FPS 终端(I 形管)和柔性立管结构,主要功能有:

　　(1)外部及中间的塑料涂层可密封柔性立管结构;

　　(2)固定抗拉装甲层,确保轴向载荷传递给支撑结构;

　　(3)初始布置和弃管时,方便安装作业。

三、混合式立管尺寸

　　立管尺寸的确定:

　　(1)系绳的张力等于设备张紧能力;

　　(2)平均浮力等于生产模式下中性悬浮状态所需要浮力;

　　(3)顶部气罐可以提供足够的浮力确保立管基部处于拉伸状态;

　　(4)柔性跨接软管的长度要允许立管和平台在最大漂移位置时具有相对垂向移动。

　　混合式立管的尺寸及布置中的关键因素包括:

　　(1)总体布局,底部的布局,悬挂点位置及间隔;

　　(2)总布置图

　　——确定立管厚度;

　　——立管顶部安排　跨接管终端部件的特点和几何尺寸、浮力筒的几何形式;

　　——立管底部构造　锻造形式和基础结构;

　　(3)浮力筒和吸力桩的尺寸;

　　(4)通过套筒连接器连接在输气管线上的刚性跨接短管的(位于立管底部)尺寸。

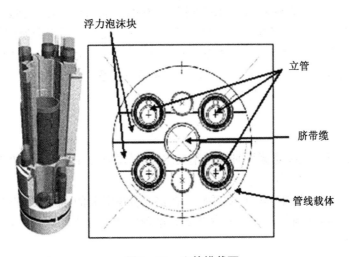

图 8-10　立管横截面

1. 立管横截面

　　本节描述了混合式立管横截面的基本尺寸。

　　立管的壁厚要依据 API RP 1111 规范中的爆裂和失稳标准进行设计。管系材料的购买、建造和生产都要依据 API 5L 规范要求。

在混合式立管的设计中需用到以下数据：

(1)水深；

(2)设计压力,水力测试(内部)压力是对应设计(内部)压力的 1.25 倍；

(3)水面和海床位置的海水密度；

(4)设计压力下的立管控制密度；

(5)设计工作寿命；

(6)选择的钢材料等级和质量密度；

(7)腐蚀余量和绝缘要求；

(8)在完整性条件以及一条管线破损条件下,对应的船体最大许可位移与水深的百分比；

(9)20 年后浮力筒中泡沫浮筒的渗水量假定为初始顶部张力的 $X\%$。

对于作业中的立管顶部以及完全关闭时的立管底部两个位置,必须要确定顶部最大张力,依据 API 2RD 规范等效应力必须在许用应力范围内。API 5L 规范中的壁厚和直径尺寸要比 API RP 1111 和 API 2RD 中要求尺寸略高或相近。

如果最大的设计温度不高于 121 ℃,依据 API RP 1111 规范在壁厚计算中不需要考虑温度降级系数。

在计算需要的钢管壁厚时需要依据 API RP 1111 规范的如下准则：

(1)液压测试下的管子爆裂强度标准；

(2)作业时管子的破裂强度；

(3)管线安装时的破裂强度。

无缝钢管可以用作立管管系。双向埋弧焊钢管(直径通常不小于 18 英寸)具有价格优势,相对 API 1111 破裂应力校核标准,使用这种方法的破裂系数更小。在这种情况下双向埋弧焊钢管成本几乎和无缝钢管相同,因此在混合式立管设计中通常会使用无缝管形式。

钢管需要承受集中径向应力、轴向张力和外部(内部)压力作用。采用应力利用率系数,可以证明 API 2RD 规范中的等效应力标准满足输气立管。应力利用系数通常用于海床附近(完全关闭状态)和立管顶部(最大运行状态)。

2. 浮力筒的尺寸

进行浮力筒设计时需要考虑两种设计情况,分别是基础方案(水下模块式泡沫浮筒)和备选方案(压缩氮气式钢质浮力筒)。

基础方案中,通常使用矩形模块式浮筒来提供立管塔需要的浮力,这些浮力筒通过锁链或者横梁结构连接,成本通常比备选方案要低。这种形式的浮力筒由标准的轻质结构钢制成,方便储存运输。

备选方案中,浮筒和吸力桩的钢材料选择必须分别符合 API 中的 2B 和 2H 规范要求,其中列有关于轧制钢板和结构管系材料的细节说明。

设计时可以用带有适当浮力和阻力特性的管单元来模拟浮力筒,设计时应注意的事项包括：

(1)进行尺寸优化以使阻力最小和浮力最大；

(2)内部隔舱的尺寸和数量；

（3）一舱或多舱破损时的浮力储备；

（4）压载控制系统；

（5）工作时的张力监测；

（6）与立管的连接方法。

在设计浮力筒时要依据以下的设计标准：

（1）提供足够的浮力,满足立管塔的静态和动态平衡。工作状态下为保持立管塔根部的横倾角在许用范围内,浮力筒和在某一塔截面位置的隔离泡沫要能够在立管塔锚处产生至少 5 292 kN 的顶部张力。

（2）设置通道使立管管系通过钢架（I 型管）延伸到浮力筒顶部。

（3）能够为跳接软管、顶部管筒以及相关的连接器提供支持,必要的话,进行顶部管筒和跳接软管的安装和替换时,在垂向要能够方便地接触到连接器。

（4）在钢罐和立管塔之间要有过渡结构。

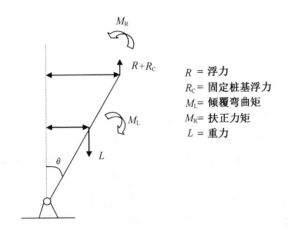

M_R

$R + R_C$

R = 浮力
R_C = 固定桩基浮力
M_L = 倾覆弯曲矩
M_R = 扶正力矩
L = 重力

M_L

L

θ

图 8 – 11　混合式立管的受力图

浮力筒在设计寿命内需要提供足够的顶部张力,整体的顶部张力是底部最小张力、管线及覆层和设备的水下重力的总和,通常为防止发生覆层和立管接头的腐蚀引起的重力损失,立管钢结构重力设定 5% 的余量。根据前期工程经验,浮力筒的水下重力一般假定为钢罐重力的 30%（选择结构钢浮力罐）。

设计的浮力筒的围壁和隔离壁（板材钢料）,需能承受安装期间内可能出现的最大内外压力差。

钢罐的外面通常要覆盖油漆,为防止覆层破裂还要安装供牺牲阳极。钢罐的内部也需要涂漆,在内部各个舱之间设置水密人孔,以方便焊接、安装及卸除压载系统和涂漆的工作人员通行。

在浮力筒外部安装侧板以抑制可能发生的涡激振动现象（VIV）。

计算所需要的浮力大小,需要确定安装、就位工况和绝热要求下立管的水下重力。在气罐与合成浮力罐之间必须要达到一个平衡,实现技术与商业上合适的解决方案。

3. 立管根基结构

立管根部通常采用吸力桩作为基础固定结构,此外一些长期根基的方案可能采用重力根基或两者的组合,根基设计主要受到运行时混合式立管净浮力产生的恒定顶部张力的影响,还会受土壤特性、设计载荷、相关安全系数以及安装时的压力变化的影响。

吸力桩的尺寸需要根据 API RP 2T 规范和 API RP 2A 规范进行设计,通常是圆柱形,直径约 6.5 m,壁厚 35 mm 左右。吸力桩的顶部还要预留阴极保护装置、辅助安装结构的空间,如下拉绞车或者安装锚的橇装泵机组等。土壤会产生垂向控制力,包括内部和外部表面的摩擦、吸力桩的水下重力等。吸力桩的设计计算遵循以下方程:

$$W_B + \alpha \int_{H_0}^{H} c \times dA_s > T \times \gamma_f$$

式中　W_B——根基的水下重力;

　　　α——一个系数,考虑了黏土层的重塑(取做 0.4);

　　　H——锚的总长度;

　　　H_0——不会产生土壤阻力的锚长度(考虑管线不会伸进土壤中,取做 1 m);

　　　c——非排水剪切强度;

　　　A_s——同时考虑内部和外部表面摩擦的锚内嵌表面积;

　　　T——最大垂向张力;

　　　γ_f——安全系数(取做 2)。

4. 个案研究实例

Girassol 油田距离安哥拉海岸线 150 km 的海域,水深约 1 400 m,位于 Soyo 和 Luanda 区块之间。这一油田的 14 km 深度内约 10 km 是由渗透性的砂性水层构成的,含有高质量产量丰富的原油。于 1996 年四月勘测到,直到 1998 年与国有石油公司 Sonangol 签订协议后才着手开采,这项工程预计在 2001 年 12 月完工,预算值大约为 28 亿美元。

Girassol 油田的石油生产和输出使用的是集束式混合式立管。Girassol 油田的集束式混合式立管系统包括由 39 口与 FPSO 相连的水下井网络、23 口生产井,14 个喷水装置、2 口用于喷射生产原油过程中产生的伴生气体的井。

表 8 - 1 所列为 Girassol 油田主要立管部件的尺寸。

表 8 - 1　立管主要部件尺寸

立管主要部件	尺寸特征
立管转塔结构	结构总长：1 280 m 安装过程中转塔质量(同压舱浮力筒)约为 34 00 百万吨 在 Girassol 油田沉入水下时产生 6 kg 正浮力(海水密度 1 026 kg/m³)
浮力筒	长：40 m 直径 r：5 ~ 8 m 排水容积：1 220 m³ 安装过程中产生 200 kN 正浮力 空的钢结构质量：350 百万吨 浮力筒压舱质量：1 214 吨

表 8 – 1(续)

立管主要部件	尺寸特征
捆绑立管	外直径 r: 1.45 m 捆绑立管的线性质量:1 654 kg/m 沉入水下时产生 600 N/m 的正浮力
锥形连接	长度: 65 m 质量:100 百万吨 沉入水下时产生 200 kN 正浮力
立管脚	长度: 27 m 质量:40 百万吨 沉入水下时产生 10 kN 正浮力
立管锚塔	高度:23 m 直径:8 m 质量:190 百万吨 沉入水下时产生 1 550 kN 正浮力
脐拱	直径:12 m 质量:13 百万吨

立管转塔是 Girassol 项目的主要创新。每一根立管包括 4 条生产线、2 条输水线或输油线。生产线系在水下生产环路上,清管器可从表面清除沉积在立管内壁上的石蜡,保证液体在管内自由流动。立管转塔半潜于水中,由海岸拖至 Girassol。选择 600 km 的行程以减少拖运过程中受到波浪载荷及恶劣海况中的海流影响。

5. 混合式立管系统主要部件选择

根据 Girassol 项目立管系统,介绍混合式立管系统主要部件选择要点:
(1)优化设计尺寸实现最小拖曳力及最大浮力;
(2)使用带柔性立管支撑台的浮力筒以及鹅颈轴保证流动连续性;
(3)包含生产、喷射、输气及服务立管的 22 英寸钢制核心管道放置于浮块或是绝缘泡沫塑料元件内;
(4)浮力筒及立管束间采用锥形连接及过渡连接件;
(5)使用两个独立的脐带拱形支架,以保证每个塔可以安装最多 4 个脐带;
(6)立管底部结构包括有外螺纹弹簧锁连接器、临时浮力筒和立管形态,通过使用刚性轴法兰以确保静出油管道系统的流动性;
(7)嵌入海床的立管塔锚(RTA),对应弹簧锁连接器的内螺纹接收器,两套用于拖拽塔与锚连接的滑轮机构。

四、柔性跨接管尺寸

输油跨接管用于连接立管和输油管基础设施。输油跨接管使用传统水下技术,需要 5

个用于清管的弯曲直径。

图 8 – 12 展示了柔性跨接管由驳船起吊安装的过程。

用于连接立管顶部与船之间的柔性跨接管的作用是允许立管束与船体间有一定的相对运动。柔性跨接管用于紧密连接在气缸和船体的鹅颈管。新方法使得跨接管可以迅速在钻井船上安装,不必再移动第二艘安装船。严格的海下鹅颈连接可以简化这一安装步骤。

该部分详述柔性跨接管的设计要求,介绍计算作用在浮式生产系统(FPS)、浮力筒锻造部分上的载荷的方法。柔性跨接管模拟两个悬挂点间的独立悬吊锁。

跨接管位于海平面以下 50 米至 250 米,悬挂于 FPS 和浮力筒之间,容易受当地海况影响。尾端相邻的跨接管容易在流体动载荷的作用下发生相互碰损,因

图 8 – 12　驳船起吊柔性跨接管(D'Aloisio et al. , 2004)

此需要检测尾流干扰的尾流屏蔽及尾流不稳定性两种情况。在设计柔性跨接管时,需要考虑柔性跨接管间相互影响。

1. 柔性跨接管干扰分析设计步骤

柔性跨接管干扰设计的第一步是进行事故迭代。在混合式立管系统上执行初始迭代是为了了解跨接管的结构外形,任何两个跨接管间的静水间距不少于平均直径(中心到中心间的距离)的五倍。

第二步是尾流屏蔽分析,需要考虑船的平均位移和海流剖面的影响,这种分析基于准静态尾流亏损模型。随着载荷的增加,需要应用有限元程序,例如 Flexcom, OrcaFlex 和 Deeplines 计算静态系统下的跨接管构型。也可用于定义受尾流亏损影响的跨接管对间的相互影响和下端载荷的减少。局部顺流载荷(以修正阻力系数的形式)有限元分析程序依据变化的拖曳因素决定和更新系统的静态构型。成功的迭代过程分别执行每一个方案直至成功覆盖静态过程。

尾流亏损分析用于选择流向,需要同时考虑嵌入式海流和船体反向位移。这两种情况代表了船体在受风影响时可能出现的情况。同时,跨接管上承受的载荷主要受海流影响。在海水环境中,应用迭代计算得到满足最小间距要求的系统。理想的准静态最小间距为 2 倍直径。

第三步是进行由船体移动引起的不稳定尾流动力分析,确定海流及波浪载荷。

尾流不稳定性计算分为两部分。第一部分是使用有限元程序的相互作用分析和支持定制的电子表格。这些计算用来识别独立跨接管对,下游跨接管放在上游跨接管尾流区内。第二部分使用 MathCAD 及 MathematicA 计算,用来确定跨接管对的相互动态作用。

有限元分析时采用 20 倍规则波周期时长,确保 HRT 系统获得稳定状态响应。这一时

长多于立管系统要求的时长,属于系统要求的标准。之后通过使用定制电子表格,交叉检查稳定状态下游跨接管是否在上游跨接管的尾流区域内。使用最后的规则波的周期重复进行10 次,检查下游跨接管是否移入或移出尾流区内,或其在规则波周期内一直置于尾流区内。动态情况下设计要求的最小间距为直径。

2. 柔性跨接管设计要求

悬链线分析所得的最大张力要小于柔性跨接管提供的最大拖曳力。计算过程需要考虑对跨接管载荷影响最大的海流和 FPS 位移。研究中,混合式立管基础与相关悬挂点位置间的水平距离约 200 米。

FPS 浮式结构、混合式立管跨接管以及跨接管的方位角需要计算两类载荷工况:

工况 1　　FPS 工作在损坏状态(一条锚泊线失效),并且其最大偏移达到水深的 10%。混合式立管及柔性跨接管的工作环境充满外输气体。

工况 2　　FPS 工作状态下最大偏移位置为水深的 8%。换句话说,考虑混合式立管及柔性跨接管充满海水的状况(水文测试或意外淹没)。

针对每一种工况,考虑如下混合式立管位置:

(1)混合式立管中性位置,无 FPS 偏移;

(2)混合式立管远位,即最大 FPS 偏移;

(3)混合式立管近位,即最小 FPS 偏移。

由于没有考虑动态影响,跨接管张力计算结果只是初步结果,需要使用有限元程序计算得到结果。

3. 钢管及柔性管设计比较

钢制立管承受径向载荷、轴向载荷及内外压力。钢制天然气运输立管要满足 API 2RD 相关的应力要求,同时检测海底附近(井口关闭情况)及立管顶部(极限工作情况)管道利用率。

钢质立管本身并不是一个形式上的标准化概念,因为它的各个部件的设计还受到诸多综合因素的影响,如立管直径、压力、水深、腐蚀和流动保障方面的要求。采取较详细的立管形式可以降低结构构造的数目,但可能引起总质量增加和相关浮力要求的增加,导致立管设计的低效率性。

相应地,跳接软管的横截面设计也特别要综合考虑以下因素的影响,如:镗孔直径、压力和流动保障性要求。然而通过广泛的工程实践,有可能找出一些具有相同要求标准的立管形式,这样就可以更加合理地确定某一设计形式的数量。值得注意的是,柔性管调节器通常安装在水面附近,而在工程中,柔性管调节器横截面的设计形式不尽相同,不同的水深情况要单独考虑。

五、初步分析

初步分析要满足两点要求:沿立管的浮力和张力分布;具有涡激振动(VIV)抑制装置。初步分析有以下两步:

(1)静力分析,确定对流和船体位移条件的响应;

（2）时域规则波分析,确定对时变载荷的响应。

分析的结果可作为响应优化设计的指导。

1. 分析方法

在建混合式立管模型之前,需要先了解油田要求并对立管系统进行初步测量,得到以下几点信息:

（1）数量、尺寸、干重、湿重、注水质量、自由流面的压力和函数;

（2）柔性管与 FPS 连接处的水深;

（3）上部立管连接模块（URCP）与水面的距离,在风暴情况时,FPS 与 URCP 的顶部运动不应耦合;

（4）URCP 和鹅颈（gooseneck）的干重、湿重;

（5）URCP 下面的舱室的数量、尺寸、净重量和净举油高度;

（6）带有浮力块的典型立管、采用 VIV 抑制装置的立管、内部气舱,或者加压性质立管节点（如果有的话）的干重、浸没重力、外径和特征;

（7）立管下部应力节和底部立管连接处的干重、湿重和外径;

（8）立管下部应力节的材料;

（9）立管底部与海底井口、管汇或独立桩基连接器处距海底高度。

多数立管分析模块是基于单线性立管的模型分析。因为所有的混合式立管都可以单独建模,这些模型过于复杂,容易产生潜在错误或求解困难,因此用等效的单线性模型来模拟混合式立管的刚性金属部分更为方便。

等效单线性模型通常有以下几方面特性:

（1）质量;所有线性质量,泡沫浮块的质量,内部流体质量（包括在中心的压力气体或者气罐浮力块）,浮块与结构之间所夹带的水的质量,还有外部导向管的质量;

（2）弯曲刚度;所有构件的总弯曲刚度;

（3）轴向刚度;结构构件轴向刚度;

（4）浮块直径;浮块的外部直径,或者所有外层的管结构部分的投影直径;

（5）有效张力;把出油管带来的张力叠加到立管的张力上。

该方法可以用于极限载荷、疲劳和 VIV 分析。

顶部组件建模也用单线性立管模型简单完成。为模拟相应的水动力特性和重力,鹅颈、阀和管线构件都可以用管单元模拟。可用弹簧锁单元模拟绳索,以恰当模拟载荷变化。

柔性管的建模更复杂。从简化建模的角度讲,所有的柔性管可以独立建模。跨接软管可以只建成两个或四个,但具有所有跨接管的质量、刚度和水动力载荷分布。这个方法对混合式立管设计是非常有益的。额外的跨接管可以在后续的分析中加入,为验证简化的方法同时生成柔性管的终止载荷详细设计提供依据。建立顶端模型是为 VIV 分析,整个顶端装置的自由运动会因跨接软管的存在而衰减。采用一个与跨接管提供的转动阻尼等效的转动弹簧刚度作为立管顶端装置的横向约束。

风暴情况会引起曲率的显著变化,而在频域分析中不能准确地模拟柔性管的结构变形。因此混合式立管的频域分析只考虑跨接管的弹簧刚度、质量、阻力和惯性特性等的影响进行等效。

由于受导向管里的外围管运动影响,混合式立管有比单线性立管更高的结构阻尼,它在不同的工况里使立管载荷升高或降低。要量化结构阻尼影响,确定建模时结构变化的敏感度,需要进行参数分析。上述结果比较重要,为确定阻尼等级以及时验证预期的响应,还需要水池试验。

满足用于单线性模型总体分析的全部要求后,在分析结果时需要修改模型进行后处理。各个管的弯矩可根据所有金属管总刚度的抛物线曲率获得。因为管件的惯性影响很小,基于垂向支撑点和关键重心的距离,很容易计算外围管的有效张力。然后用给定高度立管模型有效张力与所有外围管件有效张力和值的差值,作为结构内部的有效张力。这样的计算增加分析过程和分析输出的转换难度。

在外部管件的顶端支撑处,这种补偿修正计算可得出结构单元受压值。与单线性立管系统不同,允许存在受压结构,倘若设计时考虑这种情况,那么在一根或几根管件出现受压情况并不严重。在外部管件的支撑点,为保证有足够的欧拉屈曲强度,必须检查局部的屈曲强度,并且外部管件的横向约束必须详细考虑/设计。

在立管发生横向运动和弯曲时,立管顶部会倾斜,因此鹅颈不能阻碍立管顶部的运动。独立出油管在顶端必须有一个额外的长度来适应出油管和结构立管之间的相对移动。

2. 浮力分布和张力分布的确定

初步的极限载荷分析能指出对沿立管的浮力和张力分布的最低要求。首先应使用绳索设备提供绳索张力,分布浮力与所需的平衡浮力等效。同时上部气舱应为立管提供足够的拉力,并有足够的储备以适应整个立管使用中重力的变化和浮力的损失。

初步分析使用的单线性方法,是根据改良的响应评估起始点参数的快速方法。例如立管本身大角度旋转或横向运动可能表明立管的浮力不足,或者上部气舱过大,或应该降低顶部高度。初步分析的结果有助于确定参数调整的方法,从而进行立管形式优化设计。

3. VIV 抑制装置

初步极限载荷分析之后,应该进行初步的 VIV 分析来决定是否需要 VIV 抑制装置。如果分析的结果显示需要 VIV 抑制装置,就应对立管模型的初步极限载荷进行调整并且进行二次分析。VIV 抑制装置的功能是降低振动和载荷。在深海立管工程中常采用螺旋侧板和翼型整流器两种 VIV 抑制装置。

采用螺旋侧板、整流器或者根据刚性立管的具体情况把两者混合搭配使用,可以显著地降低立管系统的 VIV。许多深海刚性立管在海流条件恶劣的区域容易受高速的环状海流、深层海流和底部海流的影响,都利用螺旋侧板和整流器形式的 VIV 抑制装置。

立管上的整流器也用来使绕立管流动的水流变成流线型,同时减少涡旋脱落和拖曳力。整流器在立管处于接近垂直布置的时候作用最明显,所以,它们经常用于垂向或接近垂向布置的立管上。

湿重较低和张力较低的立管易受 VIV 的影响。为避免这个问题,推荐使用螺旋侧板,因为螺旋侧板能打乱立管周围的流的形式,产生更短更弱的旋涡。与整流器不同,螺旋侧板往往能增大立管上的拖曳力,从而增大干扰发生的可能性,也可能增大在悬挂处或弯曲节点处的应力。这会对立管本身的浮力或应力产生负面影响。而拖曳力增加使船体运动产生的动力响应减小,从而降低 VIV 产生的疲劳。

六、强度分析

在最初的混合式立管系统的工程设计中,Fisher 和 Berner(1988)对应力水平和系统的疲劳寿命进行了设计分析工作。得到的总体结论是整个结构系统应力水平都很好地符合保守设计值。

刚性立管系统的详细设计要求包括:

(1)在一年一遇风暴海况下能够进行钻井和修完井作业;

(2)一个锚链损坏时,能够抵御百年一遇的风暴海况;

(3)沿立管方向的几个不连续点或者立管顶部遭受选择性浮力损失时能工作;

(4)顶部具有解脱能力,以保证立管有效工作。

进行强度分析是为了优化下面几点:

(1)分布浮力的要求;

(2)顶部张力;

(3)绳索张力(如果存在);

(4)基座载荷。

通过优化对上述参数的敏感性分析,研究它们对立管响应的影响。

强度分析基于一系列可能发生的工况,包括:

(1)分布浮力要求;

(2)极限波浪情况;

(3)极限海流情况;

(4)极限船体漂移情况;

(5)风向和来流方向相反的情况。

通常基于构成成分的有效性、成本和安装施工上的考虑来进行最合适的安排。

需要分析的设计细节包括:

(1)对外围管的热损失分析;

(2)对立管本身的管系和到外围管的过渡部分的分析;

(3)鹅颈的设计。

下面介绍墨西哥湾深水 FSO 立管强度设计。

立管设计参照 API RP 2RD 规范。墨西哥湾单管混合式立管的跨接管设计在已知最大张力、最大压强、最小弯曲半径符合工作手册规范时才执行。对于内径为 368.3 毫米(约 14.5 英寸,符合清管钢制部分直径要求)的跨接管来说,规范要求的最大张力、最大压力、最小弯曲半径分别为:2.18×10^3 kN、100 kN 和 4.5 米,用 OrcaFlex 进行立管的动力分析。

极限风暴情况下的强度校核,需要分析空间环流、千年一遇飓风情况下的移动。FPSO 需要计算每种情况下的缓慢漂移极限位移,波浪 RAO 用于模拟船周围的低频率波浪频率运动位移。设计内容包括以外情况(例如锚泊线损坏)以及设计海况。压舱及满载情况也需被校核。

对于单管混合式立管强度设计,需要假设不存在螺旋侧板的惯性系数为 2.0,拖曳系数为 0.7。当使用侧板时,由于系统会有较小的黏性阻尼系数,使用小额拖曳系数进行强度设计将会导致保守的结果和更大的动态响应。

七、疲劳分析

如同其他类型的立管分析一样,混合式立管的疲劳分析包括船体漂移分析、波浪运动分析、涡激振动(VIV)分析和安装疲劳分析,湿拖法安装必须进行疲劳分析。

作用在立管上部的水动力载荷是造成立管一阶疲劳损伤的主要原因,可通过降低立管顶部高度缓解,由跨接软管引起的疲劳问题可以通过增加软管的长度来减缓。

漂移运动可能会在鹅颈处引起显著的疲劳损伤,在这个位置柔性跳接软管连接到立管和根部应力节上。可以通过在选定海况下的立管总体分析方法来计算立管的响应,同时应用 Weibull 统计学分布方法确定长期的应力循环载荷。进行这些分析,必须要认真选取平均漂移量,因为连接到 FPS 上的绳索可能会对船体的响应产生显著的非线性影响。

如果混合式立管是采用控制深度湿拖法,可能会产生显著的安装疲劳问题,因为湿拖法会诱导立管以其固有频率发生振动。因此需要对一系列的波高、周期和浪向进行分析,确定可能引起立管疲劳损伤的情况,此时可以采用模型试验或者全尺度测量方法,这种方式已在 Girassol 工程中使用过。

对于其他的立管系统,涡激振动分析需要考虑变化的海流轮廓形式,包括 100 年一遇的海流数据。总体 VIV 疲劳损伤可以通过每个海流形式以及相关发生概率的形式进行计算。进行前期分析的时候,可以假设没有安装抑制装置。发生振动和未抑制的显著疲劳损伤的区域也可以进一步确定。然后需要选择合适的抑制装置,传统的形式是螺旋侧板,因为它们可以稳定地附着在合成泡沫浮力筒表面。

水下重力和张力较低容易使立管遭受较高的涡激振动疲劳损伤,VIV 分析的目的就是确定抑制装置的安装长度。

图 8 – 13　螺旋形涡激振动抑制轮箍

疲劳损伤沿着立管长度方向的分布可以通过一阶和二阶损伤影响、在位涡激振动和安装疲劳累积的形式进行计算。关键部件的疲劳寿命需要采用断裂力学的分析方法进行校核。每种影响产生的损伤可以用来形成载荷图谱,这些图谱必须要顺次给出,使得它们能够代表立管安装和长期的响应形式。

首个混合式立管系统的疲劳分析中,预估钛合金柔性接头的疲劳寿命超过 500 年,余下的部分至少有 60 年的疲劳寿命,立管接头在没有旋涡脱落侧板的情况下持续了约 70 年,带侧板的大约 75 年。

涡激振动抑制系统是在 GC29 混合式立管中研发的,是根据疲劳分析和水池试验的结果设计的。该系统暴露在持续多天的剧烈环流海况下,测得的最高环流速度大于 3.5 节,但没有观察到涡激振动现象。在立管上施加的高张紧力会显著地增加 VIV 疲劳寿命,因此在恶劣环流海况下,增加立管张力是一个最有效的 VIV 抑制技术。

八、混合式立管安装

第一个混合式立管是在 Ensearch 工程中采用的,采用了与钻井立管相同的安装方式,在半潜平台上组装各节立管组成一个整体。由于立管接头的尺寸和质量很大,这个过程非常复杂,而且安装船的改装费用高、安装期长使得这种方式成本很高。较长的安装期限制了这一方式在恶劣环境和深水条件下的应用。

考虑到诸多的安装船、管线建造和钻井船的实际情况,单独的混合式立管可以焊接也可以机械连接,焊接管通常使用 J 型铺设的井架驳船进行安装,另外单独的混合式立管可以在陆上进行水平建造,通过拖运形式运送到施工地点进行直立。另一种方式是机械连接,目前是采用带有螺纹的配合管,使用钻井船进行安装。这种建造技术在管内没有焊缝,立管内部的强度得到加强,还可以使用抗腐蚀材料。这种方式使得立管质量较小,因此使用的浮力筒也更小,可以进行更加优化的立管设计,甚至可以缩短安装工时(2 分钟之内),减小立管安装成本。

第三种类型的混合式立管,叫做集束式混合式立管(用在 Girassol 油田),它是使用拖拉方式进行安装的。这种立管可以采用控制深度拖运法(CDTM)在一定的深度内进行拖运,或者是在海面上进行拖运。

1. 拖运方法的步骤

混合式立管在陆上建造,然后拖运到预定地点进行安装,如平台附近。安装的步骤如下:

(1)在建造地点附近用钩子钩住,在海面上进行拖曳;

(2)拖运到预定地点,如半潜平台附近;

(3)将立管直立起来,并且靠泊在立管拖吊底座上;

(4)向浮力筒内排放压载水。

2. 立管拖运

拖运开始前,浮力筒需要通过锥形接头连接到立管上,如图 8 - 14 所示。

波浪引起的疲劳损伤是限制拖运方法应用的主

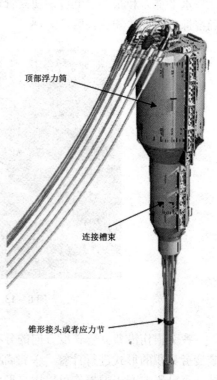

顶部浮力筒

连接槽束

锥形接头或者应力节

图 8 - 14　连接到浮力筒上的锥形接头

要因素,一般有两种方法可以降低疲劳损伤,一是通过增加结构的阻尼来降低应力范围,降低疲劳损伤,这种方法与应用于管线"蛇形铺设"方法的原则类似。另一个是通过改变结构的固有频率,需要进行立管的详细疲劳计算,确定在拖运中产生的疲劳损伤相比于总体疲劳寿命来讲是否合理。总体疲劳损伤系数要小于0.1,通常选择的拖运速度为3~5节。图8 –15 为拖运方法示意图。

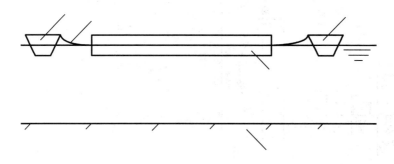

图8 –15　拖运方法示意图

立管框架式结构上的疲劳损伤是控制表面拖运操作的一个关键因素,设计中应该设计疲劳损伤模拟器来优化拖运路线,并在整个操作过程进行疲劳监测。疲劳是波高、波浪周期和相对立管结构的波浪概率的综合函数,天气预报每天进行两次,在位测量需要通过一个带有井口数据浮筒的监测船进行。把数据记录到模拟器中,得到优化的航线。

3. 立管的直立和靠泊在底座上

当拖船到达预定地点之后,立管的末端连接约100吨重的压载,用ROV监测重块和立管前沿末端的下降进度,此时安装区域已经准备好了进行最后的倒置工作。

在立管倒置操作中,引导拖船和拖尾船之间保持恒定距离,当固定负载到达指定地点或者铺设了规定的管线长度时,停止固定负载运动,最后阶段,直立过程是通过向后移动拖尾船一定距离来完成的(如200 m)。

操作过程的后部分要求ROV和拖尾船相互配合,将立管的底部精确地安装在吸力桩预定位置上。

为了降低疲劳损伤或者局部屈曲损伤,在倒置立管时浮力筒顶部末端不固定,从引导船上连接一根线缆,线缆通过浮力筒连接到一个附加的浮力单元上,以产生较大的浮力,同时也会给倒置操作带来便利。立管顶端可以沿着线缆自由滑移,防止在直立过程中产生较大的弯曲曲率和相对应力集中。

靠泊系统的原理很简单,通过将柔性元件插进一个带有凸轮机构的插座中,把套环旋进制动位置。当第一个下去之后,管塔再次升起,然后套环和垂向挡块制动器接触,这个制动器将会把管塔锁定在某一位置。

4. 立管塔锚的安装

立管塔锚(RTA)垂向高度近1 250米,可将流体从海底向上输送至FPSO。立管的设计是经详细研究和合成泡沫隔热性能测试而确定的。两压载沿一长基线预安装,以适应并控

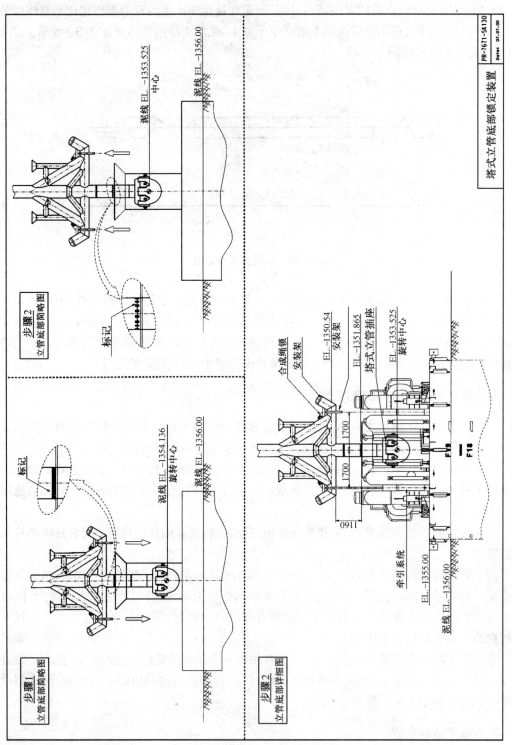

图8-16　靠泊系统

制最终上岸前的结构型式。其巨大的质量且剧烈的运动使得使用 ROV 控制载荷十分困难，因此这一装置十分有用。

立管塔锚(RAT)通过在 ROV 上的抽气泵，可自行打穿海床并完成回填作业。ROV 最终安装两个压力水箱盖将锚密封，与外界环境隔离。

5. 脐带拱形支架的安装

脐带拱形支架(如图 8 - 17 所示)的安装是一个十分特殊的过程。这个拱形支架在质量和大小上均小于立管束结构。在直立过程的设计中，需要认真计算以保证直立过程足够安全。

安装船的起重机及其补偿系统用于调整支架的横向位置，控制并接近立管束，将指挥系统与塔的减震器框架相连，之后压力将缓慢施加在塔内容器中。当支架顶部与容器相接，使用起吊索令支架倾斜至竖直位置。然后，支架由两架 ROV 活动钳保护。

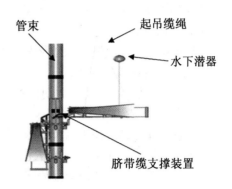

图 8 - 17　脐带拱形支架的安装

这一步不需特别关注，在 8 小时内便可完成。

九、立管静水压力试验

在立管使用前，须进行压力测试，对于立管系统的填充、清洁、测量、定量、测井、脱水和静水压力测试等操作都要按照 DNV OS F101 规范和其他相关规范的要求进行。

此处讲述关于立管系统压力测试的步骤和要求，以保证修理工作结束后的机械强度以及立管系统的密封性。对于立管和管线的完整性测试来说，压力测试是一种最古老的可接受测试方法。

立管系统压力测试的步骤包括：

(1)填充；

(2)清洁和测试；

(3)流体测试，包括温度稳定性、耐压性、气体含量校核以及静水压力测试/保持时间；

(4)试验后处理，包括降压和程序说明等；

(5)校正工作(如果必要的话)，包括试验时的渗漏点、脱水校核和缺陷校核；

(6)最终的及重复性流体测试；

(7)测试、证明书、见证签字。

本节重点放在水力测试步骤上，在水力测试之前首先进行立管的预处理。

1. 压力测试的预处理工作

在压力测试开始之前需要进行预处理工作，包括填充、清洁、测量、定量、清管、测井和脱水处理等，通过去除所有在建造中产生的残渣和疏松的氧化物表层等，对立管系统进行必要的清洁，确保立管系统不发生变形及故障。

预处理工序包括：清洁和测量，量规清管器的检查。

（1）清洁和测量

立管的清洁工作应考虑以下内容：

①确保立管组件和设施（如阀门）免受清洁流体和清管器的损伤；

②测试装置，如隔离区域等；

③除掉可能对输送产品造成污染的物质；

④测试铁屑氧化物的残渣和颗粒等；

⑤测试流体中带来的有机物和残余物；

⑥化学残留物和黏胶等；

⑦除去金属颗粒，以免在后期检查中发现。

（2）量规清管器的检查

当清除立管残渣和使用定径清管器后，就要使用量规清管器，在这个阶段的清管工作需要用到三个清管器，包括一个钢刷清管器、油品隔离塞及置换隔离器和一个量规清管器，在得到用户的认可之前需要反复地进行量规清管工作，同时需要确保立管系统的清洁，不会发生变形及故障。

只有当量规定位板和量规清管器满足要求的时候才可以进行水力测试实验。

2. 液压测试

通常情况下，液压测试的步骤应该包括耐压性、压力稳定性、流体静压力测试。

（1）耐压性测试步骤

高压泵上需要安装一个数字计数器，使用前须经校准归零。在耐压性测试、稳定性和持续期测试期间，要记录所有的压力，至少每隔十分钟记录一次压力和温度。

在加压和稳定性测试期间，读取压力的计数器也需要定期记录，通常选择 15 分钟作为一个间隔。测试开始和结束时刻，立管的平均温度和测试水温需要记录，通常选择 2 小时作为一个时间间隔。实验前，承包商需提交增压流程图。

对于压力记录显示仪器和温度记录器都需要配备 24 小时自动记录图，用来记录增压和试验的时间、压力、环境温度和测试水温。压力记录仪需要拥有 + 0.1% 的误差精度，温度记录仪也要精确到 0.1 ℃，还需要考虑到温度对于压力的潜在影响。

压力记录仪在试验前需经过测试，并且用标准重力式压力表检验仪进行校正，标准重力式压力表检验仪应该能够测量以 5.0 kPa 为增量增加的压力。

压力记录仪、压力计和标准重力式压力表检验仪可以以多种形式并行安装，每个都需要有单独的阀门和通气孔。对于上述仪器，承包商需提交由独立实验室出示的许可校准证，表明这些仪器在使用前 60 天内已经过校正。

压力泵应该安装吸入口，吸入口长期浸没，拥有至少 1.5 米的吸入压头，解除装置可以通过一个止回阀和防漏嵌入隔断阀连接到系统上，泵体必须经过测试，确保能够从系统中分离，同时增压装置还要安装一级和二级压力保护装置，确保立管系统不会出现过压损坏。

依据 DNV - OS - F101 规范，立管增压速度最大为每分钟 1bar，一直增到测试压力的 95%。最后的 5% 压力增加速率以线性逐渐缩小，一直降到每分钟 0.1 bar，增压时间应该确保在测试持续期开始前能够验证压力和温度的稳定性。

（2）压力稳定性周期

增压试验后，要有足够稳定时间，因为在压力测试期间温度的变化会对压力产生显著的影响,添加液与周围环境之间明显的温度差需要相当长的稳定时间(一个周期多达几天)。

(3)静水压力试验

静水压力测试通常包括强度测试和渗漏测试,强度测试应该能够抵抗1.25倍的设计压力,并且持续6个小时。渗漏测试时应该能够抵抗1.10倍的设计压力,并且持续8个小时。为达到上述标准,应该依据下面的规范:

①ASME B31.4 2002规范中第六章"检查和测试"规定;

②DNV-1981附录E——管线和管截面压力测试规定;

③DNV-OS-F101中"水下管道系统"2001年规范。

十、结构和环境监测系统

Thrall和Poklandnik(1995)针对Garden Banks 388(GB388)深水生产立管制订了结构和环境监测系统。

在立管上安装黏合阻力应变仪,可测得立管的剩余疲劳寿命,沿长度方向五个不同位置安装应变仪、倾角罗盘和加速计,可检测这些位置的张力、挠度、方向和立管的运动(包括底部节点)。立管的响应数据和激励或者环境数据(包括波浪运动、流速、风速以及船体系泊张力和位置)之间的关系可以通过将所有单一系统数据存储的形式得到加强,其中含有诸多备用元素可以确保得到的这一关系更加可靠。

如今结构和环境监测系统作为立管监测的通用处理办法是有效的,是由Thrall和Poklandnik(1995)开发,但是它没有涉及VIV振动监测。Kaasen, et al. (2000)和Franciss(2001)后来开发了一套用于监测VIV的系统。

1. 立管疲劳监测方法

需要监测的主要数据是钛合金应力节处的累积疲劳损伤,立管疲劳的主要原因是弯曲应力,弯曲主要集中在底部与接触海床的节点处,是追踪疲劳损伤的最重要的监测数据。

外部光纤的弯曲应变可以直接通过黏合抗力应变仪进行监测,这个应变仪安装在节点的外径上。应变仪使用材料弹性模量计算应力,利用应力随时间的变化关系曲线和时域疲劳分析方法预测疲劳损伤。时域分析方法,如雨流计数法,可把应力随时间的变化关系转化成应力柱状图的形式,应用Miner法则计算累积疲劳损伤。

2. 结构监控系统

立管的结构监控系统包括生产控制室里的计算机和两个完全冗余分布式数据采集系统,每个数据采集系统包括四个水下计算机以及相关的传感器和连接电缆。

立管系统的传感器包括以下几个部分:

(1)应变仪

黏合抗力应变仪安装在立管外表面,围绕安装仪表布置在截面的四个等间距位置,应变仪要沿着立管轴线纵向排列,通过电信号来感应纵向拉伸或者压缩变化。

应变数据可以用来计算疲劳损伤、立管张力、弯曲应力和十个仪表截面处各个位置的挠曲方位角。

（2）加速计和倾角罗盘

需要安装两个加速计监测水平加速度，另外两个倾角罗盘测量生产立管的倾斜状况。

监测到的数据，包括立管应变、张力、弯曲应力和方位角、立管加速度和倾斜度，会显示在生产控制室和压载控制室的屏幕上，可为立管操作者提供参考。

（3）环境监控系统

立管的环境监控系统包括以下几点：

①海流剖面

海流剖面数据和立管响应数据用于校核立管分析模型，提供与钻井立管操作相关的基本信息。声学多普勒海流剖面仪（ADCP）可以监测多个水深处的海流速度，这个仪器悬挂在浮式生产设施上，最大可以达到 549 m（1 800 英尺）。海流数据和立管结构数据一起显示并统一存档。当船体周围存在环流时，海流剖面连同一年一遇的风暴海流剖面、钻井立管限制性海流剖面数据一起为钻井人员提供一个辅助决策的工具。

②表面流

表面流和风会使船体发生漂移，导致立管顶端偏移，影响到立管的弯曲应力。这时可以在船体上安装一个电磁海流计来监测声学多普勒剖面仪（ADCP）上部的海流情况，通常安装在浮式结构下面。

③波浪

波浪运动会扰动浮式结构和立管顶端，产生立管疲劳。为方便安装和维修，通常在水线上部的船体井口位置安装一个雷达型波浪监控系统。

雷达传感器监测到达海面的距离，加速计信号通过二次集成的形式提供船体升沉的数据，这些信号被组合后再给出实时的波高信号。有效波高、波浪周期、船体垂荡和到海面的传感距离等所有数据都会显示在计算机屏幕上。

④风

风速计安装在井架上部，可为分布式数字数据采集系统提供风速和风向信息。

十一、船体系泊和定位

1. 船体系泊系统

通常有四个系泊点，分别位于浮式结构首尾处的两端。每个系泊点由三根系泊线通过锚定位，每个系泊线上安装有应变仪传感器，方便系泊控制人员观测局部张紧力的大小。

控制屏幕上会显示十二根系泊线的张力、系泊线的合力及作用方向、风速和风向以及海面流速和流向，便于预测船体的运动，以便及时采取措施保持船体在预定的作业位置。

2. 船体定位

使用声学传导系统可以提供船体、生产立管两端、顶部立管连接器组、立管底部和海底油管组以及 ROV 的相对位置数据。

十二、完整性管理

完整性管理的目的是找出潜在的失效根源,实施持续的风险监测和检查策略,防止系统在服役期失效。

完整性管理程序包括一些检查程序、监控措施、测试和分析模型。在设计阶段,进行风险评估和制订完整性管理策略是很重要的,主要包括制造阶段、合格性测试和安装阶段,确保立管在设计寿命期内不会遭受任何不必要的损伤。

Total 公司为 Girassol 混合式立管塔(Chapin, 2005)设计了一个完整性管理程序。工业界组成联合工业协会(SCRIM JIP, 2007),制订钢悬链立管(SCR)的完整性管理方案,该方案现已扩展应用于混合式立管领域(HRT),这在 API RP 2RD 及 ISO 13628 – 12 规范中也有所阐述。

第九章　水下脐带缆

一、简介

经过近半个世纪的发展,国外脐带缆在设计、制造等方面都已经比较成熟,并且已有较为系统的研究成果和应用经验。以下通过对国外脐带缆结构和材料的分析和总结,给水下生产系统脐带缆的设计提供一定的依据。

水下脐带缆主要用于连接主机设备和水下设备。水下脐带缆通常包含一个悬链式立管(动态部分),并通过海床上的静态部分,进而连接到水下设备的 UTA(水下脐带缆终端总成)。当水下脐带缆较短时,静态部分与动态部分可能是相同的。水下脐带缆的拉头包含一个开口的法兰总成,用于将水下脐带缆悬挂在主机设备上。在悬链式立管和 UTA 的顶部装有弯曲加强杆或限弯器。

水下脐带缆系统通常包括:

(1)同类型的导管传递电力、控制、数据信号;

(2)超级双相钢管(其他材料也可以,但需要保证其适用性);

(3)水下脐带缆在长度方向应保持连续;

(4)脐带缆系统的设计过程中不允许对原计划作任何改变。

如今,各种类型的脐带缆广泛地应用于海洋工业。以下是它的一些主要用途:

(1)水下生产和注水井控制;

(2)修井控制;

(3)水下管汇或隔离阀控制;

(4)化学剂注入;

(5)水下电力电缆。

图 9-1 为一典型的水下控制电缆及其横截面详图。

脐带缆输送计划通常包括一个总体进度计划,其中各步骤如下:

(1)可行性研究;

(2)脐带缆的规格及报价要求;

(3)(疲劳及其他)性能指标测试——规范和执行;

(4)长期引导性采购;

(5)竞标评估;

(6)供应商选择;

(7)项目认证和脐带缆采购;

(8)供应商给出详细的脐带缆设计与分析;

(9)第三方专家的分析设计验证;

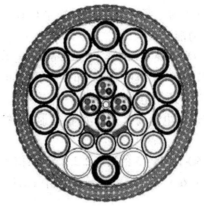

图9-1　典型的水下控制电缆

（10）样机性能测试；

（11）脐带缆的制造一般需要一年时间；

（12）系统集成测试；

（13）脐带缆连接到主船舶；

（14）调试；

（15）系统启动；

（16）项目管理、质量保证、质量控制。

1995年，Swanson等人撰写了一篇名为《深水金属管缆的动态分析》的文章，并发表在OTC上，这是最早研究钢管脐带缆设计的文章之一。此外，另一篇非常有价值的参考资料则是被用作脐带缆设计和实施标准的ISO 13628-5。

图9-2为脐带缆的横截面，由Nexans（Bjornstad，2004）公司生产。

图9-2　水下脐带缆横截面
（Bjornstad，2004）

二、水下脐带缆元件

1. 概述

水下脐带缆一般是由水下电缆、光纤电缆、钢管、热塑软管四部分组成，也有可能由这四部分中的两者或三者组成，以满足一些特定功能。水下元件的设计与制造必须满足脐带缆在功能上与技术上的各种要求。在制造商选择合适的制造材料前，必须对材料进行性能验证测试与验收测试，以满足元件的功能与技术要求。

下面将详细介绍各组成部分的功能与特性。

2. 水下电缆

电缆可分为电力电缆和信号/通信电缆两类，分别用于传递电能与信号。通常，电力电缆和信号电缆可组成一条电缆，该电缆叫做电力控制脐带缆。

（1）电力电缆

电力电缆的主要功能是为海洋平台和水下生产设备（如控制盒、先导控制阀、电动泵等）提供电力能源。

根据 ISO 13628 – 5 的第 7.2.2.1 部分，电力电缆额定电压的取值范围为 $0 \text{ V} \sim U_0/U\,(U_m) = 3.6/6\,(7.2)$ kV rms，其中 U_0，U 和 U_m 的取值可参阅 IEC 60502 – 1 和 IEC 60502 – 2。

（2）信号/通信电缆

信号/通信电缆通常用于远程控制、监控水下生产设备，如控制盒、先导控制阀、电动泵等。

根据 ISO 13628 – 5 的第 7.2.2.2 部分，信号/通信电缆额定电压的取值范围为 $0 \text{ V rms} \sim U_0/U\,(U_m) = 0.6/1.0\,(1.2)$ kV rms，其中 U_0，U 和 U_m 的取值可参阅 IEC 60502 – 1 和 IEC 60502 – 2。

3. 光纤电缆

光纤电缆应能在海水环境中持续工作。

纤维类型可采用单模式或多模式设计。设计应尽可能符合制造商/供应商的产品规格。另外，不同的纤维应以不同的颜色加以区别。

为了防水并使氢气和纤维的接触最小化，纤维必须封装起来。外封组件必须保证能提供足够的机械保护，当脐带缆中的光纤电缆发生诸如断裂等意外时，外包装应能防止海水的入侵。

4. 钢管

与超级双相钢管类似，水下脐带缆的钢管应能在海水环境中持续工作，并且满足化学规范 UNS S32750 或 S39274 中关于 ASTM A90 的要求，下面列举一些附加的具体要求。

（1）所用钢管的管材应经过轧制或冷拔工艺制成，而且在此之前必须 100% 经过外表面检查。同时，管材孔洞应满足化学方面的生产要求。

（2）钢管应在非氧化状态下用熔炉成批烧制，其退火温度和退火速率由制造商控制。

（3）根据预先编制并经核准的程序，用规定的焊接长度在卷轴上将钢管进行自动轨道焊接而成。

（4）钢管必须满足最新版 NACE MR – 01 – 75 中关于材料与工艺的所有要求。

（5）所有钢管均以 NAC 1638 的第 6 等级来清洗，所采用的方法必须保证钢管在放入脐带缆前的储存和运输过程中不会受到污染。

5. 热塑软管

热塑软管应能在海水环境中持续工作。

三、水下脐带缆的设计

1. 静态和动态脐带缆

（1）静态脐带缆

静态脐带缆的设计包括机械强度设计,以承受生产、铺设及服役期的挤压和拉伸荷载。静态脐带缆还应当有足够的质量,从而保证其水下稳定性。静态脐带缆及其可拔出接口/终端的设计应保证其与主机设备接口的连接。

钢管的管壁厚度应能抵抗在铺设和服役期间所有可能的压力作用。

其他设计计算分析如下:

①最大容许拉应力和最小破坏强度;

②铺设时产生的拉应力;

③终端强度;

④径向荷载(外挤压力)的影响;

⑤坠落物(如船锚)和搁浅的影响;

⑥安装和张拉设备的影响;

⑦最大容许冲击荷载;

⑧弯曲半径和抗弯刚度;

⑨扭转平衡;

⑩海床上的水动力稳定性;

⑪海滩附近的环境荷载与水动力稳定性;

⑫岸上应用的材料和外部护套适用性。

(2)动态脐带缆

铺设完毕后,脐带缆系统本应在一个静止状态下工作,但脐带缆系统会受到铺设过程中的动力荷载以及设备附近的环境荷载的影响。进一步说,沿着海床方向的无支撑管段可能会由于涡激振动产生疲劳。因而需要进行动力分析和疲劳分析,在考虑预先的铺设荷载与环境荷载的条件下估算出脐带缆系统的疲劳特性,并得出最大容许跨径长度。最小的容许疲劳寿命应为设计寿命的10倍。

2. 设计

(1)概念设计

①横截面尺寸的初步确定

a. 钢管尺寸的确定;

b. 与经销商的洽谈。

②初步结构设计

a. 强度、干扰等;

b. 初始部件设计;

c. 早期可行性确认。

③生产事项的早期鉴定

关于招、投标或规格要求的事宜。

④服役环境

水下脐带缆在整个设计使用寿命内都浸没在海水中,故水下脐带缆的设计必须考虑以下几点:

a. 铺设前的存放;

b. 工作流体的特性;

c. 海床和上部海洋环境的辐射、臭氧、温度及化学作用；

d. 自由悬挂段的外加动力条件；

e. 对坠落物的防护。

（2）详细设计

①参数

a. 温度范围；

b. 最大工作荷载；

c. 最小破坏荷载；

d. 最小曲率半径；

e. 动力服役寿命。

②底部稳定性研究

当脐带缆铺设到海床上时，在海床环境和海流作用下，脐带缆必须具有足够的稳定性。海床上脐带缆的运动特性可由以下两个方向的摩擦系数来表示：

a. 轴向摩擦系数；

b. 侧向摩擦系数。

③横截面设计

横截面设计中，确定脐带缆的各部件在横截面上的布置是脐带缆设计中的第一步。脐带缆的横截面包括了很多部件：用于传输液压流体或其他流体的钢管、电缆、光纤电缆、用于承载的钢筋或钢绞线、用于保护和隔热的聚合物层以及填充于各部件空隙之间并固定各部件位置的聚合物填料。

④制造设计

a. 绞合；

b. 子管束；

c. 内部护套；

d. 铠装；

e. 外部护套。

其中，外部护套可以是连续挤出成型的热塑护套和螺旋状纺织粗纱制成的保护层。

3. 制造商

脐带缆制造商的生产工艺流程应遵照 API 17E（最新版本）和 ISO 13628 – 5（草案）的相关规定。

（1）绞合

绞合的生产必须在干净的专用控制区进行，并且必须定期对该区域进行清洁。最佳光纤电缆、软管或钢管绞合构造、填料等的设计应在满足总体性能和施工要求的条件下尽可能减小其总直径和总质量，同时必须保证较好的柔度。

①绞合构造

通常，需要确定脐带缆部件的最小绞合角度。脐带缆部件、钢管、光纤电缆按螺旋形或星形进行绞合。若采用软管，则需采用振荡布线技术。

②破坏张拉

为了防止各个部件在受拉情况下不会出现绷紧、变形或其他影响，必须对电缆或绞合进行设计。在制造期间,承包商需绘制并提交一份脐带缆部件最大容许拉力的表格。

③验收测试

在完成脐带缆软管和钢管的布线后,接下来应在挤压脐带缆的内部、外部护套之前进行测试。对每一布线层,都应进行软管或钢管的液压检验测试(测试采用 1.5 倍的工作压力)。

(2)内部护套

内部护套的生产过程必须在清洁的专用控制区进行,并且必须对该区域进行定期清洁。全部电缆配件都由张紧的内部护套保护,内部护套外径的成型要从两个成 90°的方向进行监测。

(3)外部护套

全部电缆配件都由张紧的夹套保护,外护套外径的张拉过程要从两个成 90°的方向进行监测。

(4)标记

水下脐带缆通常根据 ISO 13628 – 5 的第 9.14 部分的要求来进行标记。有时,在一些特定项目,也会考虑一些其他要求。

(5)主要制造商

世界主要水下脐带缆的制造商列举如下:

①DUCO

DUCO 可以提供综合性服务,包括脐带缆施工、设计、维护,具体如下:

a. 脐带缆及其部件的机械性能测试;

b. 设计和供应上部与水下硬件,包括拉头、脐带缆悬挂器、水下终端设备、维修接头;

c. 动力分析;

d. 包括有限元分析在内的脐带缆分析与硬件分析。

②Kvaerner 油田产品生产公司

Aker Sulutions 可提供价格经济、技术先进的钢管脐带缆技术,包括:

a. 电 – 液压脐带缆;

b. 增强深水动力的碳纤维脐带缆;

c. 大型中央管路综合功能脐带缆;

d. 中/高电压电力脐带缆;

e. 可靠的横向捆绑与挤压机械;

f. 铺设/运输船舶的深水通道;

g. 高容量的处理与存管盘;

h. 现场焊接与测试设施。

该公司还提供综合成品脐带缆和深水动力脐带缆。

③Nexans

Nexans 是全球领先的管材生产商,它将不锈钢管应用于水下脐带缆,开创了水下脐带缆的新时代。

Nexans 为很多公司和工程项目提供脐带缆,如 BP。Nexans 为皇家水下泵送工程铺设脐带缆,并在墨西哥湾的 Atlantis 与 Thunder Horse 工程铺设了 117 公里的脐带缆。在卡塔尔的 Dolphin 能源工程项目,它生产、运输、铺设了一条 90 + 70 公里的脐带缆。

（6）国外脐带缆和海缆参数汇总（见表9-1）

经过对搜集来的国外的一些脐带缆和海底电缆数据分析,大致知道一些参数的作用和意义。比如重力、密度、直径重力比和重力直径比等参数,分空气中和海水中两种情况,空气中和海水中又分别有管单元空、充液和动态充液三种情况。直径重力比或重力直径比与应用场合有关,即与动态、静态有关,动态缆铠装较重,重力、外径较大,静态缆反之。原因可能是动态缆需承受自重和水流阻力,需要较大强度。

表9-1　国外脐带缆和海缆参数

项目	单位	DUCO 的海底电缆资料		DLICO 的脐带缆资料		国外脐带缆资料
质量(空气、未充液)	kg/m	32.5	25.0	15.40	15.20	19.16
质量(空气、充液)	kg/m	—	—	—	—	20.90
质量(海水、空)	kg/m					7.27
质量(海水、充液)	kg/m					9.01
质量(海水、动态、充液)	kg/m					11.35
重力(空气、未充液)	N/m	318.7	245.2	151.0	149.1	187.9
重力(空气、充液)	N/m	—	—	162.8	160.8	205.0
重力(海水、未充液)	N/m			70.6	72.6	71.3
重力(海水、充液)	N/m	186.2	152.7	82.4	84.3	88.4
重力(海水、动态、充液)	N/m	—	—	—	—	111.3
外径	mm	134.7	121	100.92	98.32	121.52
体积	1/m	14.25	11.50	8.00	7.59	11.60
海水中密度(未充液)	g/cm³	1.33	1.35	0.90	0.97	0.63
海水中浮力因数(未充液)	—	2.15	2.27	1.88	1.95	—
直径重力比	mm·m/kg	7.1	7.8	14.0	13.3	16.7
Drag gravity Ratio(海水、充液)	mm²/kN	0.72	0.79	1.23	1.17	1.38
重力直径比(海水、充液)	9.8 Pa	—	—	—	—	93.40
脐带缆用途		动态	静态			

注:表中标记"—"处为资料中未提及或不能正确推算出的项。

（7）制造厂布局范例

图9-3为制造厂的布局范例。

4. 验证测试

（1）拉伸试验

综合考虑端部效应和脐带缆部件的倾斜长度,从完整的脐带缆中取出一段有代表性的长度,进行两阶段加载的拉伸试验。

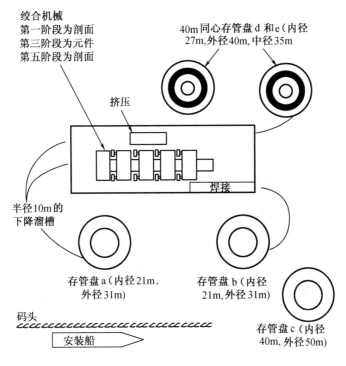

图 9 – 3　制造厂布局

（2）弯曲刚度试验

对一段合适长度的完整脐带缆进行弯曲刚度试验。

（3）挤压试验

对一完整脐带缆的试验样本进行侧向加载，直至样本屈服变形。

（4）疲劳试验

为确定脐带缆的疲劳承载力，需要进行机械试验。应合理选择试验条件，以证明设计元件可以承受脐带缆在制造、运输、负荷、I 或 J 形管牵引过程、动态铺设、服役寿命期内的正常运行所受到的连续反复弯曲荷载。

5. 工厂验收试验

以下的测试应采用完整的脐带缆进行。

（1）目视检测；

（2）电缆；

（3）软管；

（4）钢管。

脐带缆制造商必须对所有试验结果进行记录，并给出书面证明。

6. 电力与控制脐带缆

如上所述，电缆脐带缆用于将电能从岸边输送至海洋平台，或进行平台与平台之间的传输，或平台与水下设备之间的传输。

通过这种方法，陆上发电站可以将电能输送到海上任何设备，这样可使海上结构更轻更小,从而降低对劳动力的需求,同时减少二氧化碳的排放量。电力脐带缆系统会将海上油田连接成一电网,为海上石油与天然气开发活动提供灵活而安全的电力能源。两种水下电力电缆可用"干"式设计和"湿"式设计来区分。其中,前者可靠性更高但也更加昂贵。

图9-4所示的是一种典型的包含了用于控制系统光纤核心的电力供给脐带缆。水下综合脐带缆的另一应用是对无人铺设设备的远程控制。大多数海上铺设的水下电力电缆拥有含8~32条光纤维的光纤元件,它可用于信号的传递。将信号与电能结合成一根电缆有以下优势:

图9-4　含有用于控制系统光纤的典型电缆脐带缆

(1)传输不会受到天气和水上交通的干扰;

(2)拥有比无线电频率更广的带宽;

(3)采用光纤可以获得更高的数据传输速度。

7. IPU 脐带缆

IPU 脐带缆用于将标准的脐带缆与生产设备或注入管线相连接,同时为水下设备提供高压电。它以连续长度实现了对一口或多口水下油井的回接。它所包括的元件列举如下:

(1)功能管线;

(2)液压管线;

(3)化学剂管线;

(4)用于数据传递的光纤电缆;

(5)用于电力供应的电力电缆;

(6)用于信号传递的电力电缆;

(7)生产管线。

四、附属设备

1. 概述

电力电缆、光纤电缆、热塑软管以及金属管的水下端口应与能够在水下耦合配对的接头总成进行连接。另一种终端形式则是将脐带缆部件直接与水下控制盒或接线盒连接。脐带缆的终端设备与附属设备的设计依据脐带缆系统的不同而不同,详细数据的取值在 ISO 13628 中有具体说明。

2. 脐带缆终端设备的组件

上部脐带缆的终端设备组件(TUTA)可以设计成动力脐带缆,其为钢管、电线、光纤提供终端接口。TUTA 需要采用不锈钢管之间的接头来进行管对管匹配连接。TUTA 配件包括用于连接电线的接线盒和用于连接从圆头管堵组件伸出的光纤维连接盒。

金属管应通过超级双相钢管与液压系统管接头连接在一起,并且在焊接部位插入管道。每一批电线和光纤都连接到水下电线接头或光纤接头。

3. 限弯器

限弯器,也称为弯曲限幅器,如图 9 – 5 所示,它用于防止脐带缆在较长的自由段内没有支撑情况下发生应力过大。它通常用于脐带缆与海底终端设备的连接处。

图 9 – 5　限弯器

4. 牵引头

牵引头常用来牵引脐带缆,使其沿着海床运动或穿过 I/J 管道。牵引头应能够承受安装荷载,并且不会损伤脐带缆及其功能性部件。如果可能的话,牵引头应能承受在滚轴/滑轮上的持续运动,并且在穿越 I/J 型立管时不会损坏或出现故障。

5. 悬挂装置

悬挂装置用于在主悬挂点处将脐带缆同 I 型管或 J 型管相连。连接点位于甲板上或管柱外侧,如图 9 – 6 所示。

6. 弯曲加强杆

弯曲加强杆通过在局部增加脐带缆的弯曲刚度来限制脐带缆的曲率半径,通常为模制设备。图 9 – 7 为一工作平台上的弯曲加强杆。

7. 电力分配元件(EDU)

图 9 – 8 所示的 EDU 可为很多终端设备提供电能,如基盘上独立的水下采油树。EDU 是一个充满油的压力补偿器,其内部的电力和电子信号可以分配给一个或多个卫星 SCM。多个 EDU 往往串联在一起,而每一个 EDU 则连接了多个卫星 SCM。

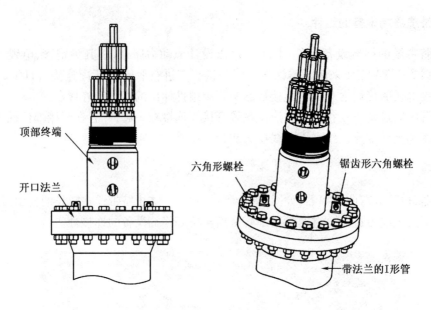

图 9 – 6　悬挂装置

图 9 – 7　弯曲加强杆

图 9 – 8　装有大型 EDU 装置的大型脐带缆终端设备

8. 安全连接链环

安全连接链环的功能是保护永久安装于管汇或基盘的设备。这样,当脐带缆发生故障时,可以激活安全连接链环和跨接管将其连接在固定水下设备上。

9. 拼接/维修工具

承包商需要提供拼接/维修箱,其中包括必要的材料与配件,它能及时修理铺设时动态脐带缆和静态脐带缆以及它们的组件所出现的损坏。

10. 存管盘和滚筒

所有滚筒的使用都不能违反 MBR 关于脐带缆存储的相关要求。图 9 - 9 展示的是一个电力脐带缆滚筒。

11. 连接盒

连接盒用于将分段的脐带缆连接成需要的长度，也可用于维修损坏的脐带缆。如果条件允许，每一脐带缆的末端连接都需要配备一个铠装终端。连接盒采用流线型设计，若有需要，每个端口要设置一个弯曲加强杆。连接盒应采用合适的尺寸，以利于滚筒储存和安装要求。

12. 浮力附件

图 9 - 9　脐带缆滚筒

考虑到铺设布置，动态脐带缆需要环式、罐式等浮力附件，用以满足必要的设置与动态运动。附件设置不能产生导致脐带缆护层开裂的应力，也不能在夹紧时使附件受压区的应力过度释放，更不能给脐带缆及其元件带来过大的应变。

五、系统联试

FAT 试验一般是为了保证各个独立部件和设备能够满足具体要求和相关功能。系统联试，简称为 SIT，是另一种用来验证集成设备能否投入使用的试验。换句话说，SIT 试验用于确认来自不同供应商的设备可以正常地相互适应并共同工作。根据用于实际工程的各种设备的差异，SIT 试验的程序通常会随着工程的不同而不同。图 9 - 10 所示的是对控制脐带缆的系统联试。

六、安装

采用悬链式悬挂的脐带缆常用来对水下采油树进行监测与控制，并在飞溅区利用固定在结构上的 I/J 型管道对采油树进行保护。图 9 - 11 所示的是在深水中浮式生产系统与水下结构的脐带缆连接，而图 9 - 12 则为浅水中主平台与水下结构的脐带缆连接。

1. 安装接口的相关规定

安装船及其安装设备必须保证处于良好的工作状态和工作秩序中，并且在安装之前要依据相关规范和安全计划进行审核。另外，根据美国石油学会推荐的水下脐带缆的 17I 安装指南的规定，承包商需完成水下脐带缆铺设接口的内容如下：

（1）UTA 及其支撑架的设计与制造；

（2）确定所有缆线横截面的设计要求；

图 9 - 10　控制脐带缆的系统联试

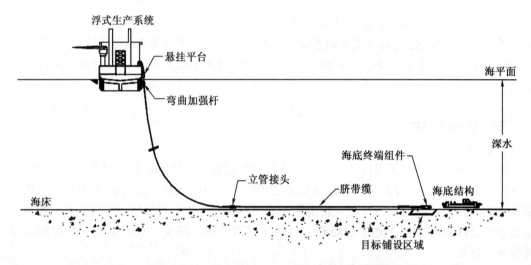

图 9 - 11　浮式生产系统与水下结构的脐带缆连接

（3）考虑管线横截面的脐带缆支撑设计；

（4）保护措施。

2. 安装步骤

脐带缆的安装可以选用以下几种方法：

（1）脐带缆始于管汇，用一个对扣或铰链与管汇连接，也可以用插头或其他方法连接，最后终止于水下油井附近的次级终端铺设滑撬（如：连接管汇与卫星井的井内脐带缆）。随后建立脐带缆与水下油井的连接，并采用以下连接方法的组合：刚性或挠性跨接器、连接板、引线。

（2）脐带缆始于管汇，用一个对扣或铰链与管汇连接，也可以用插头或其他连接方法。然后，将其牵引穿过从铺管船至浮式生产系统的 I/J 型管或十字节点，并将脐带缆直接与固

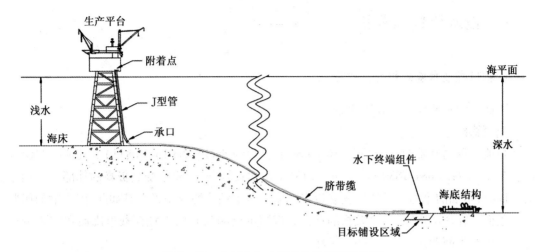

图 9 – 12　主平台与水下结构的脐带缆连接

定或浮式生产系统相连接。

(3)脐带缆还可以始于固定或浮式生产系统,然后用次级终端脐带缆部件(如终止插头、铺设滑撬脐带缆终端单元等)终止于水下结构附近。由水下机器人操作的插头与连接工具经常用于脐带缆与水下结构的连接。

可以按如下情况实行脐带缆的安装:

(1)水下管汇与 X 型采油树之间的脐带缆铺设;

(2)首端起始于水下结构的脐带缆铺设;

(3)首端起始于浮式生产系统的脐带缆铺设。

3. 安装过程的疲劳损伤

在钢管脐带缆的安装过程中处理疲劳损伤的时候,需要考虑以下问题:

(1)在卷管式铺设和回收过程中,累积的塑性变形的影响;

(2)在卷管式铺设和回收过程中的低周疲劳(XE 疲劳);

(3)在安装关键阶段,动态波频疲劳的影响。

计算累积塑性应力和低周疲劳的方法将在本章第七节中讨论,在安装和制造过程中都需要进行计算。

计算在关键安装阶段由海浪引起的疲劳损伤,类似于现场疲劳评估,将在本章第七节中描述。安装过程中的有些分析不适合现场进行,主要包括:

(1)因为脐带缆构造发生变化并且不同的安装阶段承受不同的荷载,需要采用不同的模式对不同的阶段进行分析。

(2)对于安装疲劳分析,采用时域分析是可行的。频域分析不能充分预测疲劳损伤,因为在安装期限内脐带缆会承受非常不规则的应力。

七、技术挑战和分析

1. 脐带缆技术挑战和解决方案

下面介绍一些面临的技术挑战。

(1) 深水

目前最深的脐带缆记录是 2 316 m(Shell 公司的 Shell's Na Kika 项目)。其他一些深水项目是 Thunder Horse 1880 m,Atlantis 2134 m。对设计来说,钢管受到极高的外部压力和张力。同时,增加的重力也可能给安装带来问题。对于铜质缆线来说尤其如此,因为铜的屈服强度很低。在超深水中,一个较重的动力脐带缆可能因为它的悬挂荷载过高而在安装和运行过程中产生问题。

在设计和分析超深水脐带缆时,正确模拟脐带缆的应力和应变非常重要,这里面也包括摩擦力的影响。有时候,百年一遇的飓风作用下,脐带缆底部将会受到挤压,这种情况下,应采用懒波浮力模块或碳纤维杆。使用碳纤维杆可以使得脐带缆处于一个简单的悬链形状,无需采用需要经常模拟和维护的浮力模块。碳纤维杆会大大提高轴向刚度,因为它们的弹性模量接近钢材并且质量很轻。

用碳纤维杆时应考虑其对压缩荷载的承受能力。所以,进行脐带缆最小弯曲半径和抗压强度的实验测试是有益的。

如果在超深水中使用,可能需要配置箍条来防止 VIV,虽然箍条的使用至今还没有硬性规定。例如可以是一个 $16D$ 三边螺旋箍条,其高度约为 $0.25D$。

(2) 长距离

Na Kika, Thunder Horse 和 Atlantis 的脐带缆分别长 130 km,65 km,45 km。

最长的待开发的脐带缆长为 165 km,由挪威石油公司制造。脐带缆长度的限制之一是安装设备。就 Nexans 安装船而言,在 Bourbon Skagerrak,最多载重 6 500 t 电缆,它相当于 260 km 的脐带缆(假设每米 25 kg)。

(3) 高压电力电缆

铜的屈服强度较低是其设计局限,随着深度的增加往往需要对它提供更多的保护,从而导致钢质铠装保护的质量也随着深度的增加而增加。在动态脐带缆中,铜缆的疲劳是另外一个问题。

(4) 综合生产脐带缆

Heggadal(2004)提出了一种综合生产脐带缆(IPU®),它将管道和脐带缆结合在一条单一的管线中,如图 9 – 13 所示。IPU 截面包括以下内容:

a. 一个 3 层聚丙烯膜,位于 10.75 英寸的油气管对中(分为静态部分和动态部分,厚度分别为 4 mm,14 mm)。

b. 一个环状型 PVC 矩阵缆,位于油气管道周围,其可以固定脐带螺旋钢管和电缆的位置,并为油气管道提供隔热保护。

c. 嵌入 PVC 矩阵缆但可自由滑动的缆线,包含各种装载加热、液压和工作流体的金属管道、电力和信号光纤光缆、为水下注入泵供电的高压电缆。

d. 一个 12 mm 厚的聚乙烯外部护套。

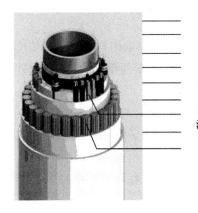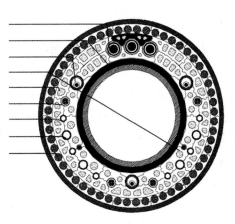

电力电管
管道
加热管道
FO温度管线
监测管道
PVC矩阵缆
电子四芯线组
液压/服役管线
甲醇注入管线
配重单元

图 9 – 13　IPU 动态脐带缆截面,超级双重管道

要符合这样一个新的设计概念,需要进行一系列分析和测试;

①分析

a. 整体立管分析和疲劳分析;

b. 腐蚀与氢致开裂评估;

c. 热分析;

d. 结构分析(管道、上部结构和水下终端);

e. 卷管分析;

f. 电力分析;

g. 卷管、拖网作用和海底稳定性研究。

②基本测试

材性试验、疲劳、腐蚀等。

③制造测试

a. 制造和关闭测试;

b. STS 注入试验;

c. QC 测试和 FAT;

d. 前/后安装测试。

④原型试验

a. 外部静水试验;

b. 冲击试验;

c. 张紧器模型试验;

d. 卷管和矫正试验;

e. 托管架滚轮试验;

f. 维修试验;

g. 船舶试验;

h. 系统测试；

i. 动态立管全比例测试。

2. 极端波浪分析

脐带缆设计的一个重要方面是极端环境条件下的分析。需要采用与脐带缆安装位置相似的船体运动、海流、波浪数据，对其进行有限元分析。例如，在墨西哥海湾，就包括针对百年一遇的飓风分析、百年一遇的环流分析，以及水下海流的分析。海流和波浪的方向适用于远、近、交叉条件。这一分析可以用来确定脐带缆悬挂处可能承受的顶部张力以及倾角，随后，这些数据用来设计弯曲加强杆以限制其位移并提供足够的疲劳寿命。极端分析的结果如下：

（1）对接地区域进行分析，以确保脐带缆的弯曲半径比最小容许弯曲半径大。同样重要的是检查脐带缆在触地点是否受到挤压或屈曲。

（2）聚氨酯弯曲加强杆的直径和圆锥长度的设计应基于最大角度和相关张力，以及最大的张力和相应的角度，这些数据可以从有限元模型的动力分析结果处得到。

（3）在千年一遇的飓风荷载作用下，当船在远处时，最大的张力出现在悬挂点处。

（4）在千年一遇的飓风荷载作用下，当船在近处时，最小的张力出现在 TDP 区域。

（5）在整个脐带缆、TDP 区域以及弯曲加强杆区域中估算最小弯曲半径，且都应大于容许动力最小弯曲半径。

（6）海床上的脐带缆最短长度应在假定其承担底部极端的最大张力的情况下估算得到。

3. 制造疲劳分析

相当数量的脐带缆在制造过程中会产生疲劳损伤，这需要在疲劳分析中加以考虑。分析中两个需要关注的方面是累积塑性应变和低周期疲劳。这些将在下面说明。

（1）累积塑性应变

累积塑性应变的定义是"不考虑类型和方向的塑性应变增量的总和"（DNV，2000）。累积塑性应变可以发生在脐带缆的钢管制造和安装过程中。塑性应变的累积需要保持在一定的限度内，避免在给定管道材料进行焊接的过程中发生不稳定破坏或塑性挤压。累积塑性应变是脐带缆供应商用于确定钢管塑性负载量是否可以接受的一般标准。建议对脐带缆的设计采用2%的容许累积塑性应变水平。

图 9-14 为在制造和安装过程中，脐带缆中的钢管可能出现变形的部位。本图中的所有过程都可能诱发脐带缆的塑性应变。

（2）低周疲劳

脐带缆钢管在制造和安装过程中受到较大的应力和应变。在这样的低周作用下，疲劳损伤可使用应变准则的方法计算求得。对于每个制造和安装阶段疲劳损伤的计算方法往往考虑了弹性和塑性应变周期的影响。计算得到的低周疲劳损伤，再加上波浪与涡激振动，三者结合起来就可以对每个脐带缆钢管的总疲劳寿命进行评估。

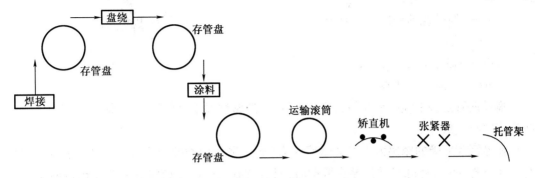

图9-14　制作和安装过程中的变形图解

4.现场疲劳分析

所使用的评估波浪诱导疲劳损伤的方法可以概括如下:

①波浪散点图的海况数据的选择;

②有限元静力分析模型;

③脐带缆疲劳分析计算;

④简化或加强的办法;

⑤组合应力谱的应用;

⑥雨量循环计数程序或疲劳损伤谱;

⑦平均应力影响直方图。

这些方面的疲劳分析可以说明如下。脐带缆的疲劳分析和SCR之间最大的区别在于当脐带缆钢管和管道发生相对滑动时摩擦力的影响。本节讨论的脐带缆现场疲劳分析方法是基于两篇OTC论文:由Duco公司(霍夫曼,2001年)撰写的OTC 13203,以及由MCS(卡瓦纳等,2004)撰写的OTC 16631。现场疲劳分析证明脐带缆的疲劳寿命是设计寿命的10倍。

(1)波浪散点图的海况数据的选择

波浪散点图描述了工作中脐带缆的海况环境。采用所有波浪散点图描述海况进行疲劳分析是不切实际的。因此,通常的方法是将一组数据组合在一起来表示"联合"海况,用有效波高和波浪周期来表示。而对波高和波浪周期的选择往往是保守的。

这种方法将波浪散点图压缩到一个"可控"的海况数(20~50),这使得分析能够在合理的时间内完成。精确地考虑这些不同的海况对于脐带缆的影响也很重要。

(2)有限元静力模型分析

有限元静力分析常通过一个代表钢管脐带缆的模型来进行,其结果常常作为时域和频域动力有限元分析的起点。

(3)水下脐带缆的疲劳分析计算

水下脐带缆的疲劳损伤是3种应力作用的结果。分别是轴向应力(σ_A)、弯曲应力(σ_B),摩擦应力(σ_F)。这些应力满足如下方程:

$$\sigma_A = 2\sqrt{2}SD_T/A \qquad (9-1)$$

$$\sigma_B = 2\sqrt{2}ERSD_k \qquad (9-2)$$

式中　SD_T——张力标准差；

　　　A——脐带缆的钢横截面面积；

　　　E——杨氏模量；

　　　R——临界钢管的外径；

　　　SD_k——曲率标准差。

临界钢管是脐带缆中承受最大应力的管道，通常情况下，该钢管具有最大的横截面或离脐带缆中心线最远。

临界钢管所受的摩擦力为滑动摩擦应力（σ_{FS}）和弯曲摩擦应力（σ_{FB}）的较小值。这是基于如下理论：当管道相对其导管滑动时，只有达到一个固定值时它才会受到弯曲摩擦应力，如图 9 – 15 所示。

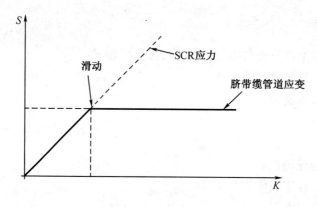

图 9 – 15　脐带缆摩擦力

因此，按照 Kavanagh 等（2004）的观点。

$$\sigma_F = \min(\sigma_{FS}, \sigma_{FB}) \tag{9-3}$$

$$\sigma_{FS} = \frac{\mu F_C}{A_t} \tag{9-4}$$

$$\sigma_{FB} = ER_L \sqrt{2} SD_k \tag{9-5}$$

式中　μ——摩擦系数；

　　　F_C——螺旋钢管间的接触力；

　　　A_t——脐带缆钢管的临界横截面；

　　　R_L——管道层半径（从脐带缆中心到临界脐带缆中心）。

$$F_C = \left[\frac{T\sin^2\phi}{R_L} + \frac{EI_{tube}\sin^4\phi}{R_L^3} \right] L_P \tag{9-6}$$

式中　T——平均张力；

　　　ϕ——铺管角度（相对于脐带缆中性轴的夹角）；

　　　EI_{tube}——管道弯曲刚度；

　　　L_P——管间距长度的 1/2。

八、脐带缆工业历程

纵观发展历史,脐带缆市场主要被两家公司垄断:Technip 子公司 Duco 和 Oceaneering 集团子公司 Multiflex。但是近几年来,另外两家油田装备制造商 Nexans 和 Kvaerner 在钢管脐带缆设计方面取得了长足的进步。

现在有许多制造商致力于动态脐带缆的生产,如用于水下机器人、地质勘探的脐带缆等。其中包括 JDR 电缆和 Cortland 纤维。

目前,世界上只有两家主要的电力接线盒制造商:

(1)位于英国 Cumbria 郡 Ulverston 的 Tronic(expro 集团成员之一);

(2)位于美国佛罗里达州的 Ocean Design。

北海和欧洲北部的大多数水下连接器来自于 Tronic,而 Ocean Design 是墨西哥湾水下连接器的主要供应商。

第十章　立管结构可靠性分析

一、概述

随着世界经济的发展,能源成为了制约人类社会发展的首要因素。随着不断的开采和使用,陆上的石油、天然气等资源已经越来越少,现有的能源储备已经无法满足飞速发展的世界经济的需要,越来越多的国家都已经将能源的希望寄予到了新的方向——海洋。海洋的面积约占地球表面积的四分之三,其中蕴含有大量的宝藏。目前,发达国家都已经在海洋资源开发方面投入了大量的人力和物力。在墨西哥湾、北海、西非湾、巴西海域以及中国的渤海、东海和南海等海域都已经有大量的油气田被发现和开发。

我国幅员辽阔,有着长达 18 000 公里的海岸线,大陆架面积近 110 万平方公里,管辖海域有 300 万平方公里。据估算,石油储量达 400 亿吨以上,天然气储量有 15 万亿立方之多。在"十五"和"十一五"计划中,我国石油的增长点都来自海上,海洋石油必将成为我国国民经济的新的增长点。

海洋工程行业具有高收益、高风险的特点。尤其是没有自航能力的平台和其他设备,自身很可能发生疲劳、腐蚀的损伤,而一旦发生事故,造成的影响不可估量。所以,为了保证海洋结构物的安全,减少其对环境和社会的影响,必须提高海洋结构物的安全性和可靠性。对海洋结构物展开结构可靠性分析就是一种直接的、安全的、有效的方法。结构可靠性和疲劳可靠性在海洋石油开发中的应用也就因此日益得到关注和认同。

海洋立管是海洋油气开发系统中的重要组成之一。其特殊的细长体结构使之成为海洋油气开发中薄弱的环节。海洋立管内部会有油气流通过,外部还要承受波流荷载的作用。由于立管所处的海洋环境的复杂性,其影响因素也较多。一般来说,立管事故的诱因可能是碰撞、坠落、海流引发的涡激振动、压力超载、爆炸或者火灾,以及平台移位等。立管一旦发生事故,可能引起原油或可燃气体的泄漏,不但可能造成严重的污染,还可能造成爆炸等危险事故。

2002 年 4 月 22 日,马来西亚附近海域的"Ocean Baroness"半潜式钻井平台的钻井立管中段在悬挂状态下发生断裂事故,事故研究报告称,局部过载是事故发生的主要原因。2003 年 5 月 21 日,处于美国墨西哥湾的"Transocean's Discover Enterprise"深海钻井船在钻探工作中发生断裂,近 1 875 英尺的立管沉到海底。事故研究报告称,最根本的原因是由于腐蚀引起水下 3 200 英尺的一段立管法兰接头的螺栓发生氢脆变,进而导致的立管断裂。由类似的事故可以看出,立管的局部,包括连接器的部件(法兰、螺栓、密闭件等)、辅助管道等的破坏,都往往是导致立管系统事故的起点,而其破坏的原因,也大多集中在过载、疲劳和腐蚀等方面。

目前对于立管等海洋结构物所关注的一般性结构损伤主要集中于极限强度与疲劳强度

方面。从静力分析到动力分析,考虑的载荷主要来自于波浪、流、地震等。在理论解上,需要建立结合了 Morison 方程的静力和动力微分方程,再用有限差分法进行求解。在所使用的计算软件上,也由最初的通用有限元软件 ANSYS,ABAQUS 等,发展到专用的有限元软件 SHEAR7,Orcaflex 等。对于疲劳问题的研究,多年来已经历了从确定性模型到概率性模型,从 $S-N$ 曲线到断裂力学方法的发展。许多专用的海洋工程软件中集成了疲劳分析模块。很多学者对于立管在波流联合作用下,尤其是发生涡激振动时的立管疲劳裂纹生成、扩展、检测以及失效概率的更新做出了大量的研究工作,取得了不少成果。

不过,以往对海洋立管进行的强度分析中,对于立管在极限风暴载荷作用的下的强度问题考虑甚少,对立管进行研究的工况也仅仅局限于正常的操作状态,对于立管的某些特定的工作状况,例如悬挂工况下的强度问题,也缺少针对性的研究。在立管的结构可靠性方面,尚未有针对立管在极限风暴载荷作用下的结构可靠性分析。在波浪作用下、波流联合作用下或立管涡激振动作用下的立管疲劳可靠性分析方面,多是从动力响应分析中得到应力谱,再采用 Palmgren-Miner 线性累积损伤方法或断裂力学方法,建立失效模式的极限状态函数,再采用一次二阶矩法或蒙特卡洛法求解可靠度。但是,在极限状态函数的获得上,方法较为繁琐,且不能充分考虑各种随机变量的特性。因此,加强立管结构安全性方面的研究,对立管服役期间面临的各种不同工况进行结构强度分析、疲劳寿命分析和可靠性分析是很有必要的。

本章以立管中的典型代表——钻井立管为研究对象,对钻井立管服役期间可能遭遇的各种结构强度问题进行研究,探讨了操作与悬挂工况下的钻井立管结构强度与疲劳寿命问题;引入响应面方法,结合试验设计、有限元方法、一阶二次矩方法和蒙特卡洛法等方法,进行了极限风暴载荷及波流联合作用下的钻井立管结构可靠性研究,和流载荷作用下钻井立管涡激振动疲劳可靠性研究。本章围绕钻井立管的安全性问题展开计算与分析,以期望更加全面地了解钻井立管这种海洋结构物的特性,得到有意义的结论,为进一步深入研究钻井立管的结构可靠性评估以及保障海洋石油工业生产安全提供基础和依据。

二、结构可靠性相关概念

1. 结构可靠性基本概念

结构可靠性,是指在规定时间和条件下,结构具备的能够满足预期的安全性、适用性和耐久性等功能的能力。在规定的时间和条件下,结构能够完成预定功能的概率,是结构可靠性的概率度量,即结构的可靠度。能够影响结构可靠性的因素有很多,客观方面有外载荷作用、环境影响、材料、几何参数等参量的随机性,主观方面有人们的认识水平、操作方法、采用的理论等。这些影响因素都是随机的,所以要评价结构完成预定功能的能力只能用概率度量。结构能够完成预定功能的概率,称为可靠概率;结构不能完成预定功能的概率,称为失效概率。工程结构设计的目的,就是力求最佳的经济效益,将失效概率限制在人们实践所能接受的适当程度上。

由于海洋工程相关的各种结构物存在大量不确定性的因素,使得可靠性的理论有着广阔的应用空间。在现阶段的海洋平台结构设计中,安全系数法和 API 规范中的荷载抗力系数设计法是考虑到不确定因素的一种设计途径,但是由于这些方法都无法考虑非线性问题,所以存在很大的弊端。应用基于可靠性理论的行设计分析是海洋工程未来发展的主要方向。

在可靠性研究中一般会考虑到两种不确定度:

第一类不确定度,是研究对象本身固有的一类不确定度,这一不确定度无法预先判断。即使是收集大量的数据资料,也无法使这一不确定度消失或减小。但是,通过深入的研究,可以对这一不确定度做出合理有效的估量。

第二类不确定度,是由于人类对于事物的认知的不完备产生的。这一认知包括理论知识或原理的了解深度,某种计算过程的合理性等。这一不确定度是可以通过知识和经验的增长来减小的。

2. 结构可靠度和极限状态

结构在规定的时间内与规定条件下完成预定功能的概率称为结构的可靠度。反之,结构不能完成预定功能的概率,称为失效概率。P_r 表示可靠度,P_f 表示失效概率,有

$$P_r = 1 - P_f \tag{10-1}$$

结构的极限状态是指,当结构整体或部分在超过某一状态时,结构就不能满足功能要求的临界状态。描述结构极限状态的函数叫做极限函数,假设某结构受到 n 个随机变量的影响,可以把它的极限状态函数表示为如下形式:

$$Z = g(X_1, X_2, X_3, \cdots, X_n) \tag{10-2}$$

Z 又称为安全余度。

$Z > 0$ 时为可靠状态,$Z = 0$ 时结构处于极限状态,$Z < 0$ 时结构失效。

$$Z = g(X_1, X_2, X_3, \cdots, X_n) = 0 \tag{10-3}$$

式(10-3)称为极限状态方程。

可靠性方法的基础,是要了解结构受到的载荷、结构本身的强度的不确定性,构建概率模型,用概率的形式去判别结构失效的可能。这一方法的准确性是基于结构本身、载荷环境的数据资料的数量和质量,并不能作为结构在环境作用下中的真实度量。

3. 结构可靠性指标与失效概率

对于随机变量为 X_i,对应的联合概率密度为 $f_x(x_1, x_2, \cdots, x_n)$ 的结构可靠性问题,可以通过下式来求解结构的失效概率:

$$P_f = \iint \cdots \int_{z<0} f_x(X_1, X_2, X_3, \cdots, X_n) \, \mathrm{d}x_1 \mathrm{d}x_2 \cdots \mathrm{d}x_n \tag{10-4}$$

但是,当实际情况为多维时,尤其是考虑到非线性问题,上式很难求得理想的结果。因此,一般会采用近似的方法,即可靠性指标法。

我们需要把基本的随机变量分为两类:结构强度随机变量 R 和荷载随机变量 S,其具体表示如下:

$$R = R(X_{R_1}, X_{R_2}, X_{R_3}, \cdots, X_{R_i}) \tag{10-5}$$

$$S = S(X_{S_1}, X_{S_2}, X_{S_3}, \cdots, X_{S_i}) \tag{10-6}$$

再设极限状态函数为

$$Z = g(R, S) = R - S \tag{10-7}$$

显然,当 $Z > 0$ 时,结构处于可靠状态,当 $Z < 0$ 时,结构失效。这样表示以后,多维的随

机变量转化成了二维随机变量问题,便于分析计算。

若 S 与 R 是相互独立且服从正态分布的随机变量,其概率密度函数分别为

$$f_S(S) = \frac{1}{\sqrt{2\pi}}\exp\left[-\frac{1}{2}\left(\frac{S-\mu_S}{\sigma_S}\right)^2\right] \tag{10-8}$$

$$f_R(R) = \frac{1}{\sqrt{2\pi}}\exp\left[-\frac{1}{2}\left(\frac{S-\mu_R}{\sigma_R}\right)^2\right] \tag{10-9}$$

式中,μ_S 和 σ_S 分别为 S 的均值和标准差,μ_R 和 σ_R 分别为 R 的均值和标准差。可知 Z 也是正态分布的随机变量,其概率密度函数为

$$f_Z(Z) = \frac{1}{\sqrt{2\pi}}\exp\left[-\frac{1}{2}\left(\frac{Z-\mu_Z}{\sigma_Z}\right)^2\right] \tag{10-10}$$

Z 的均值和标准差分别为

$$\mu_Z = \mu_R - \mu_S \tag{10-11}$$

$$\sigma_Z = \sqrt{\sigma_R^2 + \sigma_S^2} \tag{10-12}$$

可得到

$$P_f = P(R-S) = P(Z<0) = \int_{-\infty}^{0} f_Z(Z)\,\mathrm{d}Z = F_Z(0) \tag{10-13}$$

将 Z 标准正态化,令

$$Y = \frac{Z-\mu_Z}{\sigma_Z} \tag{10-14}$$

得到

$$F_Z(Z) = \phi(y) \tag{10-15}$$

式中,$\phi(y)$ 为标准正态分布函数,则式(10-13)变为

$$p_f = F_Z(0) = \phi\left(-\frac{\mu_Z}{\sigma_Z}\right) = \phi(-\beta) \tag{10-16}$$

式中

$$\beta = \frac{\mu_Z}{\sigma_Z} = \frac{\mu_R - \mu_S}{\sqrt{\sigma_R^2 + \sigma_S^2}} \tag{10-17}$$

上式的 β 即为结构的可靠性指标。

由于标准正态分布函数的对称特性,可知

$$\phi(-\beta) = 1 - \phi(\beta) \tag{10-18}$$

综上,可得结构可靠度为

$$P_r = 1 - P_f = 1 - \varphi(-\beta) = \phi(\beta) \tag{10-19}$$

三、结构可靠度的计算方法

本节将会介绍几种常规的可靠度计算方法。

1. 均值一次二阶矩法

均值一次二阶矩法的要点是把极限状态函数在各变量的均值处展开为泰勒级数,同时并舍去高阶分量,得到 Z 的均值和方差如式(10-25)(10-26)所示

$$\mu_Z = g(\mu_{x_1}, \mu_{x_2}, \cdots, \mu_{x_n}) \tag{10-25}$$

$$\sigma_Z^2 = \sum_{i=1}^{n} \sigma_{x_i}^2 \left(\frac{\partial g}{\partial X_i}\right)^2 \mu_{X_i} + \sum_{i=1}^{n} \sum_{j=1}^{n} \mathrm{cov}(X_i, X_j) \left(\frac{\partial g}{\partial X_i}\right)_{\mu_{X_i}} \left(\frac{\partial g}{\partial Xj}\right)_{\mu_{X_j}} \tag{10-26}$$

之后,就可以方便地求得可靠性指标:

$$\beta = \frac{\mu_Z}{\sigma_Z} \tag{10-27}$$

这种方法比较简单,可以直接给出 β,非常直观。同时,计算简便,尤其在当 $\beta = 1 \sim 2$ 时,尤为适用。但是,对于同一问题,当采用不同的且等效的极限状态方程时,将获得不同的可靠度指标 β,这就是均值一次二阶矩法存在的问题,即对于同一失效面,可能有多个等效的失效函数,在取不同的失效函数时,计算得到的可靠度指标不同。这是因为对于非线性功能函数,因略去二阶及高阶项,故随着线性化点 $X_{0i}(i = 1, \cdots, n)$ 到失效边界距离的增加而使误差越来越大。由于选用均值点作为线性点,而均值点一般在可靠区而非失效边界上,故往往有相当大的误差。

2. 改进的一次二阶矩法

为解决均值一次二阶矩的问题,将线性化点选在失效边界上,而且选在结构最大可能失效概率对应的设计验算点 $P^*(S^*, R^*)$ 上。依此得到的方法称为改进一次二阶矩法或验算点法。该方法是 1974 年由 Hasofer 和 Lind 提出来的,也称 $H-L$ 法。

该方法的要点是选取设计点也叫验算点。为了得到验算点,先要将基本随机变量变为标准正态变量,如式(10-28)所示。在标准正态变量空间中,极限状态曲面上离原点最近的点,即是验算点。

$$U_{X_i} = \frac{X_i - \mu_{X_i}}{\sigma_{X_i}} \quad (i = 1, 2, \cdots) \tag{10-28}$$

标准化正态坐标系中的极限状态方程为

$$Z = g(U_{X_i}\sigma_{X_i} + \mu_{X_i}, \cdots, U_{X_n}\sigma_{X_n} + \mu_{X_n}) = 0 \tag{10-29}$$

可靠性指标则是验算点与原点的距离,一般采用迭代法找出验算点的位置,本文不作详述。

对于验算点法,只要是等效的状态方程,其结果必然是相同的,从而避免了中心点法的问题。在实际工程计算中,验算点法已作为求解可靠度指标的基础,并有时直接简称为一次二阶矩法。但是要注意,用一次二阶矩法只有在统计独立的正态分布变量和线性极限状态方程下才能得到精确值,而对于非线性状态方程则为近似值。在工程结构中,变量基本都是统计独立的,但却不一定是正态分布,对于其他分布变量,则需采用其他方法。

3. JC 法

JC 法适用于随机变量为任意分布下结果可靠度的求解。该法通俗易懂,计算精度又能满足工程需要,已经为国际安全度联合委员会(JCSS)所采用,故又称为 JC 法。JC 法的要点是需要事先将非正态的随机变量正态化。非正态随机变量的当量正态化如图 10-1 所示。

由上述条件 $F_{X_i}(x_i^*) = F_{X_i}(x_i^*)$ 即 $\phi\left(\frac{x_i^* - \mu_{x_i'}}{\sigma_{x_i'}}\right) = F_{x_i}(x_i^*)$;

于是,当量正态分布的平均值 $\mu_{x_i^*}$ 为 $\mu_{x_i'} = x_i^* - \phi^{-1}[F_{x_i}(x_i^*)]\sigma_{x_i'}$。

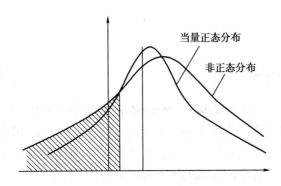

图 10 - 1　非正态随机变量的当量正态化

又由 $f_{x_i'}(x_i^*) = f_{x_i}(x_i^*)$ 或 $\phi\left(\dfrac{x_i^* - \mu_{x_i'}}{\sigma_{x_i'}}\right)\Big/\sigma_{x_i'} = f_{x_i}(x_i^*)$，令

$$\varphi\{\phi^{-1}[F_{x_i}(x_i^*)]\}/\sigma_{x_i'} = f_{x_i}(x_i^*)$$

所以，当量正态分布标准差 $\sigma_{x_i'}$ 可以表示为 $\sigma_{x_i'} = \dfrac{\varphi\{\varphi^{-1}[F_{x_i}(x_i^*)]\}}{f_{x_i}(x_i^*)}$。

在得到正态当量的 $\mu_{x_i'}, \sigma_{x_i'}$ 以后，即可通过上文中的改进的一阶二次矩法，计算出可靠性指标 β 和失效概率 P_f。

下面给出一阶二次矩方法的计算步骤，其在 JC 法中也是通用的。

(1)先假定初演算点 x^*，可取 $x^* = \mu_X$。

(2)对非正态分布变量 X_i，计算 σ_{X_i} 和 $\mu_{X_i'}$，利用公式 $\sigma_{X_i'} = \dfrac{\varphi\{\varphi^{-1}[F_{X_i}(x_i^*)]\}}{f_{X_i}(x_i^*)}$ 和 $\mu_{X_i'} = x_i^* - \phi^{-1}[F_{X_i}(x_i^*)]\sigma_{X_i'}$，用 $\mu_{X_i'}$ 代替 μ_{X_i}，用 $\sigma_{X_i'}$ 代替 σ_{X_i}。

(3)利用式(10 - 30)，计算 $\cos\theta_{X_i}$

$$\cos\theta_{X_i} = -\frac{\dfrac{\partial gx(x^*)}{\partial X_i}\sigma_{X_i}}{\sqrt{\sum_{i=1}^{n}\left[\dfrac{\partial gx(x^*)}{\partial X_i}\right]^2\sigma_{X_i}^2}} \qquad (10 - 30)$$

(4)运用公式(10 - 31)，计算 β

$$\beta = \frac{\mu_{Z_L}}{\sigma_{Z_L}} = \frac{gX(x^*) + \sum_{i=1}^{n}\dfrac{\partial gX(x^*)}{\partial X_i}(\mu_{X_i} - x_i^*)}{\sqrt{\sum_{i=1}^{n}\left[\dfrac{\partial gX(x^*)}{\partial X_i}\right]^2\sigma_{X_i}^2}} \qquad (10 - 31)$$

(5)运用 $x_i^* = \mu_{X_i} + \beta\sigma_{X_i}\cos\theta_{X_i}, i = 1, 2, \cdots, n$，计算新的 x^*。

(6)以新的 x^* 重复(2)至(5)，直至前后两次 $\|x^*\|$ 之差 $< \varepsilon$。

四、响应面法

1. 响应面法的基本原理

响应面法(Response Surface Method,RSM)最早是由数学家 Box 和 Wilson 于 1951 年提出来的。由随机试验转变为一定数量的确定性试验,通过试验结果模拟响应面来反映真实极限状态曲面。响应面的实质是用一个函数来实现曲线(面)的拟合,这个函数可以把基本变量和极限状态函数之间建立起显式的输入与输出的关系。

响应面方法最初源于试验设计方法,它本身既可以用来处理试验设计,也可以直接用于数值计算。该方法必须首先假定,随机输入的变量和参数之间能够用可知的数学函数关系表示出来,在此基础上,有两个关键问题,一是如何选定合理的随机输入变量样本点,要做到准确且高效,目前常用的方法有中心合成设计和均匀设计等。二是通过什么手段回归拟合随机输入变量与参数之间的关系,常用的方法是多元非线性回归或者正交多项式回归等。

响应面函数的数学表达式要尽量简单,待定系数要尽量少,要在能保证精度的情况下,尽量通过较少的工作量拟合出响应面函数。一般来说,较常见的响应面函数往往为二次不含交叉项的线性多项式。例如,如果随机变量为 $X = \{X_1, X_2, \cdots, X_n\}$,对应的多项式形式为

$$g(X) = g(X_1, X_2, \cdots, X_n) = a_0 + \sum_{i=1}^{n} a_i X_i + \sum_{i=1}^{n} a_{ii} X_i^2 \qquad (10-32)$$

式中,a, a_i 和 $a_{ii}(i=1,2,\cdots,n)$ 为待定系数。

为了求得式(10-32)中的待定系数,需要展开足够数量的验算点来求得 $g(X)$ 的值,再解线性方程组求出所有的待定系数,最终得到失效函数的实际表达式。本文将在极限风暴载荷作用下的立管结构可靠性分析中应用高次的多项式响应面方法,在涡激振动作用下的立管疲劳可靠性分析中应用二次的线性多项式响应面方法。

总之,通过合理地选取试验点和迭代策略,可以保证多项式函数能够在失效概率上收敛于真实的隐式极限状态函数的失效概率。

2. 响应面法在结构可靠性计算上的应用

目前在结构可靠性计算方面,应用得最广泛的方法是一次二阶矩法,或者是以一次二阶矩法为基础的各种改良方法。但是这类方法都首先要求已知功能函数,或者可以用数学方法明确描述。在遇到实际工程中的很多复杂的,尤其是非线性的问题时,该方法就受到了很大的制约。响应面方法为解决此类问题提供了一种渠道,它可以用二次多项式代替大型复杂结构的功能函数,再通过迭代的方法对差值展开点和系数进行调整和优化,大多数情况下可以满足精度要求,还具有比较高的计算效率。

响应面法的应用的主要步骤如下:

(1)确定一个形式较为简单的函数形式,要求尽量少的变量且能够反映极限状态方程的特征。

(2)通过试验设计方法确定试验点,要求数量尽量少且能反映实际的函数形式。假设试验点为 $X(1) = (X_1(1) \cdots, X_i(1), \cdots, X_n(1))$,首次计算常选用平均值点。

(3)通过数值试验(例如有限元方法)对试验点进行计算,由计算结果得到式(10-33)

和(10 – 34)的功能函数。

$$y = g(X_1(1)\cdots, X_i(1), \cdots, X_n(1)) \tag{10 – 33}$$

以及

$$y = (X_1(1)\cdots, X_i(1) \pm f\sigma_i, \cdots, X_n(1)) \tag{10 – 34}$$

一般要得到 $2n + 1$ 个试验点的值,上式中系数 f 在首次计算中取 2 或 3,在迭代过程中取 1,σ_i 是 X_i 的均方差。

(4)得到试验点的结果数据后,采用线性回归方法得到待定系数,从而确定具体的响应面函数。

(5)用得到的响应面方程,通过上一节提到的改进的一次二阶矩法、JC 法或者蒙特卡洛法,求出验算点 $X*^{(k)}$ 的可靠性指标 $\beta^{(k)}$,k 表示迭代的步数。

(6)通过式(10 – 35)看收敛条件是否满足,如果不满足,则利用式(10 – 36)的插值法得到新的展开式。然后再回到第(3)步,以迭代点 $x_m^{(k)}$ 进行迭代,直到满足收敛条件为止。

$$|\beta_{k+1} - \beta_k| < \varepsilon, \varepsilon \text{ 为收敛精度} \tag{10 – 35}$$

$$x_m^{(k)} = \mu^{(k)} + (x^{(k)} - \mu^{(k)})g(\mu^{(k)}) \div [g(\mu^{(k)}) - g(X^{(k)})] \tag{10 – 36}$$

五、结构体系可靠度分析的最弱失效模式组法

一般说来,工程结构都是以体系形式存在的,例如一个立管系统的构成,本身非常复杂,包括了从顶部的张紧器到底部的柔性接头之间所有的部件。在作可靠性分析时候,就要考虑很多的影响因素。大量的影响因素就可能对应着大量的失效模式,但是对于工程安全性预测来说,有许多失效模式不是主要的或致命的。而对立管的结构可靠性分析来说,通常在不同的失效模式中含有相同的构件,这就构成了所谓的失效模式相关性,相关性的本质即为:在不同的失效模式中存在相同的失效路径和相同的系统构件。如何处理相关性问题是立管可靠性分析的要点之一,重复计算不但是没有必要的,也会影响设计、优化的效率。所以,就要对各种失效模式进行分析,找出系统中哪些是最薄弱环节,这就涉及一个最弱失效模式组的问题。对于立管来说,就需要将立管的结构可靠性问题分段考虑,对每段的薄弱环节进行可靠性的计算分析,最终得到整个立管系统的可靠性分析结果。

最弱失效模式组法的关键是确定影响结构系统可靠性的主要失效模式,而且要尽量控制数量。具体是通过最弱失效模式结构指标来控制系统的可靠性计算重点和规模。参考文献[106]给出了基于事件集关系的最弱失效模式理论。本文做以参考,并应用到了立管的可靠性计算中去。

1. 结构体系的最弱失效模式理论

文献[109]指出,如果结构部件有相同的抗力系数,结构体系的失效概率与体系中最弱失效模式的失效概率是相同的。

设在失效模式事件集 $\bar{E}_i$ 中存在最大集

$$\bar{E}_{1*} = \sup_{1 \le i \le n} \bar{E}_i \tag{10 – 37}$$

系统的失效概率为

$$P_f = P\{\bigcup_{i=1}^{n} \bar{E}_i\} = P(\bar{E}_{1*}) \approx P_{fR_i} \tag{10 – 38}$$

$\bar{E}_{1*}$ 的失效模式被称作名义最弱失效模式,其物理意义是或者该失效模式独立出现,或者其他失效模式 $\bar{E}_i$ 出现时伴随着 $\bar{E}_{1*}$ 的出现。用事件集图表来表示,如图 10-2 所示。

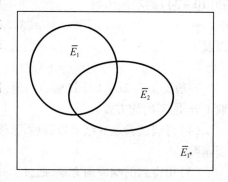

图 10-2　最弱失效模式与其他失效模式的关系

如果系统具有确定性的单一随机载荷,在该载荷作用下,构件的极限状态方程可以用式(10-39)表示

$$g_i(S) = a_{0i} + a_{1i}S \qquad (10-39)$$

S 是单一随机载荷。如果极限状态方程非线性,可以通过一次二阶矩方法,将其在 S 的验算点处,以上式的线性形式展开。

对应的失效模式为

$$\bar{e}_i = \{g_i(S) \leqslant 0\} = \left\{S \leqslant -\frac{a_{0i}}{a_{1i}}\right\} = \{S \leqslant q_i\} \qquad (10-40)$$

式中 $q_i = -\dfrac{a_{0i}}{a_{1i}}$,通过上式计算,结构体系名义失效模式为

$$\bar{E}_{i*} = \sup_{1 \leqslant i \leqslant N}\{\bar{E}_i\} = \sup_{1 \leqslant i \leqslant N}\{S \leqslant q_i\} = \{S \leqslant \max_{1 \leqslant i \leqslant N} q_i\} \qquad (10-41)$$

式中 $q_{i*} = \max\limits_{1 \leqslant i \leqslant N} q_i$ 使得 $\bar{E}_{i*} \supset \bar{E}_i$ $(i \neq i^*, i=1,2,\cdots,N)$,则系统的失效概率为

$$P_f = P\{\bar{E}_{i*}\} = P_{fg_{i*}} = \max_{1 \leqslant i \leqslant N}\left[\min_{1 \leqslant j \leqslant n_i} P_{fg_i}\right] \qquad (10-42)$$

如果结构本身的抗力与外载荷都是随机的,文献[106]给出了在这种情况下的结构系统最弱失效模式计算思路:

(1)如果系统的最弱失效模式不论对 S 的任何样本都是 $\bar{E}_{i*}$,而且 $\bar{E}_{i*}$ 总能用 n_{i*} 中最弱的构件失效模式 $\bar{e}_{i*}$ 表示,则仍可以用式(10-41)计算系统的可靠性。

(2)如果(1)不满足,则需要用式(10-43)的全概率公式计算结构系统的失效概率

$$P_f = \sum_{k=1}^{K} P_{f_g}(\omega_k) P_\Omega(\omega_k) \Delta\omega_k \qquad (10-43)$$

式中 $P_{f_g}(\omega_k)$ 为抗力取 ω_k 时结构体系的可靠度;$P_\Omega(\omega_k)$ 为抗力的概率密度函数。

2. 结构体系的最弱失效模式组法

在工程实际应用中,结构和其所在的环境都存在着大量的多样性和随机性,很难用单独的最弱失效模式来代替结构的失效模式,参考文献[106]给出了用最弱失效模式组来代替单独的最弱失效模式的方法。

假设在失效模式事件集 $\bar{E}(i=1,2,\cdots,N)$ 中,有若干最大集:

$$\bigcup_{k=1}^{m} \bar{E}_{i*k} = \sup_{1 \leqslant i \leqslant N} \bar{E}_i \qquad (10-44)$$

式中 $\bar{E}_{i*k}(k=1,2,\cdots,m)$ 是系统中的部分集,m 是最大集个数;$\sup\limits_{1 \leqslant i \leqslant n} \bar{E}_i$ 为事件集中的最大集。如果使

$$\bar{E}_{i*k} \supset \bar{E}_{ki} \qquad (10-45)$$

式中 $\bar{E}_{ki}$ 是从属于最大集 $\bar{E}_{i*k}$ 的事件集,则

$$\bigcup_{k=1}^{m} \bar{E}_{i*k} = \bigcup_{i=1}^{N} \bar{E}_i \qquad (10-46)$$

因为概率测度具有单调性,所以,可知系统的失效概率为最大事件集的失效概率组合,如式(10-47)所示:

$$P_f = P\left\{\bigcup_{i=1}^{N} \bar{E}_i\right\} = P\left\{\bigcup_{k=1}^{m} \bar{E}_{i*k}\right\} \qquad (10-47)$$

则对应的系统失效概率为

$$P\left\{\bigcup_{k=1}^{m} \bar{E}_{i*k}\right\} = \bigcup_{k=1}^{m} P_{fi*k} = \bigcup_{k=1}^{m} \max_{1 \le i \le N} P_{fxi} \qquad (10-48)$$

式中 $P_{fi*k}(k=1,2,\cdots,m)$ 是系统部分集的失效概率; $\max_{1 \le i \le N} P_{fxi}$ 为事件集中最大集失效概率。

对应于这若干个最大事件集 $\bar{E}_{i*k}(k=1,2,\cdots,m)$ 的失效模式称为体系的最弱失效模式组,它的物理意义是或者失效模式 $\bar{E}_{i*k}$ 出现,或者其他任一失效模式 $\bar{E}_i$ 出现必然伴随着 $\bar{E}_{i*k}$ 出现。该结论用事件集关系可以表示为如图 10-3 所示。

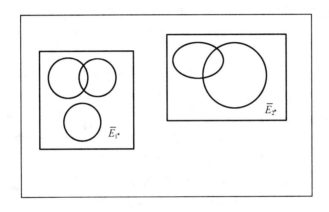

图 10-3　最弱失效模式组和其他失效模式关系

如果构件的极限状态方程可以用下面的线性方程表示

$$g_j(S) = a_{0j} + a_{1j}S \qquad (10-49)$$

则构件的失效模式为

$$\bar{e}_i = \{g_j(S) \le 0\} = \left\{S \le -\frac{a_{0j}}{a_{1j}}\right\} = \{S \le q_j\} \qquad (10-50)$$

式中 $q_j = -\dfrac{a_{0j}}{a_{1j}}$,系统的失效模式为

$$\bar{E} = \left\{\bigcap_{i=1}^{n_i} \bar{e}_j\right\} = \left\{\bigcap_{i=1}^{n_i} [S \le q_j]\right\} = \left\{S \le \max_{1 \le j \le n_i} q_j\right\} = \{S \le q^{(t)}\} \qquad (10-51)$$

式中 n_i 是结构第 i 个失效模式包含的失效构件数,使得 $\bar{e}_j^{(t)} \subset \bar{e}_j (j \ne i, j=1,2,\cdots,n)$。结构体系具有 N 个失效模式,其中最弱失效模式组可求得

$$\bigcup_{k=1}^{m} \bar{E}_{i*k} = \sup_{1 \le i \le N}\{\bar{E}_{ki}\} = \sup_{1 \le i \le n}\{S \le q^{(t)}\} = \left\{S \le \max_{1 \le i \le n} q^{(t)}\right\} = \{S \le q^{(t*k)}\} \qquad (10-52)$$

式中 $(k=1,2,\cdots,m)$, $q^{(t*k)} = \max_{1 \le i \le n} q^{(t)}$,使得 $\bar{E}_{i*k} \supset \bar{E}_{ki}$,体系的失效概率可表示为

$$P_f = P\left\{\bigcup_{k=1}^{m} \bar{E}_{i*k}\right\} = P_{f_{max}} = \max_{1 \le i \le N}\left[\min_{1 \le j \le n} P_{fR_i}\right] \qquad (10-53)$$

式中 P_{fR_i} 是第 j 个构件的失效概率。

在 $H-L$ 可靠指标中,可靠指标 β 为从坐标原点到失效区的最短距离,可靠指标与最弱失效模式组的关系如图 10-4 所示。

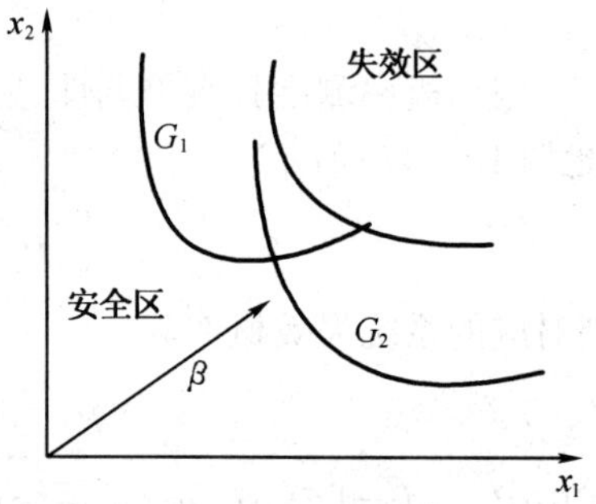

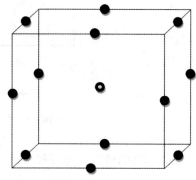

图 10-4　最弱失效模式组与
可靠指标的关系

六、试验设计方法

试验设计(Design of Experiment,DOE),是以概率论和数理统计为理论基础,经济地、科学地安排试验的一项技术。

试验设计的目的是在给定的样本空间为每一个随机变量选出样本点,然后对这些样本点利用有限元等方法进行计算,得出响应值,再通过响应面等方法拟合出待定系数。试验设计的基本原理是重复、随机化以及区组化。是基本试验的重复且随机的进行,还需要通过分组来提高试验的精确度。试验设计的样本点的数量和位置是能够理想高效地拟合函数的关键。

在响应面设计中最常见的两个设计是中心合成设计和 Box-Behnken 设计。在这些设计中,输入 3 个和 5 个不同的值(或水平),但不是这些值的所有组合都出现在设计中。

本文应用 Box-Behnken 设计,Box-Behnken 设计可以拟合一个二次完全析的响应面设计。与大部分中心合成设计方法不同的是,Box-Behnken 设计对每个因子使用三因子水平设计,这在样本较小而且因子为定量数据时很有吸引力。中心合成表面设计也使用三因子水平设计。但是,它不像 Box-Behnken 设计那样可以旋转。另一方面,Box-Behnken 设计被认为对于立方体角点上的值预测能力较弱,因而与中心设计不同。它在立方体角点上没有点。

图 10-5　三因子的 Box-Behnken 设计

七、极限风暴载荷作用下立管结构可靠性分析

本章首先确定极限风暴载荷下各种相关的参数的概率模型,利用试验设计方法构造立管载荷要素组合输入形式,然后利用专用有限元软件对极限风暴、浪、流等各种载荷组合进行计算,得到立管结构响应分布形式,构造拟合多项式响应面,得到立管响应与随机输入变量之间的近似解析表达式,最后基于最弱失效模式,确定钻井立管在危险截面的极限状态函数,继而进行结构可靠性分析,并应用基于重要抽样法的蒙特卡洛法对可靠性分析结果进行检验。

1. 极限风暴载荷概率模型

(1)风速模型的建立

本文选取墨西哥湾某 TLP 平台应用的顶端张力式钻井立管为研究对象,使用风速 v_w 作

为主要的输入参量。基于 API 风力工作组于 1993 年制定的结果,在经过代数处理和单位转化后,这个分布可以以 Gumbel 分布的形式给出:

$$F_{V_{\mathrm{Wannualmax}}}(v_w) = \exp\left\{-5.04\exp\left[-\frac{v_w}{6.66}\right]\right\} \quad (10-54)$$

式中 v_w 为风速,单位为 m/s。

这一每年最大风速的分布可以变形为一个只对少见的风暴感兴趣的基于事件的模型,考虑到风暴的风速都是大于 26.1 m/s 的(由式(10-54)知,风暴的重现率 v 为 0.1 次/年),我们可以得到每次事件中风速的分布为

$$F_{V_{\mathrm{W}}}(v_w) = 1 - \exp\left[\frac{v_w - 26.1}{6.66}\right]; \quad v_w \geqslant 26.1 \text{ m/s} \quad (10-55)$$

结合我们所感兴趣的风暴构成一个比率 v 为 0.1 次/年的泊松过程的假设,上式预测了每年最大值的分布。风速分布中可认知的不确定性是由以一个比例参数为 6.66 的 10% 的不确定度来描述的。

对于考虑到 v_w 的 H_s 的分布,我们使用 25% 规则,即预测的平均 H_s 等于 0.25 乘以 20 米高处的风速。假定在 10 米与 20 米高处的风速的比值为 0.92(应用 1993 API-RP2A 中的风速型线),同时使用基于 Cooper 的均方根误差的标准差,我们可以得到

$$H_s \mid v_w : \begin{cases} \text{mean} = 0.27\,v_w \\ \sigma = 0.75m \end{cases} \quad (10-56)$$

上式中联合条件分布 $H_s \mid v_w$ 假定为对数正态分布。

波浪峰值周期 T_p 的条件分布由 API 波浪力工作组 1993 年的数据得到,可以通过线性等式表示。联合变异系数 cov 值源自 Winterstein 与 Kumar 的工作数据。结果如下:

$$T_p \mid H_s : \begin{cases} \text{mean} = 8.18 + 0.54H_s \\ \text{cov} = 6\% \end{cases} \quad (10-57)$$

上式中 $T_p \mid H_s$ 的联合条件分布假定为对数正态分布。

混合层流的流速的条件分布是由 API 波浪力工作组 1993 年的数据得到的,可以通过线性等式表示。联合变异系数 cov 是凭经验选取的。结果如下:

$$v_c \mid H_s : \begin{cases} \text{mean} = -0.32 + 0.12H_s \\ \text{cov} = 10\% \end{cases} \quad (10-58)$$

上式中 $v_c \mid H_s$ 的联合条件分布假定为对数正态分布。基于风速为主量的模型,可以运用上述公式推导出风速、波浪峰值周期、层流速度、平均位移等参量的统计特征(均值和方差)。

(2)波高模型的建立

年最大 H_s 的分布是由 G. Berek 提供的,它基于 API 风力工作组的结果。在经过代数处理和单位转化后,这个分布可以以 Gumbel 分布的形式给出:

$$F_{H_{\mathrm{Sannualmax}}}(H_s) = \exp\left\{-44.09\exp\left[-\frac{H_s}{1.40}\right]\right\} \quad (10-59)$$

这一分布可以变形为一个基于事件的模型。若只考虑 $H_s > 8.52$ m 的风暴(根据式(10-59),重现率 v 为 0.1 次/年),我们得到每次事件中的 H_s 的分布如下:

$$F_{H_S}(h_s) = 1 - \exp\left[\frac{H_s - 8.52}{1.40}\right]; \quad H_s \geqslant 8.52 \text{ m} \quad (10-60)$$

结合我们所感兴趣的风暴构成一个比率 v 为 0.1 次/年的泊松过程的假设,上式预测了每年最大值的分布,它其实是与(10 – 59)式同等的。

$v_w \mid H_s$ 的条件分布是由 API 波浪力工作组数据得到的,可以通过线性等式表示。联合变异系数 cov 值源自 Winterstein 与 Kumarl 的工作。结果如下:

$$v_w \mid H_s : \begin{cases} \text{mean} = 0.5 + 3.44H_s \\ \text{cov} = 12\% \end{cases} \tag{10 – 61}$$

鉴于用来模拟总体响应的模型所存在的限制因素,这项研究在总体响应中考虑了第二类的不确定性因素,包括静态力、低频均方根位移和波频幅值响应算子 RAO。我们把每个不确定量通过一个变量进行标记,这个变量代表着各个因素计算值与实际值的偏差。

(3)平均偏移、水平力与水平刚度的关系

假定 TLP 平台没有张力腿伸长,我们可以在考虑作用在平台上的水平力和垂向力的条件下建立平均位移和水平力的关系。定义作用在浮体上的水平力为平均力 F_m(源于风浪流)和来自张力腿上的力的水平分量。作用在浮体上的垂向力为浮体的重力、无偏移情况下的浮力、由于沉降而产生的附加浮力,以及来自张力腿上的力的垂直分量。综合考虑张力腿的长度、平均偏移、沉降以及张力腿与垂向的夹角等因素的平衡与几何关系,我们可以推得平均偏移 X_m 和平均力 F_m 的关系式如下:

$$F_m = \frac{T_0 X_m}{L} + K_{wp} X_m \left(\frac{1}{\sqrt{L^2 - X_m^2}} - 1 \right) \tag{10 – 62}$$

上式中出现的其他量值以及它们对于所研究的 TLP 平台的值见表 10 – 1 所示。这个表还包含一些其他的平台参数。

表 10 – 1　TLP 平台中用于整体响应计算的配置与响应参数

符号	描述	数值
L	张力腿长度	962.56 m
T_0	所用张力腿的预张力	57 512.64 kN
K_{wp}	水平面的刚度(TLP 立柱的所有横截面面积×水的重量密度)	7 163.79 kN/m
M	浮体质量(包括附加质量)	48 345.60 t
ζ	阻尼比	0.18
C_{fw}	风力系数	0.039 3

为了简化计算,可以将上式在 $X_m = 0$ 处进行线性三次项泰勒展开,然后求解含 F_m 的三次等式。在给定水平力下的水平偏移如下式所示

$$X_m(F_m) = a(F_m)^{\frac{1}{3}} - \frac{2}{3} \frac{T_0 L}{K_w a(F_m)^{\frac{1}{3}}} \tag{10 – 63}$$

式中

$$a(F_m) = F_m \frac{L^2}{K_{wp}} + \left(\frac{L}{3K_{wp}} \right)^{\frac{3}{2}} \sqrt{8T_0^3 + 27F_m^2 L K_{wp}} \tag{10 – 64}$$

式中的 $F_m = F_w + F_v + F_c$ 为由于风浪流引起的静力的和,假设它们作用的方向相同。

我们可以通过求三次等式的微分来得到水平刚度：

$$K_h(X_m) = \frac{T_0}{L} + \frac{3}{2}\frac{K_{wp}}{L^2}X_m^2 \tag{10-65}$$

这个水平刚度可以用来计算慢漂周期 T_z：

$$T_z = 2\pi\sqrt{\frac{M}{K_h(X_m)}} \tag{10-66}$$

在更为恶劣的海况下,由于刚度的增加,慢漂周期会减少一些。例如,对于 50 年一遇和 1 000 年一遇的风暴载荷,对应的慢漂周期为 130 s 和 116 s。

(4)风力与偏移

静风力是用如下的公式进行计算的：

$$F_w = \frac{1}{2}\rho_a C_s A v_z^2 = C_{fw}v_w^2 \tag{10-67}$$

式中的 ρ_a 为空气的密度,C_s 为形状参数,A 为投影面积,v_z 为风力作用中点高度 1 小时内的平均风速(55 米),C_{fw} 为风力系数,v_w 为 10 米高处的风速(m/s)。

计算由脉动风力引起的低频偏移,需要考虑风谱和浮体的动力特性。风速脉动谱(关于 v_z)是由 Froya 谱来描述的,这个谱已被挪威石油部(NPD)采用并列入近海平台指南注意手册中,并被建议列入 ISO 平台标准中。风速的谱密度函数如下所示：

$$S_{uu}(f) = \frac{320\left(\frac{v_w}{10}\right)^2\left(\frac{z}{10}\right)^{0.45}}{(1+\tilde{f}^n)^{5/(3n)}} \tag{10-68}$$

式中的 $S_{uu}(f)$ 单位为 $m^2\cdot s^{-2}/Hz$,z 为海平面之上的高度,$n=0.468$,此外,

$$\tilde{f} = 172f\left(\frac{z}{10}\right)^{2/3}\left(\frac{v_w}{10}\right)^{-0.75} \tag{10-69}$$

根据 API - RP2A 中 6.2.3 部分的线性化过程,并且假设空气动力导纳为单一的,脉动风力的谱密度函数为

$$S_{ff}(f) = S_{uu}(f)\frac{4F_w^2}{v_z^2} \tag{10-70}$$

式中 F_w 为之前定义的静风力。

计算由于脉动风力产生的均方根偏移量需要使用上面的风力谱和浮体的传递函数。结果如下：

$$X_{rmsLFW}^2 = \int_0^\infty \frac{1}{2\pi}S_{ff}\left(\frac{\omega}{2\pi}\right)\frac{1}{(\omega^2-\omega_0^2)^2+4\zeta^2\omega_0^2\omega^2} \tag{10-71}$$

式中 $\omega_0 = 2\pi/T_z$ 是慢漂频率,单位为 rad/s。通过应用窄带近似估计(假定上式中大部分积分的贡献来自于 ω_0 附近的频率),我们可以得到：

$$X_{rmsLFW} = \frac{1}{K_h}\sqrt{\frac{\pi}{4\zeta}S_{ff}\left(\frac{1}{T_z}\right)\left(\frac{1}{T_z}\right)} \tag{10-72}$$

为了简化应用,我们把下面的方程式转化成在风速范围内以 10 年至 1 000 年为返回频率进行数值积分得到的均方根值的形式。

$$X_{rmsLFW} = c_1\frac{v_w^{3/2}}{\zeta^{1/2}K_h^{3/4}}\left[1+\left(c_2\frac{K^{1/2}}{v_w^{3/4}}\right)^{0.468}\right]^{-\frac{5}{6\times0.468}} \tag{10-73}$$

式中 $c_1 = 97.7$，$c_2 = 2.7 \times 10^5$。c_1，c_2 的值都是本文所研究的 TLP 平台特定的,此方程式是基于前文的公式,也是可以应用于其他平台的。

本文中计算的静风力、偏移的均方根值(使用的 API 风谱,而不是 Froya 谱)都根据 Amoco[102] 的 50 年、100 年和 1 000 年一遇的工况进行了校核,结果是符合要求的。

(5)风力模型的建立

作用在 TLP 浮体上的风力计算中的速度的平方项增大了静力和低频力。静力(或波浪漂移力)是由下式给出的:

$$F_v = 2 \int_0^\infty S_{\eta\eta}(\omega) C_{wd}(\omega) \mathrm{d}\omega \tag{10-74}$$

式中,$S_{\eta\eta}(\omega)$ 是波高的功率谱密度函数,本文使用 $\gamma = 2.4$ 的 Jonswap 型,$C_{wd}(\omega)$ 为波浪漂移参数,是与浮体有关的特征值。

因为我们的计算所感兴趣的波浪的峰值周期大于 10 s,积分中大部分的贡献值来自于峰值在 7 s 左右的波浪。在本文中我们采用了文献[102]的值,其可由下面的关系得到:

$$F_{wd} = 12.49 T_p^{-1.636} H_s^2 \tag{10-75}$$

由于波浪产生的二阶低频力的功率谱也是以波浪谱和波浪漂移参数 $C_{wd}(\omega)$ 给出的。此谱的形式如下:

$$S_{ff}(\omega) = 8 \int_0^\infty S_{\eta\eta}(\omega + \Omega) S_{\eta\eta}(\omega) \left[C_{wd}\left(\Omega + \frac{\omega}{2}\right) \right]^2 \mathrm{d}\Omega \tag{10-76}$$

式(10-76)的计算结果显示出在 ω 从 0 到 0.006 rad/s(根据 100 秒甚至更高的周期)的范围内几乎是平直的。因此,我们可以用 $S_{ff}(0)$ 来近似表示 $S_{ff}(\omega)$。作为 T_p 的函数,$S_{ff}(0)$ 的值(用 H_s^4 正态化后)可以近似表示如下:

$$\frac{S_{ff}(0)}{H_s^4} \approx 0.421 \left[\max\left(\frac{T_p}{7}, 1\right) \right]^{-6.754} \tag{10-77}$$

再次根据窄带的假设,我们可以得到二阶波浪力的偏移均方根表示式:

$$X_{rms2V} = \frac{1}{K_h} \sqrt{\frac{\pi}{4\zeta} S_{ff}\left(\frac{2\pi}{T_z}\right)\left(\frac{2\pi}{T_z}\right)} \approx \frac{1}{K_h} \sqrt{\frac{\pi}{4\zeta} S_{ff}(0)\left(\frac{2\pi}{T_z}\right)} \tag{10-78}$$

风和浪耦合作用下产生的低频均方根偏移可以通过各自的均方根偏移计算得到:

$$X_{rmsLF} = \sqrt{X_{rmsLFW}^2 + X_{rms2V}^2} \tag{10-79}$$

在早期引用窄带近似的情况下,低频运动的跨零周期值 T_z 与通过平台质量和刚度计算得到的值相同,并且相应的带宽还是衰减比 ζ 的函数。

除了这些静态力和低频力外,作用在浮体上的一阶力也会产生波频运动,这些运动通过相应幅值算子 RAO 来表示,如图 10-6 所示。

2. 应力计算

首先,利用前文推导的风速、有义波高、流速、水平偏移、慢漂周期等参数的统计特征值计算方法,得到 50 年一遇和 100 年一遇的风暴模型统计参数特征值如表 10-2 所示。

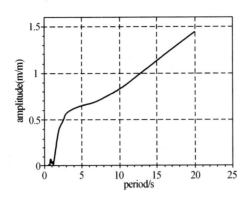

图 10 - 6 TLP 平台典型响应幅值算子

表 10 - 2 50 年一遇的风暴模型重要参数统计特征表

50 年工况	有义波高	风速	波浪峰值周期	混合层流速	水平偏移
	H_s/m	$v_w/(m/s)$	T_p/s	$v_c/(m/s)$	X_m/m
均值 μ	11.40	42.22	14.33	1.05	56.36
方差 σ	0.75	4.22	0.86	0.11	12.21
50 年工况	慢漂位移	慢漂周期	RAO 偏差	阻尼系数	阻尼系数
	X_{rmslf}/m	T_z/s	E_{rao}	$C_d(<500)$	$C_d(>500)$
均值 μ	5.40	136.00	1.00	1.20	0.80
方差 σ	1.63	6.67	0.047	0.36	0.12

表 10 - 3 100 年一遇的风暴模型重要参数统计特征表

100 年工况	有义波高	风速	波浪峰值周期	混合层流速	水平偏移
	H_s/m	$v_w/(m/s)$	T_p/s	$v_c/(m/s)$	X_m/m
均值 μ	12.71	47.08	15.04	1.21	65.35
方差 σ	0.75	4.71	0.90	0.12	13.00
100 年工况	慢漂位移	慢漂周期	RAO 偏差	阻尼系数	阻尼系数
	X_{rmslf}/m	T_z/s	E_{rao}	$C_d(<500)$	$C_d(>500)$
均值 μ	5.79	130.00	1.00	1.20	0.80
方差 σ	1.83	4.67	0.05	0.36	0.12

本文使用 OrcaFlex 软件来计算钻井立管的应力,沿立管长度各个位置的 Von-Mises 应力,将得到的应力值通过响应面方法拟合,并依此进行立管可靠性分析。钻井立管典型位置的 Von-Mises 应力曲线如图 10 - 7 所示。

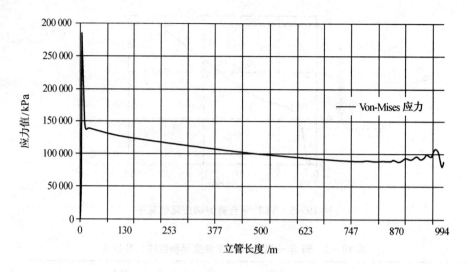

图 10 – 7　Von-Mises 应力沿立管长度分布图

由图 10 – 7 可以清楚地看到,Von-Mises 应力最大值出现在水面与立管接触处,因为此处有张紧器等复杂的结构,又是入水面的重要位置,应力出现最值是合理的结果,而后应力是逐渐递减的,在海底部的防喷器处又有一个微小的提高。

参照应力的分布特征,本文选择 Von-Mises 应力最大处作为分析位置,危险截面在水面下 13.7 m 处附近。

通过响应面方法得到立管危险截面的 Von-Mises 应力的表达式为

$$z = a + b\ln x + cy + d(\ln x)^2 + ey^2 + fy\ln x + g(\ln x)^3 + hy^3 + iy^2\ln x + jy(\ln x)^2$$

其中 x 为 T_p,y 为 V_c。其函数曲面如图 10 – 8 所示。

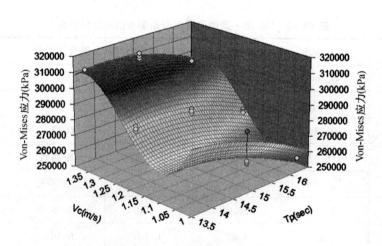

图 10 – 8　极限函数拟合结果

拟合出的函数完整形式为

$$\sigma_{\mathrm{Von-Mises}} = 15\,071\,700 + 3\,438\,740 \times \lg(T_{\mathrm{p}}) - 4\,599\,400 \times V_{\mathrm{w}} -$$
$$2\,699\,200 \times \lg(T_{\mathrm{p}})^2 + 30\,126\,200 \times V_{\mathrm{w}}^2 + 7\,184\,710 \times V_{\mathrm{w}} \times$$
$$\lg(T_{\mathrm{p}}) + 424\,451.575\,2 \times \lg(\tfrac{T}{\mathrm{p}})3 - 7\,443\,200 \times V_{\mathrm{w}}^3 -$$
$$1\,151\,900 \times V_{\mathrm{w}}^2 \times \lg(T_{\mathrm{p}}) - 794\,992.926 \times V_{\mathrm{w}} \times \lg(T_{\mathrm{p}})^2$$

至此水面下 13.7 m 处应力响应极限状态函数的形式已选择出并且其相应的系数也已拟合出来。观察图 10-9 可发现,响应面函数拟合的结果和 OrcaFlex 计算的结构偏差基本都在 1% 以下,最大的为 3.49%,拟合效果较为良好。

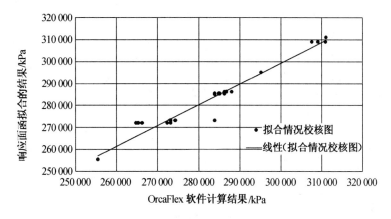

图 10-9　水面下 13.7 m 处应力值响应面拟合情况校核图

至此拟合情况已校核完成,下面运用拟合的极限状态方程计算可靠度和失效概率等可靠性参数。

3. 可靠性计算

利用响应面法拟合到的极限状态方程,计算水面下 13.7 m 的危险截面处可靠性参数 β。见表 10-4。

表 10-4　可靠性参数计算迭代计算值

	初始值	迭代值						
		1	2	3	4	5	...	n
β	0	5.752 3	-3.828 7	-2.295 1	-0.396 2	11.205 1	...	2.614 9
$\alpha1$	0	0.078 6	0.072 6	0.060 5	0.071 7	0.201 5	...	0.025 2
$\alpha2$	0	-0.996 9	0.997 4	0.998 2	0.997 4	-0.979 5	...	0.999 7

最后算得可靠度 $\beta = 2.614\,9$,失效概率为 $P_f = \Phi(-\beta) = 1 - \Phi(\beta) = 0.004\,5$,可靠概率为 $P_r = 1 - P_f = 0.995\,5$。

研究立管在极限工况函数下的失效模式时,通常需要考虑下面这些因素:达到屈服状态后的储备拉伸强度大小、达到与弹性剖面模数有关的屈服后,立管的储备弯曲能力,以及静水压力的影响。这些我们都没法获得相关参数,因此在这里考虑通过响应面法拟合并选择沿立管长度方向 14 个位置的最大 Von-Mises 等效应力进行分析得到极限状态函数,同时考虑立管在不同的位置处的最弱失效模式,通过计算和相关性分析确定各个位置的极限状态方程。

根据上面的理论算例分析,我们可以用相似的方法得到不同立管长度分布的可靠性情况和极限状态方程,最终的沿立管长度的失效概率情况见表10-5。

表10-5　沿立管长度失效概率情况

立管距海底位置/m	可靠度指标 β	失效概率 P_f/%
13	1.88	3.03
16	1.96	2.52
18	2.13	1.65
50	3.09	0.10
201	3.21	0.06
230	1.99	2.35
401	2.89	0.20
601	1.92	2.73
813	2.04	2.07
961	1.83	3.30
974	2.74	0.30
986	1.92	2.73

可以看出,立管在顶部、底部和中端多处位置失效概率超过了2%,所以可以判定立管结构在100年一遇的风暴下是难以自存的,必须选择将立管断开、收回等措施,才能保证立管的安全。

4. 可靠度计算结果验证

通过较精确的蒙特卡洛法可以校核响应面方法的正确性。本文采用蒙特卡洛法中的重要抽样方法作为研究方法编写程序。计算出上述算例相应蒙特卡洛法的计算结果,如表10-6所示。

表10-6　响应面法与蒙特卡洛法对比

立管距海底位置/m	响应面方法 P_f/%	蒙特卡洛法 P_f/%	相对误差 /%
13	3.03	3.10	2.26
16	2.52	2.48	1.61
18	1.65	1.56	5.77
50	0.10	0.11	9.09
201	0.06	0.06	0.26
230	2.35	2.36	0.42

表 10－6（续）

立管距海底位置/m	响应面方法 P_f/%	蒙特卡洛法 P_f/%	相对误差 /%
401	0.20	0.20	0.00
601	2.73	2.80	2.50
813	2.07	2.12	2.36
961	3.30	3.45	4.35
974	0.31	0.32	3.13
986	2.73	2.81	2.85

由表 10－6 可以看出,响应面方法得到的结果和蒙特卡洛法结果相对误差大部分都在 5% 以下,虽然有个别位置达到了 9% ,但是也可以看出响应面方法具有较为理想的精度,在工程设计过程中具有一定的应用价值。

八、涡激振动作用下立管疲劳可靠性分析

首先根据所选定的钻井立管的形式和基本参数,用软件 Shear7 对钻井立管进行模态分析。Shear7 软件对钻井立管进行涡激振动疲劳分析,得到立管在不同的海况下的固有频率以及不同位置处的均方根应力、均方根位移、均方根速度和疲劳损伤等,其中固有频率和均方根应力可用于后面的可靠性分析当中。由结构的疲劳可靠性理论,根据之前 Shear7 疲劳分析结果对钻井立管进行可靠性分析,选择几个危险截面进行可靠度计算,并分析该钻井立管的可靠性。

1. 疲劳可靠性计算理论

（1）疲劳载荷的概率模型

进行疲劳可靠性分析要从疲劳载荷入手,了解疲劳载荷的短期和长期分布,继而得到与结构疲劳相关的应力范围的短期和长期分布。对于海洋工程结构物来说,每一海况的应力范围的分布称为短期分布,可以用连续的概率密度函数来描述,例如 Rayleigh 分布模型和 Rice 分布模型等。在总结了所有短期海况的基础上,就可以得到应力范围的长期分布,其形式常常是分段连续的[107]。

下面重点介绍一下短期海况中的 Rayleigh 分布模型。

当某海况中交变应力为均值等于零的窄带平稳正态随机过程时,其应力峰值服从 Rayleigh 分布,对应的概率密度函数为

$$f_Y(y) = \frac{y}{\sigma_x^2}\exp\left(-\frac{y^2}{2\sigma_x^2}\right) \quad 0 \leqslant y < +\infty \tag{10-80}$$

式中, y 为应力峰值; σ_x 为交变应力标准差,也叫均方根应力。对应的应力范围分布的概率密度函数为

$$f_s(S) = \frac{S}{4\sigma_x^2}\exp\left(-\frac{S^2}{8\sigma_x^2}\right) \quad 0 \leqslant S < +\infty \tag{10-81}$$

可见,应力范围也服从 Rayleigh 分布。应力范围作用的平均频率为交变应力过程的峰值n_0 或者跨零率f_0。

在本文的实际应用中,对钻井立管进行疲劳可靠性分析时,疲劳载荷是分段连续型模型,并近似地认为短期海况中交变应力为一均值等于零的窄带平稳正态随机过程。

(2)疲劳强度的概率模型

工程应用中常用$S-N$曲线来描述结构的疲劳强度。对于本文的研究对象,S 指的是疲劳载荷作用在钻井立管上引起交变应力的应力范围,N 是钻井立管在 S 的作用下达到破坏所需要的应力循环次数,即疲劳寿命。S 和 N 关系是通过对试件进行疲劳试验得到的。由于给定应力范围 S 下的疲劳寿命 N 是一个随机变量,所以表示不同的应力范围与疲劳寿命关系的 $S-N$ 曲线需要做统计的研究。工程应用中,给定应力范围水平下疲劳寿命常用解析形式的概率密度函数来表示。目前使用最多的疲劳寿命分布模型是对数正态分布模型,这一结果也是经过了试验论证。

假设用自然对数正态分布表示疲劳寿命的分布,设 $X = \ln N$,则 X 服从对数正态分布。N 的概率密度为

$$f_N(N) = \frac{1}{\sqrt{2\pi}\,\sigma_X N}\exp\left[-\frac{1}{2}\left(\frac{\ln N - \mu_X}{\sigma_X}\right)^2\right] \qquad (10-82)$$

式中:

$$\mu_X = \ln\mu_N - \frac{1}{2}\ln(1 + C_N^2) \qquad (10-83)$$

$$\sigma_X^2 = \ln(1 + C_N^2) \qquad (10-84)$$

(3)疲劳累积损伤模型

本文采用 Miner 线性累积损伤理论,该理论无须考虑疲劳载荷作用的先后顺序。具体的计算中,首先根据各海况中应力范围短期分布的概率密度函数计算出各自的期望值 $E(S^m)^i$,然后计算各海况中的应力参数 Ω_i 和等效应力范围 S_{ei}。本文采用的是 Rayleigh 分布模型。

由式(10-81)可得

$$E(S^m) = \int_0^{+\infty} S^m \frac{S}{4\sigma_{X_i}^2}\exp\left(-\frac{S^2}{8\sigma_{X_i}^2}\right)\mathrm{d}S = (2\sqrt{2}\,\sigma_{X_i})^m\Gamma\left(\frac{m}{2}+1\right) \qquad (10-85)$$

式中,σ_{X_i} 为第 i 个海况交变应力的标准差,Γ 为伽玛函数。由于交变应力过程是窄带的,所以

$$f_{L_i} = f_{0_i} = n_{0_i} \qquad (10-86)$$

式中,f_{0_i} 和 n_{0_i} 分别为第 i 个海况的交变应力过程的跨零率和峰值率。

由于

$$\Omega_i = f_{L_i}E(S^m) \qquad (10-87)$$

$$S_{ei} = \left[E\ (S^m)_i\right]^{\frac{1}{m}} \qquad (10-88)$$

将式(10-85),(10-86)带入式(10-87),(10-88)得

$$\Omega_i = f_{oi}(2\sqrt{2}\,\sigma_{X_i})^m\Gamma\left(\frac{m}{2}+1\right) \qquad (10-89)$$

$$S_{ei} = 2\sqrt{2}\,\sigma_{X_i}\left[\Gamma\left(\frac{m}{2}+1\right)\right]^{\frac{1}{m}} \qquad (10-90)$$

又有

$$\Omega = \sum_{i=1}^{k} \gamma_i \Omega_i = \sum_{i=1}^{k} \gamma_i f_{L_i} E(S^m)_i \qquad (10-91)$$

$$S_e = \left(\frac{\Omega}{f_L}\right)^{\frac{1}{m}} = \left(\frac{\sum\limits_{i=1}^{k} \gamma_i \Omega_i}{\sum\limits_{i=1}^{k} \gamma_i f_{L_i}}\right)^{\frac{1}{m}} = \left(\frac{\sum\limits_{i=1}^{k} \gamma_i f_{L_i} E(S^m)_i}{\sum\limits_{i=1}^{k} \gamma_i f_{L_i}}\right)^{\frac{1}{m}} = \left(\frac{\sum\limits_{i=1}^{k} \gamma_i f_{L_i} S_{ei}^m}{\sum\limits_{i=1}^{k} \gamma_i f_{L_i}}\right)^{\frac{1}{m}} \qquad (10-92)$$

再由(10-91)式和(10-92)式得

$$\Omega = (2\sqrt{2})^m \Gamma\left(\frac{m}{2}+1\right) \sum_{i=1}^{k} \gamma_i f_{oi} \sigma_{X_i}^m \qquad (10-93)$$

$$S_e = 2\sqrt{2} \left[\frac{\Gamma\left(\frac{m}{2}+1\right) \sum\limits_{i=1}^{k} \gamma_i f_{oi} \sigma_{X_i}^m}{\sum\limits_{i=1}^{k} \gamma_i f_{oi}}\right]^{\frac{1}{m}} \qquad (10-94)$$

(4)疲劳可靠性计算

下面要以寿命准则建立疲劳可靠性模型,假设钻井立管结构的设计寿命为 T_D,计算得的疲劳寿命为 T_f,于是,判断立管疲劳可靠性的极限状态函数 Z 为

$$Z = T_f - T_D \qquad (10-95)$$

当 $Z>0$ 时,结构安全;反之,$Z<0$ 时,结构不安全。

计算所得的疲劳寿命 T_f 大于等于设计寿命 T_D 的概率即为钻井立管结构疲劳寿命的可靠度,用 P_r 表示,即

$$P_r = P(T_f \geqslant T_D) \qquad (10-96)$$

海底管道设计寿命 T_D 常取 20 年或 25 年,对应于总共约 10^8 次应力循环,依次可以对钻井立管结构在疲劳方面的安全性作出评估。

由 $T_f = \dfrac{\Delta A}{B^m \Omega}$ 及 $Z = T_f - T_D$ 可得

$$Z = \frac{\Delta A}{B^m \Omega} - T_D \qquad (10-97)$$

式中,Δ,A,B 为随机变量。

式(10-97)所表述的极限状态函数是非线性的形式,且基本随机变量 Δ,A,B 可以有任何分布形式。当这些基本随机变量非正态分布时,可用 JC 法求可靠性指标,从而得到结构疲劳可靠度。

在工程实际中,为了简化可靠度的计算,对疲劳寿命分布形式作一假设。在对钻井立管结构进行疲劳可靠性分析时采用对数正态形式。

基于假设,Δ,A,B 为对数正态分布,所以 $\ln\Delta$,$\ln A$,$\ln B$ 为正态分布的随机变量,则极限状态函数可写为

$$Z = \ln\left(\frac{\Delta A}{B^m \Omega}\right) - \ln T_D = \ln\Delta + \ln A - m\ln B - \ln\Omega - \ln T_D \qquad (10-98)$$

然后根据 $\beta = \dfrac{\mu_Z}{\sigma_Z}$ 可算出可靠性指标。

式中

$$\mu_Z = \mu_{\ln\Delta} + \mu_{\ln A} - m\mu_{\ln B} - \ln\Omega - \ln T_D \qquad (10-99)$$

$$\sigma_Z = (\sigma_{\ln\Delta}^2 + \sigma_{\ln A}^2 + m^2\sigma_{\ln B}^2)^{\frac{1}{2}} \qquad (10-100)$$

其中 $\mu_{\ln\Delta}, \mu_{\ln A}, \mu_{\ln B}$ 为 $\ln\Delta, \ln A$ 和 $\ln B$ 的均值, $\sigma_{\ln\Delta}, \sigma_{\ln A}$ 和 $\sigma_{\ln B}$ 为 $\ln\Delta, \ln A$ 和 $\ln B$ 的标准差。

β 还可以用 Δ, A, B 的中值和变异系数来计算。

$$\mu_{\ln\Delta} = \ln\tilde{\Delta}, \mu_{\ln A} = \ln\tilde{A}, \mu_{\ln B} = \ln\tilde{B}$$

$$\sigma_{\ln\Delta} = [\ln(1+C_\Delta^2)]^{\frac{1}{2}}, \sigma_{\ln A} = [\ln(1+C_A^2)]^{\frac{1}{2}}, \sigma_{\ln B} = [\ln(1+C_B^2)]^{\frac{1}{2}}$$

$$(10-101)$$

式中, $\tilde{\Delta}, \tilde{A}, \tilde{B}$ 为 Δ, A, B 的中值, C_Δ, C_A, C_B 为 Δ, A, B 的变异系数,则 β 可以表示为

$$\beta = \frac{\mu_{\ln\Delta} + \mu_{\ln A} - m\mu_{\ln B} - \ln\Omega - \ln T_D}{[\ln(1+C_\Delta^2) + \ln(1+C_A^2) + \ln(1+C_B^2)]^{\frac{1}{m}}}$$

$$= \frac{\ln\left(\dfrac{\tilde{\Delta}\tilde{A}}{\tilde{B}^m\Omega T_D}\right)}{\{\ln[(1+C_\Delta^2)(1+C_A^2)(1+C_B^2)^{m^2}]\}^{\frac{1}{2}}} \qquad (10-102)$$

因为 Δ, A, B 都是对数正态分布的随机变量,疲劳寿命 T_f 是对数正态分布的,其中值和变异系数分别为

$$\tilde{T}_f = \frac{\tilde{\Delta}\tilde{A}}{\tilde{B}^m\Omega} \qquad (10-103)$$

$$C_{T_f} = [(1+C_\Delta^2)(1+C_A^2)(1+C_B^2)^{m^2} - 1]^{\frac{1}{2}} \qquad (10-104)$$

$\ln T_f$ 是正态分布的随机变量,其均值和标准差为

$$\mu_{\ln T_f} = \ln\tilde{T}_f = \ln\frac{\tilde{\Delta}\tilde{A}}{\tilde{B}^m\Omega} \qquad (10-105)$$

$$\sigma_{\ln T_f} = [\ln(1+C_{T_f}^2)]^{\frac{1}{2}} \qquad (10-106)$$

由此,可靠性指标可表示为

$$\beta = \frac{\mu_{\ln T_f} - \ln T_D}{\sigma_{\ln T_f}} = \frac{\ln\tilde{T}_f - \ln T_D}{\sigma_{\ln T_f}} = \frac{\ln\left(\dfrac{\tilde{T}_f}{T_D}\right)}{\sigma_{\ln T_f}} = \frac{\ln\left(\dfrac{\tilde{T}_f}{T_D}\right)}{[\ln(1+C_{T_f}^2)]^{\frac{1}{2}}} \qquad (10-107)$$

在求得可靠性指标 β 之后,钻井立管的疲劳可靠度以及疲劳失效概率分别为

$$P_r = \phi(\beta), P_f = \phi(-\beta) \qquad (10-108)$$

另外,需要注意到,钻井立管结构的疲劳破坏分为两个过程,分别是裂纹的萌生和裂纹的扩展,但裂纹扩展到一定的程度时,立管就会发生断裂等疲劳破坏,这里设定疲劳萌生的时间为 T_c,疲劳扩展的时间为 T_p。

裂纹萌生的时间用 $S-N$ 曲线来计算:

$$T_c = \frac{AD}{B^m S_e^m} \qquad (10-109)$$

其中 A 是 $S-N$ 曲线实验系数, D 为累计损伤, B 为 $S-N$ 曲线的修正系数, S_e 为环境等效力(通过软件得出),公式中 A, B 和 D 为随机变量, S_e 为确定值。从断裂力学角度来计算裂纹发展寿命,在本文中定义疲劳破坏为裂纹超过某一数值,Paris公式:

$$T_p = \frac{a_f^{1 \cdot \frac{m}{2}} - a_0^{1 \cdot \frac{m}{2}}}{CY^m S_e^m \pi^{\frac{m}{2}} \left(1 - \frac{m}{2}\right) B^m} \tag{10-110}$$

式中 C 为 Paris 曲线的截距和斜率,m 一般取值为 $2 \sim 4$,Y 为曲线系数,a_f 和 a_0 为极限与初始系数,立管的疲劳寿命从环境等效应力综合得出。疲劳寿命一般从环境试验和实际观测中得到,但本文中涉及到的立管 VIV 疲劳寿命相对复杂,而且相关的数据不足,同时立管的结构也比较复杂,立管的疲劳可靠性可以表示为

$$Z = T_f(t) - T_D = a(t)T_f - T_D \tag{10-111}$$

将疲劳扩展寿命代入:

$$Z = a(t)\left(\frac{AD}{B^m S_e^m} + \frac{a_f^{1 \cdot \frac{m}{2}} - a_0^{1 \cdot \frac{m}{2}}}{CY^m S_e^m \pi^{\frac{m}{2}}\left(1 - \frac{m}{2}\right)B^m}\right) - T_D \tag{10-112}$$

那么立管的疲劳可靠性可以表示为

$$P_s = P\left[\int_s Z \mathrm{d}s \le 0\right] = P\int_0^{+\infty}\int_0^{+\infty}\int_0^{+\infty}\left[a(t)\left(\frac{f_A(A)f_D(D)}{(f_B(B))^m S_e^m} + T_P\right) - T_D\right] A \mathrm{d}D \mathrm{d}B \le 0 \tag{10-113}$$

这里 $f_A(A)$,$f_D(D)$ 与 $f_B(B)$ 分别为 $S-N$ 曲线的实验系数、累计疲劳和修正系数的随机分布。

2. 立管基本模型

本文计算选择的是 TLP 平台的顶端张力式钻井立管。材料密度为 7 850 kg/m³,立管总长 985 m,其中水下部分 970 m。其中立管 $x/L = 0$ 取在立管底部。

(1)结构和水动力数据(表 10-7)

表 10-7 结构和水动力数据

项目名称	数值
长度	970 m
结构模型	1
单元数目	200
杨氏模量	210 GPa
单位体积流体重力	10 054.4741 N/m³
流体运动黏性系数	1.347 1 × 10⁻⁶ m²/s
结构阻尼系数	0.003
底部张力	597 771.399 N
定义计算的区域	0.00 1.00
水动力外径,外径,内径	0.298 7 m 0.298 7 m 0.247 9 m
惯性矩	0.000 205 27 m⁴
泥浆密度	1 200 kg/m³

表 10 - 7（续）

项目名称	数值
单位长度立管干重	171. 11 kg
单位长度立管湿重	157. 21 kg
附加质量系数 Ca	1
斯托罗哈数 St	Code200
升力系数换算因数	1
升力系数表格类型	1
阻尼系数 （静水区域,低流速区域,高流速区域）	0. 2,0. 18,0. 2

（2）海流数据

对立管的疲劳计算时要通过对比同一立管在不同工况下立管的疲劳损伤情况,本文计算了三个工况,分别是墨西哥湾的 Marlin,Deepstar,Movil 平台附近海域海流。表 10 - 8 是 Marlin 平台附近的数据。

表 10 - 8　Marlin 平台南部 20 英里①处表面海流的总体统计数据

表面海流流速/（m/s）	21 年期间内发生的总天数	天数/年	一年的百分数/%
0. 05	62	2. 95	0. 81
0. 15	181	8. 62	2. 36
0. 25	200	9. 52	2. 61
0. 35	91	4. 33	1. 19
0. 45	38	1. 81	0. 50
0. 55	14	0. 67	0. 18
0. 65	12	0. 57	0. 16
0. 75	8	0. 38	0. 10
0. 85	10	0. 48	0. 13
0. 95	6	0. 29	0. 08
1. 05	7	0. 33	0. 09
1. 15	3	0. 14	0. 04
1. 25	10	0. 48	0. 13
1. 35	1	0. 05	0. 01
总数	643	30. 62	8. 39

本文选取的标准化速度为最大表面海流速 1. 35 m/s,计算转化之后的海流分布如表 10 - 9 所示。

---

① 1 英里 = 1.609 344 千米

表 10 - 9　Marlin 平台主海流

项目名称	数值	
	X/L	$V/(\text{m/s})$
海流数据	0.000	0.000 0
	0.382	0.000 0
	0.383	0.094 5
	0.537	0.324 0
	0.691	0.765 9
	0.846	0.972 0
	0.907	1.201 5
	1.000	1.350 0

(3) $S - N$ 曲线

本文中选取的美国石油协会的 API - X' $S - N$ 曲线,其相关数据如表 10 - 10 所示。

表 10 - 10　$S - N$ 曲线数据

$S - N$ 曲线参数	一条,两个基准点
	0.4010E + 01(ksi) 0.1000E + 09
	0.4700E + 02(ksi) 0.1000E + 05
	总应力集中系数　　1.0
	局部应力集中系数　　0

(4) 计算和输出要求(表 10 - 11)

表 10 - 11　计算和输出要求

项目	参数值
计算要求	0 计算模态响应 1 计算全部响应(本文选取) 2 在 common. mds 文件输入数据时采用
响应位置和输入模态定义	0.0　1.0　0.1　0(无)
是否考虑重力加速度影响	0(不考虑)
单模态约化速度双带宽	0.5
多模态约化速度双带宽	0.2
主要模态识别阈值	0.7
是否需要 matlab 数据输出	0(不需要)
读取升力系数表格数目	0

3. 输出结果及疲劳分析

对于 Marlin 平台处的海况,应用 Shear7 专用计算软件,可计算得出该钻井立管的涡激振动的主要激励模态阶数为 27 ~ 28。该立管在此海况中破损最严重的是立管顶部和底部位置附近。而此处将顶部张力系数加大,立管的疲劳损伤情况相对降低。由此可见顶部张力式立管的顶部张力对立管涡激振动疲劳有一定影响。

图 10 – 10 ~ 图 10 – 15 为运用 Shear7 计算出来的该海况下模型立管的均方根位移、均方根速度、均方根加速度、均方根应力、疲劳损伤、拖曳力系数幅值沿立管长度方向的变化曲线。

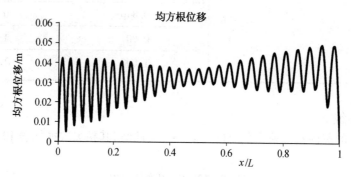

图 10 – 10　均方根位移沿立管长度方向变化

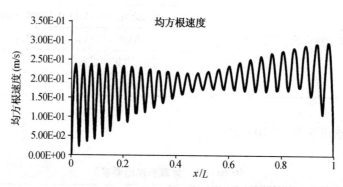

图 10 – 11　均方根速度沿立管长度方向变化

所选立管为 TLP 平台顶端张力式立管。所选海况为 Marlin 平台南部 20 英里处海流数据,其最大表面流速为 1. 35 m/s。立管的寿命为 25 年。由 Shear7 的输出文件. plt 可以知道沿立管长度方向 x/L 从 0 ~ 1 间隔为 0. 005 的各处均方根应力值 σ_{X_i},由. out 文件可以得到立管的跨零频率 f_{oi} 即立管固有频率 f_{L_i}。立管在顶部和底部附近位置的疲劳损伤比较严重,故分别选取 $x/L = 0. 015$ 和 $x/L = 0. 95$ 处进行计算其涡激振动疲劳可靠性。

我们假设每一短期海况服从 Rayleigh 分布。则可得应力参数 Ω,可靠性指标 β 及疲劳失效概率。

本文中采用的 $S – N$ 曲线为 API – X' $S – N$ 曲线,其相关系数如下

$$m = 3. 74, \tilde{A} = 1. 231 \times 10^{16} C_A = 0. 563 \tag{10 – 114}$$

根据经验可知:随机变量 Δ, B 的中值和变异系数为

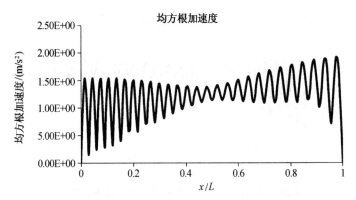

图 10 - 12　均方根加速度沿立管长度方向变化

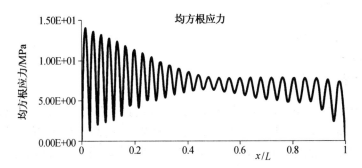

图 10 - 13　均方根应力沿立管长度方向变化

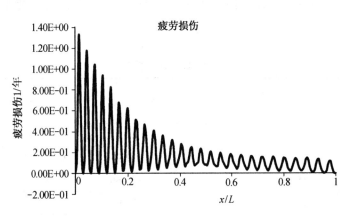

图 10 - 14　疲劳损伤沿立管长度方向变化

$$\tilde{\Delta} = 1.0 \qquad C_{\Delta} = 0.3 \qquad B = 0.8 \qquad C_B = 0.25 \qquad (10 - 115)$$

将式(10 - 114)、(10 - 115)代入式(10 - 104)可得 $C_{T_f} = 1.153\ 9$。

当表面流速为 0.05 m/s 时,立管不发生涡激振动,故下面的计算里不考虑。

又由伽马函数的性质可知

$$\Gamma\left(\frac{m}{2} + 1\right) = \frac{m}{2} \times \Gamma\left(\frac{m}{2}\right) \qquad (10 - 116)$$

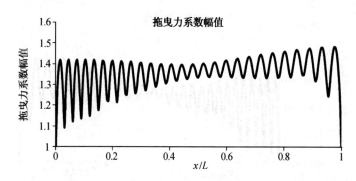

图 10 - 15　拖曳力系数幅值沿立管长度方向变化

查表可知 $\Gamma\left(\dfrac{m}{2}\right) = \Gamma(1.87) = 0.95184$。

所以 $\Gamma\left(\dfrac{m}{2} + 1\right) \approx 1.78$。

4. 可靠性计算

对本例中的函数式(10 - 112)使用响应面法和蒙特卡洛方法、FORM 进行计算,在响应面函数中,可以尽量地减少结构的分析工作,由于结果的精度问题,本例中尽量不使用二次以上的多项式,对于函数式(10 - 112)对应的极限状态方程,设其响应面函数为

$$z = g(X) = a + \sum_{i=1}^{n} b_i X_i + \sum_{i}^{n} c_i X_i^2 + \sum_{1 \leqslant i \leqslant j \leqslant n} d_{ij} X_i X_j \qquad (10 - 117)$$

对于待定系数 a, b, c 和 d,调用响应面程序来计算,在前文已有详细描述,算例中不再赘述。

表 10 - 12　Ω 计算表

海况	表面流速 /(ft/s)	γ	跨零频率	均方根应力	
				0.015	0.95
1	0.15	0.023 6	0.087 32	0.162 72	1.12E + 00
2	0.25	0.026 1	0.132 99	0.179 96	1.24E + 00
3	0.35	0.011 9	0.178 66	0.082 05	5.66E - 01
4	0.45	0.015 0	0.222 95	0.103 43	7.13E - 01
5	0.55	0.001 8	0.268 62	0.012 41	8.56E - 02
6	0.65	0.001 6	0.314 29	0.011 03	7.61E - 02
7	0.75	0.001 0	0.359 96	0.006 90	4.75E - 02
8	0.85	0.001 3	0.405 64	0.008 96	6.18E - 02
9	0.95	0.000 8	0.451 31	0.005 52	3.80E - 02
10	1.05	0.000 9	0.495 60	0.006 21	4.28E - 02
11	1.15	0.000 4	0.541 27	0.002 76	1.90E - 02

表 10 – 12（续）

海况	表面流速/(ft/s)	γ	跨零频率	均方根应力	
				0.015	0.95
12	1.25	0.001 3	0.586 94	0.008 96	6.18E – 02
13	1.35	0.000 1	0.632 61	0.000 69	4.75E – 03
Ω					

$x/L = 0.015$		$x/L = 0.95$	
Ω_i	$\gamma\Omega_i$	Ω_i	$\gamma\Omega_i$
1.17E + 01	2.75E – 01	1.17E + 01	2.75E – 01
1.89E – 02	4.94E – 04	2.59E + 01	6.76E – 01
1.35E – 03	1.60E – 05	1.84E + 00	2.20E – 02
4.00E – 03	6.00E – 05	5.47E + 00	8.21E – 02
1.73E – 06	3.12E – 09	2.37E – 03	4.27E – 06
1.31E – 06	2.09E – 09	1.79E – 03	2.86E – 06
2.58E – 07	2.58E – 10	3.53E – 04	3.53E – 07
7.76E – 07	1.01E – 09	1.06E – 03	1.38E – 06
1.40E – 07	1.12E – 10	1.92E – 04	1.54E – 07
2.39E – 07	2.16E – 10	3.28E – 04	2.95E – 07
1.26E – 08	5.04E – 12	1.72E – 05	6.90E – 09
1.12E – 06	1.46E – 09	1.54E – 03	2.00E – 06
8.25E – 11	8.25E – 15	1.13E – 07	1.13E – 11
	0.276 07		1.06E + 00

将上述计算的 Ω 代入式(10 – 102)可得：

$$\beta_{0.015} = 3.497 \qquad \beta_{0.95} = 2.335 \qquad (10 – 118)$$

将式(10 – 118)分别代入式(10 – 108)查表得：

$x/L = 0.015$ 时，$P_r = 0.999\ 765$

$x/L = 0.95$ 时，$P_r = 0.990\ 217$

将应用响应面方法、蒙特卡洛法和一次二阶矩方法得到的计算值做一比较，如表 10 – 13 所示。

表 10 – 13 立管 VIV 疲劳可靠度

	响应面法	蒙特卡洛法	一次二阶矩
$\beta_{0.015}$	3.505	3.503	3.497
$\beta_{0.95}$	2.355	2.349	2.335

将式(10 – 112)分别代入式(10 – 108)查表得如表 10 – 14 所示。

表 10 – 14　立管 VIV 疲劳失效概率

截面位置	响应面法	蒙特卡洛法	一次二阶矩
$x/L = 0.015$	0.999 142	0.999 136	0.999 118
$x/L = 0.95$	0.975 070	0.974 722	0.973 879

　　由此可以看出,在 $x/L = 0.95$ 时立管偏危险,在工程上一般认为可靠指标超过 3.2 为理想的安全状态,在 0.95 处存在失效概率过大与本次工作所作计算偏保守有关,在实际的工程中,立管的构件变异系数一般不会大于 25% ,综合考虑其他因素的影响,立管的失效概率在可接受的范围内,响应面方法的计算精度也较高,具有一定的工程价值。

第十一章 立管完整性管理

一、立管完整性管理基本概念

1. 完整性管理的基本概念

立管完整性管理 RIM（Riser Integrity Management）是对立管系统全生命周期内各种潜在危害因素进行的综合的、一体化的管理，是有效控制立管系统费用投资、确保立管系统安全、可靠、适用的"知识和经验"的管理。通过对监测与检测设备获得的信息和数据进行分析、处理和评价，识别危害立管安全的失效因素，并结合公司利益开展风险评估，制订合理必要的检测、维护、维修计划和实施方案。大体上包括以下内容：拟定工作计划、工作流程和工作程序文件；进行风险分析，了解事故发生的可能性和将导致的后果，制订预防和应急措施；定期进行立管完整性检测和评估，了解立管可能发生事故的原因和部位；采取修复或减轻失效威胁的措施；培训人员，不断提高人员素质。其目的是保证立管系统物理和功能上的完整，使立管系统始终处于受控状态，通过及时采取措施防止失效事故发生，减少在人员、财产和环境等方面的巨大损失。

深水立管因海洋环境的时变性和不确定性以及与周围土壤相互作用的复杂性，疲劳和结构响应非常复杂，仅通过建立数学模型已不能准确地反映作用在立管上的真实荷载和实际应力。尽管在设计之初，设计人员采用提高设计标准或加大安全系数等手段解决立管强度问题，但仍然有管道破坏，并由此导致巨大经济损失、人员伤亡或海洋环境污染等事故。

近年来，随着能源紧缺带来的世界范围内油气价格的不断攀升，国外油气公司或作业者越来越重视对深水立管系统进行全生命周期的完整性管理，这主要是因为无论是数值模拟还是实验室模型试验都只是对深水立管受力情况进行一定程度上的近似模拟，无法做到对深水立管真实的动态运动特性和受力状况完全准确地模拟。而采用现场监测、检测等手段却能够有效避免数值模拟和实验室模型试验方法的局限性，并可以准确、直接地反映深水立管系统在深水海洋环境条件下的运动及受力性能，从而为油气公司或作业者及时采取维护、维修措施提供准确而可靠的结构损坏程度信息，避免不必要的和无计划的维修、维护或停产，减少或降低操作或运行期间维护、维修费用，追求油气田生产经济效益最大化。同时，通过对真实环境条件及动态响应的监测，还能达到进一步提升设计水平、科学认识深水海洋工程环境特殊性的目的。

这一部分主要讲述关于风险评估和柔性管完整性管理的问题。目前形成完整性管理方案公认的方法包含风险评估和确定立管的内在风险两部分，一旦确定了存在的风险，就需要寻找减小这种风险的具体的完整性管理措施。

图 11−1 展示了 Marlin 地区对 6 英寸柔性管和脐带管典型的布局图，它们将水下系统

和一千米外的 Marlin TLP 平台连接在一起,这个系统处在 1 036 m(3 400 英尺)的水深位置。深水和高温、高压环境下,柔性管应用的增加要求操作者采用一套优越的完整性管理程序,以确保财产的安全性并避免产量的降低。通过一系列预防性的维护措施,这套程序还可以延长平台的服役寿命,并且服役期内记录的数据还可以用于柔性管的重评估。任何人都必须清楚地知道一次失败的代价要几倍于进行完整性评估的成本费用,因此必须确保这项工作能得到切实有效的执行。

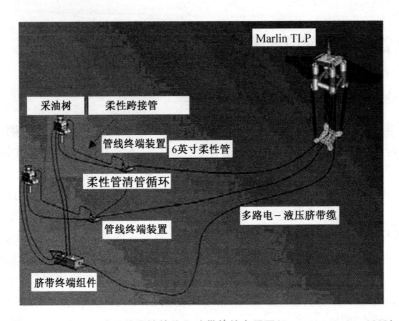

图 11 – 1　Marlin 地区的柔性管线和脐带管的布局图(Lecomte et al. , 2002)

在工业界里,鉴定机构已经建立了一套柔性管完整性管理程序,其中一个主要的标准是由 MCS 制定的,这个标准的详细内容已经刊登在了很多出版物上,如 UKOOA(2001&2002)。

这一工程的高风险情况要求设计者采取一些预见性的检查或者监督措施,中级的风险通常需要采取一般的检查或者监督措施,检查可能存在的某些失效形式引起的初期特征,确保对管子没有明显的影响。低水平的风险一般不需要经常性的检查、监督或者其他具体的完整性管理程序。

在这一章节中,讨论了一些失效的统计资料和风险评估方法,而且提出了一些关于柔性管失效原因和模式的观点,同时也说明了一些合乎工业标准的用于进行柔性管风险管理的完整性管理措施。

立管完整性管理(RIM)可以定义为是一个知识和经验管理的连续过程,确保立管系统在使用周期中的安全性和经济性。

深海中有很多的不确定因素,使问题变得更加复杂,其中包括:

(1)各种海况条件,尤其是深海流速的变化;

(2)一些分析模型,尤其包括立管设计中考虑的涡激振动和立管相互作用;

(3)对平台(船只)立管/锚链系统的耦合运动的预测;

(4)焊接部位的腐蚀面层;

（5）高温、高压的影响；

（6）检测技术；

（7）日常监测技术。

立管完整性管理是一项应用于整个设计、建造、安装、业务营运和运作阶段的连续性评估工程。完整性管理流程见图11-2。

立管完整性管理的四个方面的主要活动内容如下：

（1）危险识别和风险评估

①确定责任；

②系统地识别主要危害要素；

③进行风险评估；

④评估危险程度；

⑤定义安全操作包络线。

（2）制订风险管理计划

①定义实施程序；

②鉴别需要的立管完整性管理资格；

③采用或制订立管完整性管理策略；

④编制详细的检测、维护、腐蚀管理等计划；

⑤建立应急响应计划。

（3）实施风险管理计划

①实施立管完整性管理计划；

②测试应急响应计划；

③变更管理。

（4）学习积累和提高

①事故调查研究；

②性能管理；

③针对关键性能进行评估；

④校阅和审查。

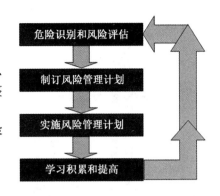

图11-2　立管完整性管理流程

腐蚀、老化、疲劳、自然灾害、机械损伤等会引起立管失效，随着岁月的流逝不断地侵蚀立管。因此，必须持续不断地对立管进行风险分析、检测、完整性评估、维修、人员培训等完整性管理工作。概括地说，立管完整性管理就是为了降低事故发生的可能性以及事故产生的后果而进行的不断评估和降低立管风险的过程。通过实施立管完整性管理（RIM），可以清楚识别风险，并将费用使用在风险最大的地方，使得不但避免损失，带来潜在的收益，同时也可避免维修管理过度，保持一个适度的管理。

2. 失效统计

为了有效克服失效及受损，从操作统计数据中得出实际失效模式统计是十分重要的。图11-3说明了失效和受损机理。从UKCS操作员报告的106个柔性立管失效、受损事件（不包括被水淹没的套管）中可以发现，大约20%的柔性立管都曾经失效或受损。

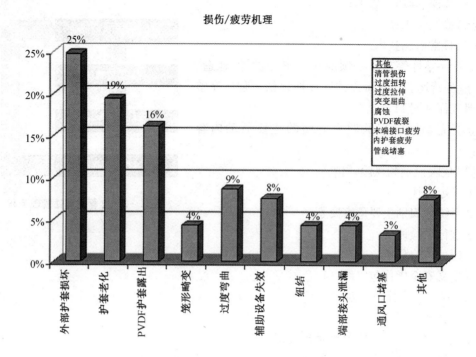

损伤/疲劳机理

其他
清管损伤
过度扭转
过度拉伸
突变屈曲
腐蚀
PVDF破裂
末端接口疲劳
内护套疲劳
管线堵塞

图 11 −3 系统失效机理 (UKOOA, 2001)

这里,失效、受损事件被定义为如下:

(1)失效 导致柔性立管失控并需要被替换的事件;

(2)受损 导致柔性立管受损的事件,但柔性立管仍可在采取一定修复措施的情况下继续工作。

在 20% 的立管失效或受损事件中,有大约 2/3 的事件发生在安装过程中,其余 1/3 发生在正常工作时。在 106 个报告的事件里,有 32 件需要替换柔性立管。

图 11 −4 比较了钢悬链立管和柔性立管的失效数据。

3. 风险管理方法

风险通常由对失效可能性及其后果的评价得出。风险管理方法应通过分析各种导致失效的因素(如温度、压力、考虑、产品液体成分、工作载荷以及管道堵塞或截流)及常见失效模式(如疲劳、腐蚀、以外损伤及辅助设备的失效),考虑所有可能导致失效的模型。

失效可能性评估是衡量模型失效出现的可能性的尺度。它通过评价立管发生失效时的数据及统计得出答案。严重性评价整体上描述了一个典型的失效模式可能导致的严重后果。例如,平台旁运碳氢化合物的管道出现破裂就可看作一个十分严重的后果,因为它有污染的危险,还可能会对平台和工作人员产生威胁。相反,海底管汇脐带处的断裂虽然也需要花费高昂的修补费用并且减少产量,但其并不能称为造成了严重后果,因其不会导致污染并且不会对工作人员和其他设备造成威胁。

失效可能性等级、后果严重性等级以及综合风险阵列列举如下:

(1)风险评估及完整性管理策略;

(2)管道失效可能性事件级别的评价;

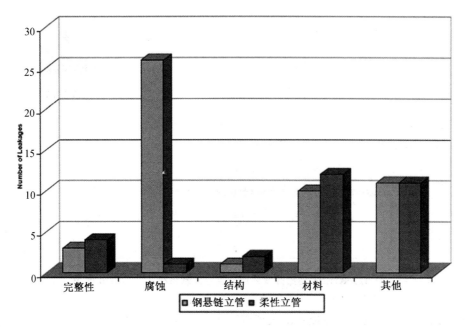

图 11 - 4　钢悬链立管及柔性立管失效数据比较（PARLOC, 2001）

（3）健康及安全性、环境破坏、操作性、丢失及破裂等后果的等级；
（4）基于可能性（1～5 级）及后果（1～5 级）的检查监控策略级别。

4. 失效因素（Failure Drivers）

有五种因素导致柔性立管失效,它们分别是温度、压力、产品液体成分、工作载荷、辅件。
（1）温度
由温度导致的失效模式通常是聚合物外护套的破裂或老化。工业上常用聚酰胺 PA - 11（尼龙 11 - 纤维）作为制造柔性立管许多重要部件的聚合物材料,例如内护套、外护套及其他部件。根据 API RP 17B 规定,当含水量为 0 时,PA - 11 可承受的最高温度为 90 ℃;当含水量不为 0 时,可承受最高温度为 65 ℃。反复的温度循环同样会导致作用在聚合物材料上的应力增加。更多的细节要求及限制参见 Rilsan Use Group 给出的在 API TR17RUG 上的规范。
图 11 - 5 展示了 HPHT Kristin 油田开发时采用的温度控制系统。
（2）压力
管道孔径中过大的压力会导致抗拉铠装键失效。然而,压力通常被严格监控及控制,除非压力超过设计极限,否则并不认为压力导致的失效会有很大的危险。然而,热量及压力的循环载荷会严重影响管道的疲劳寿命,并导致埋藏的柔性输油管道严重屈曲。由压力导致的停工事件急剧增加,因此,需要严格监控压力以保证不会导致立管失效。
由静水压力导致的塌陷也是一个潜在的导致立管失效的模式。然而,由于设计时有安全要素,由静水压力导致的塌陷并不易发生,特别是当外护套保持完整时。当外护套破裂,水渗入管道环状空间时,环状空间内的压力会导致聚合物内护套塌陷。骨架的存在有效降低了发生这种失效模式的概率。

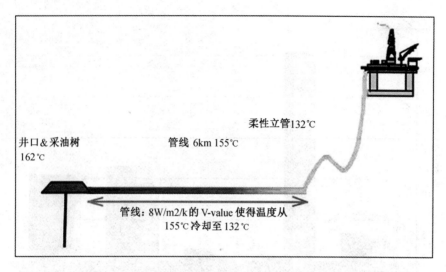

图 11 - 5　HPHT Kristin 油田开发采用的温度控制系统（Hundseid et al. , 2004）

　　另一种由压力导致的失效模式由从管道钻孔内扩散到聚合物内护套及环状空间内的气体导致。气体导致环状空间内的压力急剧增加。当压力迅速下降或钻孔内抽空时（例如紧急关闭钻井），环状空间内的压力将超过钻孔内压力，从而导致没有骨架结构的立管的内护套发生塌陷。图 11 - 6 展示了 HPHT Kristin 油田的压力控制系统。

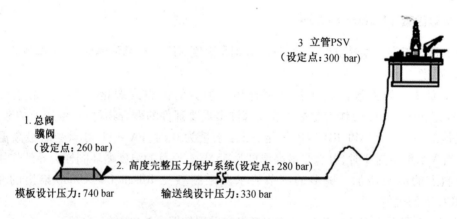

图 11 - 6　HPHT Kristin 油田的压力控制系统（Hundseid et al. , 2004）

　　（3）产品液体成分

　　管道钻孔内传送的液体会对管道壁产生侵蚀作用。水、CO_2 和 H_2S 通常引起点蚀、氢致裂纹及（SSC）腐蚀。这些化学物质不仅威胁骨架的安全，也会经内护套渗入环状空间，导致抗拉铠装键及耐压铠装键的腐蚀。水渗入环状空间会影响钢制铠装键的疲劳寿命。

　　流经钻孔的物质（包括抑制剂及酸类）也会加速聚合物内护套材料的腐蚀。沙粒会导致骨架和聚合物内护套的腐蚀，特别是在管道的弯曲部分。

　　（4）工作载荷

　　过大的张力会导致抗拉铠装键的失效并最终导致立管的塌陷。立管所承受的最大载荷发生在安装期间。

过度弯曲是另一导致立管失效的形式。这将导致耐压铠装层的解锁并使立管壁塌陷。可以使用抗弯器、锥形口等限弯器来防止立管在重要区域发生过度弯曲。

当触地点受压时,立管也会失效。这种情况在立管壁上的有效张力为负时出现。过度受压会导致管壁发生屈曲。

(5)辅件

辅件包括限弯器、浮力块及固定系绳,均用于支持柔性立管,保持立管形态,同时防止过度载荷及过度弯曲。辅件的失效很可能导致整个立管的失效。辅件缺失或受损的原因有很多种,例如,由于和海底其他物体的碰撞或腐蚀的影响。

5. 失效模式

(1)疲劳

波浪及立管的运动皆会导致钢制铠装层发生疲劳。在立管安装前应对其疲劳寿命进行细致评估。基于 API RP 2RD 和 API 2A 规范的要求,立管制造商必须证明立管的疲劳寿命是其使用寿命的十倍。由于高阻尼因数,柔性立管不易受 VIV 影响。然而,制造和安装仍应保证足够的疲劳寿命。

环状空间内进水会加速钢制铠装键的疲劳。少量水会从管道钻孔通过聚合物内护套渗入环状空间。

一个更加严重的腐蚀疲劳伤害发生在柔性立管外护套存在裂痕时。这些裂痕会导致海水流进环状空间(见图 11 - 7),加速海水腐蚀速度,减少钢制铠装键寿命。

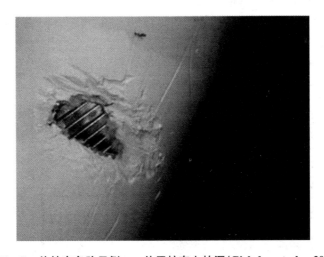

图 11 - 7 外护套危险示例——外层护套上的洞(Picksley et al. , 2002)

(2)腐蚀

腐蚀定义为由立管材料与其周围物质发生化学反应导致立管重要性质的破坏。这一破坏通常由原始材料生成氧化物或盐导致。腐蚀亦可由陶瓷材料的退化或是由紫外线引起的聚合物褪色变弱导致。柔性立管的钢制骨架和钢制铠装键容易发生由水、CO_2 或 H_2S 引起的腐蚀。

(3)侵蚀

侵蚀定义为由沙粒或液体不断磨损材料所致。侵蚀是固体(沉淀物、土壤、岩石以及其他物质)在自然界中的运动。当沙粒摩擦材料时,骨架或聚合物外护套发生侵蚀现象。这一失效模式常发生在管道弯曲部分。

（4）管道堵塞及限流

运送碳氢化合物的管道容易形成蜡或水合物沉淀。这一现象通常发生在温度较低的管道钻孔处。蜡及水合物沉淀的形成容易造成管道堵塞,限制管内液体流动,同时导致管道钻孔内的压力增大。如果放任这种现象发展,会导致耐压铠装层开裂并最终使立管塌陷。

（5）意外损伤

立管容易受到从船上坠落物品、锚泊、其他立管及拖网板的影响。管道过度的移动也会影响海床。如果这些影响严重,会导致管道外护套受损,并使得水渗入管道环状空间。特别严重时会导致耐压铠装层解锁,抗拉铠装键破裂。

6. 完整性管理方案

本小节介绍了保证柔性立管完整性的几种方案。一套完整的管理方案还包括检查程序、监控措施、各项试验及解析方法。在设计阶段制订柔性立管的风险评估及完整性管理方案是十分重要的,以保证立管在服役期间(包括制造、合格验证及安装阶段)不会遭受到不必要的损害。

（1）柔性立管完整性管理系统

图 11 - 8 展示了应用在挪威 Asgard 油田的完整性管理系统。完整性管理系统建立并保存设计数据及油田运转数据的数据库,包括：

①设计基础及主要关注点；

②重新估计立管时使用的制造数据；

③工作温度及压力,特别要关注温度变化；

④流体成分,注射化学成分及出砂；

⑤立管环状空间监控及聚合物测试结果；

⑥海况、船体运动及立管响应。

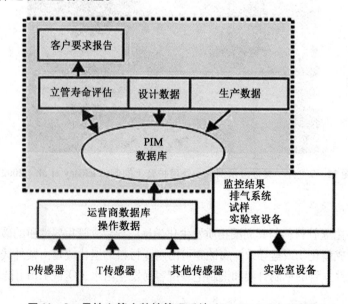

图 11 - 8　柔性立管完整性管理系统（Benit et al. , 2003）

（2）安装程序

安装过程中立管需承受潜在的风险，可能发生过度弯曲、过大张力载荷及碰损等导致外护套受损。因此，要采用严格的安装程序以防止立管在作业前受损。记录安装中的意外状况，在某些情况下，在这些意外过后需要花费巨大的代价来采取有效的缓和措施以保证立管能继续服役。

（3）气体扩散计算

这些计算需要预测管道环状空间内的气体成分。气体成分的确定直接决定了环状空间内是使用"抗酸"或"非抗酸"键、键的腐蚀速度以及其疲劳寿命。

（4）掉落物品报告、甲板起吊、操作程序

掉落的物品可能击打柔性立管并使外护套受损形成漏洞，甚至导致压力铠装键解开或是张力铠装键破裂。因此，柔性立管安装过程及其周围的船体运动需要制订严格的掉落物品报告草案。报告掉落物品并部署 ROV 来确定掉落物品在海床上的具体位置并检测掉落物是否对其周围管道有潜在的危害。甲板起吊和搬运过程需要首先阻止物品掉落的事件发生。

（5）船舶限制区

在柔性立管周围运动的船越少，发生掉落物品事件的可能性越小。由于拖网板和管道间的影响，渔船也可能对立管造成损害。因此，在立管触地点附近强制设置船舶限制区。

（6）管道疲劳寿命的再分析

在管道使用过程中需要定期进行疲劳寿命的再分析，以保证疲劳寿命没有由于设计假设的影响产生巨大恶化。

（7）高完整度压力保护系统（HIPPS）

对于遭受过大压力、压力波动或者不确定压力的立管，推荐使用压力保护系统。这一系统包括一系列检查器和监测器用于自动关闭管道和减少管道压力，以保证管不受到损害。

7. 立管完整性管理标准

目前，工业界的标准对立管生命周期中完整性管理提供了指导。其中相关标准如下：

（1）美国标准

①ASME B31.8S　Managing Integrity System Of Gas Pipeline 2002；

②API 1160 – 2001　Managing System Integrity for Hazardous Liquid Pipelines。

（2）欧洲部分规范也对立管的设计、建造、安装、作业和检测等过程做了相关指导，用以保证立管的完整性。相关标准有：

①DNV OS F101 2007 Submarine Pipeline System；

②DNV – RP – F105 2002 Free Spanning Pipelines；

③DNV – RP – F101 2004 Corroded Pipelines；

④DNV – RP – F107 2001 Risk Assessment of Pipeline Protection。

（3）2008 年 4 月 DNV 制定了立管完整性推荐建议 DNV RP – F206，其涵盖了立管系统设计、建造、安装、服役、寿命延长等阶段，从基本内容、过程、执行方法和技术等方面对立管系统完整性管理做出了详细的介绍，并在数据文件的管理，立管使用期内的立管检测和维护等方面过程做了相关指导。该规范适用于已建和待建的刚性立管（TTR 和 SCR）、柔性立管和混合式立管及其部件（如柔性接点、应力接点）、绝缘保温、浮力构件等，不适用于钻井、完井、修井立管。

8. 世界立管完整性管理软件

立管完整性管理是一个持续的贯穿立管生命周期的过程,在此期间,要时刻关注处理、操作、检测/监测等信息。SeaFlex 公司一直关注柔性立管、钻井立管、完井立管的完整性管理,并开发有 RiserNET、WOR database、RMS 等管理软件。这些软件是基于 SeaFlex 公司关于分析、检测、测试和维修柔性立管、钻井立管、完井立管的经验基础上开发出来的。目前,在许多工程中有实际的应用,见表 11 - 1。

表 11 - 1　工程中应用相关软件的统计表

油气田	平台类型	作业者
Njord A and B	半潜式平台 + FSU	Hydro
Troll C	半潜式平台	
Troll B	半潜式平台	
Visund	半潜式平台	Statoil
Snorre A	张力腿式平台	
Snorre B	半潜式平台	
Xikomba	FPSO	Exxon
Kizomba A/B	FPSO	
Varg	FPSO	Talisman

二、立管失效模式

本章节以柔性立管为例,总结了目前可以统计的柔性立管事故的相关数据,并进行了总结分析。然后分析了可能在柔性立管系统中发生的破坏/损伤事故的潜在来源,指出了性能衰减的原因以及其随着时间发展可能发生破坏。另外,也考虑了一些与异常事件有关的单个事件。文中还列举了每种失效模式并介绍了推荐的检测和监测方法。采用监测技术是为了得到有关管件损伤以及性能衰减的信息,以执行相应的补救措施以避免破坏。

1. 柔性立管/管道事故统计与分析

(1)柔性立管/管道事故统计

这一部分详细介绍了基于所搜集的数据及工业反馈信息的柔性立管及柔性管道损伤及失效情况的统计。统计分析中包含了 106 个柔性立管或管道损伤或失效事件。研究中所有调查过的立管或管道有 20% 曾发生过损伤或失效。在这 20% 中,三分之二的事件是发生在安装期间,三分之一是发生在正常操作过程中。

我们将损伤或失效分为以下两种:

①偶然性损伤

由外部偶然性因素引起的柔性立管或管道系统损伤称为偶然性损伤。这种损伤的实例中包括安装损伤、拖网渔船损伤。对于大多数的事件来说,管线能够被修复并能够继续使用。在一些例子中,尤其是对于立管,这种损伤发生在安装时期,损伤的立管将被新的立管所替代。

②系统失效

当立管或管道在工作时所发生的导致柔性立管或管道失效的事件称为系统失效。如果失效发生在管子上,意味着管子在容纳内部液体时发生了失效即发生了泄漏。这种失效或许是灾难,或许只是低程度的泄漏,这完全取决于失效模式。

图11-9描述了各种功能的柔性立管或管道的两种失效形式所占的百分比。由于目前我们主要研究立管,因此我们选取的立管失效的例子必然要比管道的例子数量多。以我们所搜集的信息为基础,图11-9显示系统失效的发生率远比偶然性损伤高很多。

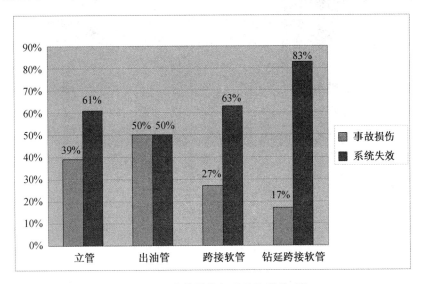

图11-9　事故损伤与系统失效的对比

图11-10将失效分为几种失效模式。内壳老化或腐化是最普遍的失效模式,占31%,其次是聚偏氟乙稀内壳滑移,占25%;再次是辅助装置失效,占12%。

图11-11显示了安装事故和操作事故的比较,76%的事故发生在安装时期,图11-12给出了关于各种损坏模式的偶然性损伤的分析。外壳损伤是最常见的一种损伤模式,占61%,而且大多数的损伤都发生在安装阶段。

图11-13提供了立管或管道在损伤前的工作年限,零年表示安装损伤。从这个图表可以得出一个有趣的结论,那就是大多数的失效都发生在服役后的四年内。也有一些能够达到八或九年,但是大多数的柔性立管都不能达到这个年限,我们还不能推断它的寿命。一般情况下,柔性立管的设计寿命为12年左右。

还有一些立管环面被淹没的例子,是什么原因导致的还不清楚。然而它一定会给立管的疲劳寿命问题带来一定的影响。

总体来说,柔性立管的损伤失效模式比例可以总结为图11-14,外装甲的损伤是最常见的。

(2)柔性立管事故分析

在这部分,我们选择了一定数量的有讨论价值的损伤或失效模式进行分析。

①外壳损伤

从数据库中发现到目前为止最常见的损伤和失效模式是外壳损伤。大多数的损伤发生在安装阶段。外壳损伤会导致柔性立管环面被淹没。对于立管来说这是非常严重的,通过

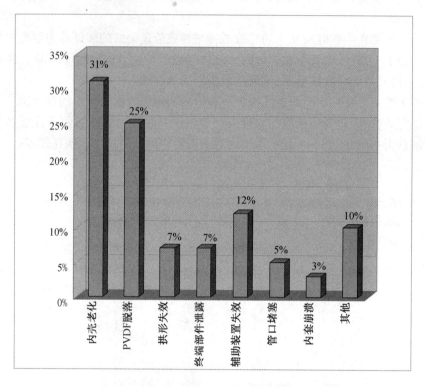

图 11 – 10　系统失效模式

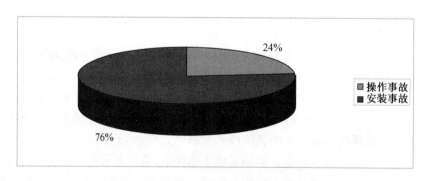

图 11 – 11　安装事故与操作事故比例

计算能够推断出在潮湿环境下抗拉层的腐蚀损伤,立管的设计寿命可能会由原来的 20 年减少为 2 年。因此即使管子的损伤是很小的,最终也可能会产生很严重的后果,到目前为止有很多立管因损伤被替换的例子。同时,大量的研发工作指出,清除立管环截面的腐蚀环境的办法也可以用来延长立管的寿命。

②内壳腐化

PA11 腐化失效的案例数量是很惊人的,我们的数据库中有 61% 的立管出现过 PA11 内压层腐化的问题,可见,这是将来立管面临的比较重要的问题。

在我们的统计分析中,立管失效多数发生在整个寿命的早期,特别是前四年。这说明这是设计中较重要的一个问题。是在操作时操作人员不知道立管系统的设计极限,还是设计

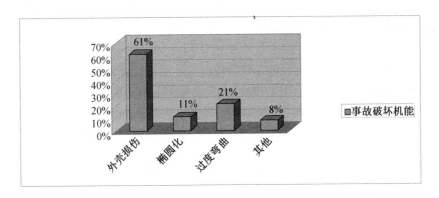

图 11－12　偶然性损伤模式比例

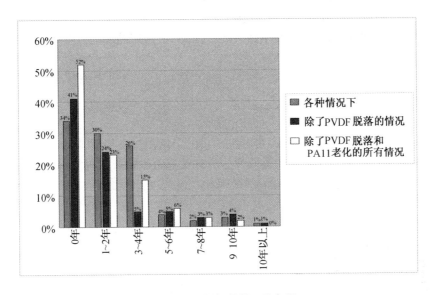

图 11－13　损坏前的工作年限

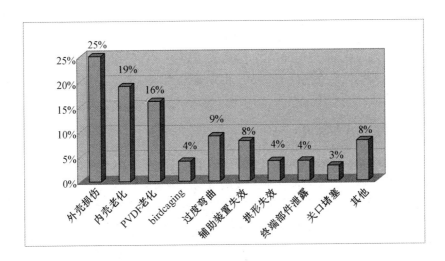

图 11－14　损伤及失效的总结

组工作出现了问题？我们发现是设计组和操作组之间沟通不良。进一步说，操作部门对设计组设计新的管子提供的反馈意见很少。

从积极的一面来说，目前已知工业中是承认这种问题的重要性的。美国石油组织对PA11老化问题进行了研究工作，准备在日后提出这种材料的适用范围。

目前美国石油协会建议规范17B对PA11的寿命提出了预测曲线，可以作为设计或重新估计寿命的参考。可以利用这个曲线对立管失效进行预测。从物理分析得出的论断是通过热塑性厚度可以得到不同程度的腐化情况。然而热塑性与内径的失效密切相关，大多数内壳厚度还处于良好状况。美国石油协会规范需要解释这种效应以及提高他们所提供的老化曲线的精确性。

从完整的角度讲，这个问题突出了监控温度以及控制钻孔的水流量的重要性，这两个因素也是影响老化的关键因素。

③聚偏氟乙稀终端部件失效模式

从统计结果中可以很清楚地看出，这是失效模式中很重要的一种。与其他利用热塑性材料的管子相比，聚偏氟乙稀热膨胀系数较高。因此，由周期循环的温度改变引起的内壳的持续的膨胀与收缩导致了内壳逐渐脱离终端装置。

对这种失效模式的了解不是很多，所有的制造商都以提高终端设备的设计水平来避免这种形式的失效。一般用替换聚偏氟乙稀材料的方法来避免可塑剂的使用。目前了解到这类立管失效模式的解决方式是用新设计的终端设备进行替换。

这个问题到目前为止还没有被完全解决。目前仍然是用高热膨胀比来解决。在新的设计中，温度周期将导致应力循环而后导致疲劳失效及靠近聚偏氟乙稀终端设备的内壳爆裂。可以看出还需要对这一问题进行更多的调查研究工作。

④抗拉铠装键混乱及鸟笼化

抗拉铠装键的混乱是柔性立管失效的一种较重要的模式。这一模式一般发生在管子被绷紧时，如管子屈曲或由拉链结构导致的绷紧，同时这种混乱是局部性的而不是整个立管的长度范围内的。

一旦大的缝隙出现在两个抗拉层之间，压力层将较为危险。抗拉层机械装置互锁失效；一个缝隙出现了，内压层爆裂。在这些例子中，只要有一个小的纰漏出现了，后果将是很严重的。

⑤通风口堵塞

当管子末端连接处的通风口堵塞时立管发生失效，这样的例子的数量大得惊人。当通风口堵塞时油气渗入内孔，最后环面压力过高，外壳爆裂或内壳塌陷。

由此得出的教训是进行完整性测量时应定期检测通风口是否堵塞，同时应检测在工厂验收试验时是否清洁。

2. 柔性立管潜在的失效原因

已有事故中柔性立管失效模式以及导致失效的原因表明了操作情况对柔性立管的性能衰减机理有很大的影响。引起柔性立管失效最重要的因素有：温度；压力；生产液组分；疲劳（与压力有关）以及崩溃（多层抗压层中的）；失效的模式可能是很小泄漏，也可能是整个管件的断裂（例如连接处断裂），这决定于柔性立管中衰减机理的性质。

在立管的失效事故中，以上的这几个因素是进行失效调查的重要参考。

（1）温度

性能衰减的一个重要原因是柔性立管在高温度下工作的时间。相对于钢制立管来说，柔性立管可接受的温度范围要低一些。而且考虑柔性立管外部的一些地方（如末端装置，这些在防火或者防热层以下的地方，或者在导体或者抗弯加强筋的里面的部分）与环境隔绝的程度也很重要，因为这会增加聚合物的温度。

下面讨论应用于柔性立管内部抗压层的聚合物材料。

①聚酰胺 – 11（PA – 11）

英国大部分地区（大约60%）的柔性立管的内部抗压层是采用 PA – 11 材料。在挪威地区，PA – 11 是主要的聚合物层的材料。这种材料在温度升高时易发生水解，并因此导致了几起事故。

在长时间高温作用并且饱和度超过80%的液/气混合流作用下，这种聚合物对自由态水以及溶解态水都很敏感。另外，如果水的 pH 值较低，也会加速管道的老化，因为酸类以及化学反应会对聚合材料产生不利的影响。当然，这取决于酸的浓度与作用时间。

②聚偏氟乙烯（PVDF）

PVDF 作为立管的内压防护层在英国地区被广泛使用（大约35%）。该材料对含水量不敏感，并且能够能在温度升高的条件下抵御大多数油气中的化学物质。PVDF 相对 PA – 11 有更高的热膨胀系数，所以也更容易在热循环应力作用下产生裂纹增长。对于动力设施，API 17J 规定 PVDF 允许的最大应变量为 3.5%。

PVDF 有可塑的与不可塑的两种形式。API 17J 没有对这两种产品加以区分。

在生产过程中，为了增加材料的喷出过程，经常添加增塑剂到 PVDF 中。然而在操作过程中，增塑剂分子吸附于聚合物之外，产生脆化。即使碳氢化合物分子替代一些失去的增塑剂，材料还是会逐渐退化，导致在热循环作用下容易发生裂纹增长。

一般认为不可塑的 PVDF 是更稳定的聚合物，因为目前为止，没有可以依靠的可塑剂。然而不可塑型 PVDF 比可塑型 PVDF 有更高的弹性系数，减少了屈服与极限应力，增加了屈服压力。

③高密度聚乙烯（HDPE）与交叉连接聚乙烯（XLPE）

在与高压结合的情况下，温度对高密度聚乙烯（HDPE）非常重要。高压的形成是由于快速的减压过程，以及碳氢化合物带来的鼓泡现象。交叉连接聚乙烯（XLPE）的使用与 HDPE 类似，但是其有更高的温度范围以及更好的抗鼓泡的能力。

HDPE 并没有作为抗压层材料在碳氢化合物产品中被广泛使用，它的用处一般是与注水管，以及低压/低温的液体产品有关。这种聚合物对氧化敏感，并且可能呈现出环境载荷应力裂纹。由于聚合物的应变以及温度，HDPE 有良好的耐酸（取决于浓度）以及耐水能力。

XLPE 是 HDPE 发生交叉化之后变成的。这种聚合物被用在高温环境中，并且与 HDPE 有着类似的机械行为。这种材料一般作为 PA – 11 的替代品被用在含水量高的地方。

检测与监测方面的提示：

（a）管口温度最高的地方应该被持续监控、记载并且评估。或者使用外推法技术（extrapolation technique）。温度应该得到监控以得到有效的管理方法。

（b）PVDF 管的热循环的次数以及范围都应该得到监控。

（c）如果温度超过 40 ℃，则应对 PA – 11 的性能衰减进行评估。

（d）对于所有在整个寿命中工作温度可能超过 60 ℃ 的新的柔性立管，都应该对 PA – 11 进行取样。进行周期性的取样检查，这样就可以对材料的性能衰减进行监测，从而阻止聚合物管发生泄漏。

（2）压力

系统的操作压力越大，其由于疲劳和减压过程所造成的性能衰减就越大。由于大量使用装甲线，除非局部线材受过损伤，否则不太可能发生过载。

静态柔性管道相对于动态管道而言，可以承受更大的碳钢层的腐蚀，以及更好地抵御由于老化而带来的聚合物的衰减。

对于动态柔性管道而言，压力增加了动态立管中由于磨损造成的伤害以及由于在腐蚀环状环境中所造成的腐蚀，容易引起疲劳损伤。这种腐蚀性的环境可能是氧化或者脱氧的海水再加上由管口渗透的气体以及液体形成的。

装甲线的疲劳使用寿命与工作管口压力成比例（反向功率法则）。对重要的立管的监控，必须考虑压力以及环状环境。"疲劳"作为一种衰减机理，是导致立管失效的原因。工作时立管的内部压力引起的柔性立管系统不同层之间的高接触压力，导致了线材上应力大量增加。

检测与监测方面的提示：

（a）监控以及记录每半小时的取样的压力范围以及频率，以确定操作系统的稳定性。也可以基于风险评估来估算名义上的压力。如果没有提供风险评估中的操作指南，推荐每天进行压力监控。

（b）监控关井以及停机的频率和持续时间，因为它们会对立管系统的疲劳寿命产生不利的影响。

（3）产液成分

管口液体中的酸性以及饱和水的成分都会对淹没环形空间内的碳钢装甲线的性能衰减以及 PA – 11 压力层的老化产生不利影响。

①PA – 11

低的 pH 值对 PA – 11 产生不利影响。应该查找 API 技术小组关于 PA – 11 的有关资料。

②CO_2，H_2S 与 O_2 水平

动态立管以及静态出油管都会受到潮湿的腐蚀性的环境的影响。静态立管会受到酸性溶液的作用造成碳钢线材的腐蚀以及 PA – 11 材料的老化。而且由于 CO_2，H_2S 气体水溶液所造成的腐蚀环境的影响，动态立管的碳钢装甲线的疲劳寿命也会大大降低。对动态立管的疲劳寿命产生的不利影响如图 11 – 15 所示。

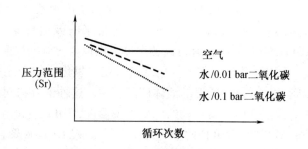

图 11 – 15　对疲劳产生影响的环形环境的腐蚀性

它显示了环形空间的部分压力——0. 01 bar 的 CO_2 就对装甲线产生了非常显著的不利影响，而这种影响随着部分压力的提高大大增加。注意到因为立管环可以出流到顶部，静态出油管部分的压力要明显地比立管高。

氧气进入环形空间内的可能性即使很小，也需要关注，因为它对腐蚀速率有着不利的影响。这主要是与立管的停机有关，并且可能对转塔顶部的装甲线有影响。应该把氧气进入立管顶部环形空间的可能性作为一种会使停机时间加长的因素。这里假设立管有开放出流系统（没有单向阀）。

检测与监测方面的提示：

（a）监测生产管道中的流体，以及腐蚀性气体的物质的量百分比，得到可以预测环状空间环境的分析模型。

（b）评估单向阀，以避免管子中的 CO_2，H_2S 分压过高。

（c）由小尺度试验评估疲劳损伤，计算管道的服务寿命，按照合适的安全因素进行风险评估。按照风险评估结果，使用环形处理手段。

（4）疲劳

疲劳对于动力管道，尤其对于立管来说，是导致性能衰减的原因。立管的敏感区域在于：抗弯加强筋或喇叭口区域、触地点、中部水深拱曲、垂弯曲以及中拱区，这同时取决于水深以及系统设计。当环形空间是湿润的腐蚀性环境时，立管的疲劳寿命会显著减少。湿润环境产生的可能后果是外套破损、连接处淹没、出流系统淹没，或者潜在的压缩水蒸气冲管口处渗透（这取决于工作条件以及出流系统中存在的水蒸气含量）。腐蚀 – 疲劳机理可能作用于没有保护的碳钢装甲线，减少立管的疲劳寿命。在高温下操作立管，例如含有高压的 CO_2 以及 H_2S 的情况，以及高平均应力的情况，加速了碳钢装甲线的性能衰减。

PA – 11 的内套的抗腐蚀能力也会随着高温以及含水量的影响而减小。类似的，在表面缺陷与大量的弯曲循环作用下，PVDF 也容易受裂纹增长的影响。

检测与监测方面的提示：

（a）监控立管管口的流体/压力/环状体积。

（b）应记录环境载荷比如所处海域的波高（H_s）和周期（T_z）。

更新的柔性管道疲劳检测技术目前也在研发当中，这其中包括在装甲线当中使用纤维视觉传感器的技术，其目标是为了检测操作应变仪估算剩余疲劳寿命。

（5）腐蚀

严格来讲，腐蚀本身并不是柔性立管的一个重要的性能衰减机理。柔性立管的内壳或者装甲线的腐蚀速率决定于当地环境也决定于材料选择，以及材料与管内流体的契合程度。

应该仔细评估阴极保护基于预期的腐蚀机理，而不是制造者最开始的设计假设以及项目规划。

检测与监测方面的提示：

（a）用 GVI 检测管中的管道裂口，以及海底出口的环状出流。

（b）对损伤立管进行阴极保护（CP）检测。

（6）磨损

内壳的磨损与管的弯曲有关，弯曲半径越小，潜在的磨损等级越高。潜在的磨损与流体速度、含沙量、运输物（气体或者液体）直接有关。干气体比液化气的磨损能力要高。含沙量是需首要考虑的因素。一般认为内壳上的材料损失是柔性立管上的失效点。API 17J 上规定的聚合物的极限弯曲半径就是柔性立管所允许的最小弯曲半径，也就是最大的磨损点。

检测与监测方面的提示：监控生产组分的含沙率以及管口的液体/气体流动速度，并与最开始的设计前提中的初始限制作比较。

（7）水垢/蜡质的形成

柔性立管内水垢的会造成堵塞，并影响到立管的柔性、质量以及极限破裂情况。另外，水垢可能对防止立管老化起到好的影响，因为水垢在立管的聚合物压力层上起到绝缘的作用。

检测与监测方面的提示：

（a）监控顶部的水垢形成，使用水垢抑制剂（要检查聚合物匹配性）。

（b）检测顶部的蜡质形成，相应地使用抑制剂。可以使用热油冲刷以阻止蜡质问题。对聚合物产生的影响也需要再次评估。

（8）涡激振动

近期，业界对于高压天然气柔性立管装置的关注在于高频涡激振动。大量的实例表明，振动导致了在柔性立管顶部可以听见的高频噪音，被工业界称为"会唱歌的立管"。

振动导致的原因在于流体流过内壳的突扩或突缩，导致了漩涡。这是在情理之中的，因为对于特定直径的立管来说，漩涡脱落的频率与流量有关。在特定的流量下，脱落的频率与管道结构的固有频率接近，并产生了共振现象。

操作人员在许多动力立管中都遇到了这个现象，得出的结论是这种影响只是取决于流量。虽然没有动态立管因为这种原因被破坏，但这个问题依然值得关注，并构成了工业上的一个热点。

检测与监测方面的提示：监控顶部的流速以决定流速的范围，避免高频振动。如果可行的话，操作立管的流量使其超出可以发生高频振动的范围。

（9）服役载荷

立管的过度弯曲可能在安装过程以及生产过程中发生，也可能在操作辅助设备的过程中地发生，它源于不规范的安装以及控制步骤。此外，极限载荷作用下的设计评估不准确也可能导致过度弯曲的发生。管道的过度弯曲也可能来自于由于有沟槽的出油管道的压力波动导致的上浮屈曲（upheaval buckling）。这类问题的影响程度与装甲线的能力有关，有可能产生大量的线材缺口，而导致聚合物挤出或者抗压防护层的破坏。

立管在安装过程中所要考虑的重要问题是确定出允许的管道破裂载荷。

检测与监测时需注意：

（a）水动力测试（对于静态立管来说更有代表性以检查装甲层是否被冲破）。

（b）适当的安装步骤以减少潜在的过度弯曲。

（c）用一般目视检测（GVI）或者声呐对结构修正。

（d）在上部设备中选择 X 射线探测器来监控线材的缺口情况。

（10）辅助设备

与柔性管道一起使用的辅助设备是系统完整性当中的一个完整部分，并且视为完整性管理策略当中的一部分。对于辅助设备基本使用 GVI 方法监控。

①浮力块

相对于操作过程中来说，安装过程中把浮力块固定在立管上的夹具缺失，更容易导致浮力块在管子上的丢失或者滑动。然而，在服役过程中浮力块的丢失依然不可避免。立管系统外形设计的强度决定了类似的事件的重要性。大体上说，外形设计者应该分析事件的敏感性，以决定浮力块缺失所产生的影响。

②抗弯加强筋与转塔/甲板的接口

作为立管完整性管理的一部分，抗弯加强筋与浮体或者固定式结构的接口是柔性立管的关键部位，需要进行详细的检查。大体来说，抗弯加强筋处在一个不容易进行详细检查的地方，因此对于抗弯加强筋与转塔/甲板的接口组装的基本水平的检查就需要进行严格限制。

抗弯加强筋与转塔/甲板连接结构的阴极保护也应该处于监控状态下。低水平的保护会导致腐蚀以及疲劳方面的问题，而过高水平的阴极保护则可能引起氢脆现象。

对于有着高疲劳以及极限海况的油田发展，对立管以及抗弯加强筋进行一系列的动力测试是必要的,以期达到设计要求。

③立管基座

在过度的风暴情况下,立管基座把柔性立管限制为特定的形状,并且需要对基座的过度旋转、轴承载荷等方面进行监控。立管基座载荷可能对偏移地点敏感,并且要精确核对欲安装地点的设计安装公差。

应该记录检查海底基座的载荷/疲劳敏感区域的路径。或者考虑在设计中建造备用设施。

④系缆基座/连接

保持立管多种形状的张紧连接系统应该考虑采用备用设施,或者具有足够的强度以使潜在的危险最小化。

⑤中深水拱曲 Mid – Water Arch（MWA）

MWA 对于立管的外形起着至关重要的作用。腐蚀/疲劳/极限情况评估在这个部件以及任何在关键载荷路径上的零件当中是首要的失效原因。

(11)意外事故

意外事故包括物体掉落、拖板、海底碰撞、拖锚、重物滑落等。根据冲击的严重程度以及管子所采取的防护程度,它们能对柔性立管造成不同程度的破坏。安装/试车过程也包含在这部分当中,因为相当一部分的损伤或者失效发生在立管生命周期的这个阶段。

强烈推荐采取合适的操作步骤以及保护措施,例如对关键区域进行适当的外层保护,以降低在安装、试车、操作过程中事故发生的可能性或者减小事故发生后果的严重性。而且,运用监控的方法可以提早发现动态立管潜在的损伤。要求不高的时候,可以采用肉眼观测来进行粗略的损伤探测。要求较严格的时候,可以通过环状监控,确定潜在的淹没危险。

以沟、刻痕形式存在于聚合材料中的冲击损伤是柔性管道以及抗弯加强筋设计中的一个弱点。对于这种损伤需要立即对直接后果以外的损伤进行评估。这种形式的损失一般代表着一系列的潜在的裂纹增长。

柔性管道的防火性应该与详细要求相一致。柔性立管的防火性设计包含于 API 17J 当中,应当查阅该资料以获得实验步骤。如果无保护措施的柔性立管暴露于喷射火焰或者池火当中,压力完整性的损失会非常快,其损失程度取决于火焰的强度。随着立管压力完整性的失去,内部抗压防护层的性能会随着时间衰减。PA – 11 的融化温度大概是 180 ℃,HDPE 是 120 ℃。这也指出了柔性立管对火焰伤害的敏感性。

检测与监测方面的提示:

(a)一般目视检测(GVI)。

(b)采用管理步骤限制已知的落物危害。

(c)在风险评估的基础上考虑采用防火措施。

(12)制造缺陷

这个部分的制造缺陷只包括那些能对管道系统失效起作用的已知的缺陷,不包括由于意外事故以及疏忽造成的缺陷。

①辅助设备

辅助设备上不规范的焊接质量以及不规范的焊口形状将缩短水下设备的使用寿命。辅助设备应该符合一定标准并且对容易发生疲劳损伤的地方要进行合适的检查。考虑使用局部焊缝磨光焊接法以达到合适的标准从而延长在建造阶段的疲劳寿命。

任何的喷漆保护系统或者阴极保护系统设计应该符合相应的标准或指南(DNV RP

B401）。如果可能的话，应该对压载保护层给予特定的关注，以避免阳极损失的加速。

在阴极保护系统中，使用高强度的螺栓或者双头螺栓可能容易受氢脆的影响。应该扫描双头螺栓紧固的部件，以阴极保护兼容性优先的原则来操作。

与抗弯加强筋和转塔装配有关的关键的法兰连接如果采用了不合适的双头螺栓张紧连接，就会在连接处产生极大的疲劳载荷。建议在关键部位不使用人工上紧。此类设备的设计应该迎合张紧工具设备的需要。

对管道上浮体不适当的张紧可能导致安装阶段的滑移，对此应该加以监控和记录。

②抗弯加强筋

抗弯加强筋易受聚亚安酯以及金属镶嵌块中的制造缺陷的影响，应该对抗弯加强筋以及保护外套上的疲劳敏感的区域加以足够的重视。

推荐对抗弯加强筋中的高应力焊缝进行保护，防止暴露在海水中，从而避免潜在的腐蚀疲劳情况。

聚亚安酯与金属镶嵌块的连接非常重要，它构成了抗弯加强筋装配的完整阶段（integral phase），制造者的计划当中，金属结合面应该在调查范围，以保证达到了足够的连接面。不合格的金属与聚合物的连接会导致抗弯加强筋过早的失效。

聚亚安酯抗弯加强筋的缺口或者磨损（特别是在尖端部位），会成为排斥抗弯加强筋的原因。在损伤的位置，应该对由于磨损造成这类缺陷而做的修复进行评估。

三、立管风险评估

本章主要以柔性立管为例，叙述确定柔性立管各个失效模式相对应的风险值的方法。每个失效模式对应的风险值的计算主要有两个数值，即发生概率和影响程度。其中，发生概率还和引发失效的概率相关。基于此方法计算出来的风险值将直接决定柔性立管的检测和监测方案的制定。

1. 重要参数的定义

（1）引发失效的概率（IPR）的定义

引发失效的概率（Initiator Probability Rating，简写为 IPR），描述了在立管的生命周期中，某一失效模式从发生到引发失效的概率。IPR 的取值为 1 到 3 之间的整数，其具体取值的标准参照表 11 - 2。

表 11 - 2　引发失效的概率（IPR）取值标准

引发失效的概率（IPR）	说明
3	某失效模式对应的突发事故或者逐渐的损失与退化将会达到引发失效，而且确定立管将会受其影响
2	某失效模式对应的突发事故或者逐渐的损失与退化将可能达到引发失效，但是通过减缓或保护措施可以避免失效的发生
1	某失效模式对应的突发事故或者逐渐的损失与退化将不太可能达到引发失效，或者在系统设计的影响考虑之外

（2）发生概率（POR）的定义

失效发生概率（Probability of Occurrence Rating，简写为 POR），描述了对应每个失效模式下，柔性立管在指定的生命周期内发生失效的可能性的大小。POR 的取值为 1 到 5 之间的整数，发生概率越高则数值越大。发生概率的选取与引发失效的概率相关。发生概率值的选取见表 11 – 3。

表 11 – 3　发生概率值（POR）取值标准

引发失效的概率（IPR）	从失效模式产生到引发失效的时间	发生概率（POR）
3	短期	5
3	长期	4
2	短期	3
2	长期	2
1	任意	1

（3）影响程度（COR）的定义

失效影响程度（Probability of Occurrence Rating，简写为 COR），描述了对应每个失效模式下，立管失效发生以后的后果的严重程度。对应立管的生命周期安全、环境和操作三个不同的方面，COR 的取值为 1 到 5 之间的整数，数值越高说明失效发生后的影响越严重。本节在说明每种失效模式对应的影响程度时还注明了此影响是具体针对立管哪个方面的，包括生命周期安全（Safety）、环境（Environment）和操作（Operability），在影响程度 COR 数值的后面分别用（S）、（E）和（O）进行了标识。影响程度具体数值的选取见表 11 – 4。

表 11 – 4　影响程度（COR）取值标准

影响程度（COR）	分类	说明
5（S）	生命周期安全	对附近的人员或船体设施有较大危害
4（S）	生命周期安全	对人员或生产安全有中等危害
4（E）	环境	严重污染或不可控制的生产产液泄漏
4（O）	操作	可操作性的严重损失
3（S）	生命周期安全	对人员或生产安全有较小危害
3（E）	环境	中等污染
3（O）	操作	可操作性的中等损失
2（S）	生命周期安全	对人员或生产安全有很小危害
2（E）	环境	较小污染
2（O）	操作	可操作性的较小损失
1（S）	生命周期安全	对人员或生产安全的危害可忽略
1（E）	环境	可以忽略的污染
1（O）	操作	可操作性损失可忽略

2. 风险评估方法

对于每一个完整系统的失效模式,需要用数值计算的方法来确定其风险值的大小。本节采用考虑发生概率(POR)和影响程度(COR)的乘法公式来计算针对每个失效模式的风险值。计算公式如下:

$$风险值 = POR \times COR$$

此公式将用来计算下文中所有的失效模式对应的风险值。

本节将从不同失效模式对应的风险值和柔性立管不同部位对应的风险值两个方面来进行柔性立管的风险评估。

3. 基于立管失效模式的风险评估

本节以柔性立管为例,针对柔性立管不同的失效模式,用表格的形式详细分析每一种失效模式的失效原因、失效机制,以及可能引起的风险的具体度量,并为后文进行检测和监测方案的制定做出了指导说明。根据前文所述,柔性立管的失效的原因可能源于温度、压力、产液成分、疲劳、腐蚀、磨损等诸多方面。完整的基于立管失效模式的风险评估应当从各个原因的具体失效模式出发来进行计算分析,篇幅所限,本节仅以与温度相关的失效模式为例,具体叙述风险评估的内容。

与温度相关的失效模式见表 11 – 5,对应温度原因的失效模式的风险评估见表 11 – 5 至表 11 – 8,初步的检测与监测策略的指导意见见表 11 – 9 至表 11 – 11,表中的"√"表示在此范围的风险值下应进行对应的检测与监测策略。

表 11 – 5　与温度相关的失效模式

序号	失效模式	失效原因	失效机制	相关的其他失效模式
1	聚酯层老化	高温/高剪切力/低 pH/活性化学品	加速内压防护层的老化/保护层破裂或出现窟窿/抗压力损失/管道破裂或泄露	产品流成分
2	端头拽出	PVDF 层的管道内热循环	端头卷曲缺失/压力防护层拽出/管道破裂或泄露	
3	环向裂缝	热循环疲劳载荷	压力防护层材料拉伸并进入铠装层间隙/疲劳载荷和热循环导致应力集中处的环向裂纹/保护层裂纹/抗压力损失/管道破裂或泄露	疲劳
4	抗弯装置的缺失或损伤	钢制部件的老化、腐蚀或偶然损伤	抗弯装置的缺失或损伤/钢质耐压或抗拉防护层循环应力增加/铠装层失效或自锁/管道破裂或泄露	附属设备;疲劳;服役载荷;偶然损伤

表 11 −6　聚酯材料 PA11 老化风险值

耐压保护层材料	服役条件	k = 预期寿命[注2]/设计寿命			
		2.5 > k ≥ 2.0	2.0 > k ≥ 1.5	1.5 > k ≥ 1.1	k ≤ 1.1
PA11	动态立管，碳氢化合物，< 500 m[注1]	10	15	20	25
	动态立管，碳氢化合物，> 500 m[注1] 或静态漂浮软管，碳氢化合物	8	12	16	20
	非碳氢化合物，重要立管或漂浮软管	6	9	12	15
	非碳氢化合物，非重要立管或漂浮软管	4	6	8	10

注:1.普通安装在 500 m 之内的柔性管道所有部分;2.系数 k 表示聚酯材料服役预期除以设计寿命寿命。

表 11 −7　聚酯材料 PVDF/HDPE 老化风险值

耐压保护层材料	服役条件	作业温度/℃			
		T < 50	50 < T ≤ 80	80 < T ≤ 120	T > 120
PVDF	动态立管，碳氢化合物，< 500m[注1]	10	15	20	25
	动态立管，碳氢化合物，> 500 m[注1] 或静态漂浮软管，碳氢化合物	8	12	16	20
	非碳氢化合物，重要立管或漂浮软管	6	9	12	15
	非碳氢化合物，非重要立管或漂浮软管	4	6	8	10
耐压保护层材料	服役条件	作业温度/℃			
		T < 40	40 < T ≤ 50	50 < T ≤ 60	T > 60
HDPE	动态立管，碳氢化合物，> 500 m[注1]				
	动态立管，碳氢化合物，> 500 m[注1] 或静态漂浮软管，碳氢化合物	8	12	16	20
	非碳氢化合物，重要立管或漂浮软管	6	9	12	15
	非碳氢化合物，非重要立管或漂浮软管	4	6	8	10

注1:普通安装在 500 m 之内的柔性管道所有部分。

表 11 −8　耐压保护层 PVDF 端头拉起或环向破裂风险值

耐压保护层材料	服役条件	风险值
PVDF	动态立管，碳氢化合物，< 500 m[注1]	25
	动态立管，碳氢化合物，> 500 m[注1] 或静态漂浮软管，碳氢化合物	20
	非碳氢化合物，重要立管或漂浮软管	15
	非碳氢化合物，非重要立管或漂浮软管	10

注1:普通安装在 500 m 之内的柔性管道所有部分。

表 11 – 9　聚酯材料 PA11 老化的检测与监测策略

检测与监测策略	风险值			
	1 ~ 8	9 ~ 15	16 ~ 19	20 ~ 25
一般目视检测（GVI）	√	√	√	√
温度监测	√	√	√	√
老化计算分析			√	√
采样与分析				√
频谱电磁感应分析（FDEMS）				√

表 11 – 10　聚酯材料 PVDF & HDPE 老化的检测与监测策略

检测与监测策略	风险值			
	1 ~ 8	9 ~ 15	16 ~ 19	20 ~ 25
一般目视检测（GVI）	√	√	√	√
温度监测			√	√
采样与分析			√	√

表 11 – 11　耐压保护层 PVDF 端头拉起或环向破裂的检测与监测策略

检测与监测策略	风险值			
	1 ~ 8	9 ~ 15	16 ~ 19	20 ~ 25
一般目视检测（GVI）	√	√	√	√
温度监测	√	√	√	√
热循环效应频测		√	√	√
压力监测			√	√
体积流动比率监测			√	√
X 射线探测				√

4. 基于立管结构部位的风险评估

　　本节以柔性立管为例详述基于立管结构部位的风险评估。柔性立管包括三个主要的结构部分，顶端（Top Section）、中部管线（Midline）和底端（End fitting），本节以柔性立管的顶端结构为例，详细分析了柔性立管顶端部位在整个生命周期中的风险，包括失效模式、失效原因、失效类型描述、针对失效的减缓或防护方法，以及引发失效的概率（IPR）、发生概率（POR）、影响程度（COR）、风险值和相关说明。另外，本节还引入了置信度（Confidence Rating）这一参数，通过这一参数可以粗略估计对应每个风险值计算中的参数的真实性或可相信的程度。本节将置信度分为两个等级，高置信度与低置信度，分别用 H 和 L 表示。柔性立管顶端部位（Top Section）风险评估详见表 11 – 12。

表 11-12　柔性立管顶端部位（Top Section）风险评估

失效原因	失效类型描述	减缓或防护方法	引发失效的概率 IPR	置信度 Conf L/H	发生概率 POR	影响程度 COR	风险值 Risk	说明
由下列原因导致的突然冲击：1.滑落物 2.水下碰撞、磨损 3.船体碰撞	外部防护层出现鼓隆、破裂或裂痕，渗水/拉伸防护层的抗拉键腐蚀/管子破裂	1.平台作业和维护 2.禁区由备用船值守 3.立管柔顺 4.柱式结构阻止立管船体碰撞	2	H	3	5（S）	15	IPR:每年估计有0.1件物体滑落、滑落物有1%的可能损坏液压提升装置。事件发生的概率 $<10^{-2}$ 时，IPR=2。Conf:由于定量评定的置信度很低。COR:输气管（海上部分失效）气体泄露导致人员死亡的概率估计在 9.7×10^{-4}
由于PFP或者过度的船体偏移	过度的弯曲或拉伸内层或内锁压力层或拉伸防护层失效/管子破裂导致泄漏	1.禁区由备用船值守 2.当单线失效超过了11线气象况或者天气超过了11线的极限，关闭系统将立管的压力降低	2	H	3	5（S）	15	IPR:设计的锚线组合可以在一根锚线损坏的情况下操作。Conf:最初锚线失效在设计考虑范围内。置信度很高。COR:人员死亡的概率估计在 9.7×10^{-4}（在海平面以下的失效）
降解模式设计的不确定性以及突然暴露在高温条件下	加速内压防护层老化/耐压层破裂出现鼓隆/管子破裂导致泄漏		1	L	2	5（S）	10	IPR:基于 46°C 的平均温度，Rilsan 降解不大可能发生。Conf:温度以外的因素将会成为影响因素。置信度低
外拉伸防护层模式误差以及突然接触过大疲劳载荷	疲劳过载/拉伸防护层上的疲劳损伤过重/单个或多个拉伸键的失效/管子破裂导致泄漏		2	L	4	5（S）	20	IPR:由于伸防护层的磨损，立管的服务年限一般认为为26年,分析时采用155psi 的保守内压值,实际操作时的内压平均值为909psi 设计寿命为20年。Conf:由于服务寿命分析的不确定性使置信度很低

表 11 - 12（续）

失效原因	失效类型描述	减缓或防护方法	引发失效的概率 IPR	置信度 Conf L/H	发生概率 POR	影响程度 COR	风险值 Risk	说明
采油压力过度下降	内压防护层爆裂/耐层裂纹泄漏或者阻塞/管子裂纹或阻塞	监测并控制布置在立管基座处控制管汇的压力（布置在 SMCS 处）	1	L	2	4(O)	8	IPR:内衬管坍塌以及吸收压强很高的可能性都很低。Conf:低置信度。COR:整个管子破裂的可能性很低。
缺乏水和抑制剂导致的产油温度/压力过低	水与碳氢化合物水合/管子堵塞	监测布置在立管基座处控制管汇的温度	1	L	2	5(S)	10	IPR:井口有记录的最低温度是 0 ℃,设计极限是 -10 ℃。Conf:记录数据反映了很高的置信度。
作业时过度弯曲	内锁压力层过度弯曲或局部解锁/内压防护层致出现褶隆/管子破裂导致泄漏	1.在最小的弯曲半径处设计安全系数 2.弯曲加强杆,减小立管在顶端的弯曲	1	L	2	4(O)	8	IPR:加强筋的设计使得最小弯曲半径小于两倍的存储模盘面(m.b.r.)。Conf:置信度低。
内锁压力层蚀磨损	内锁压力层发生轴向破裂/单个或多个抗压键的失效/管子破裂	用抗摩擦 PE 纤维层隔绝其与抗拉伸防护层的接触	2	L	4	5(S)	20	IPR:没有先例证明是决定服务年限的关键因素;以前没有对这种有效置信行分析,因此置信度低。
海洋生物的过度增长	拉力载荷或重力载荷过大导致过度弯曲,局部应力集中/耐压层层坍塌或伸护层失效/管子破裂或泄露		2	H	3	5(S)	15	IPR:水下机器人探测显示 98% 的上部悬链线部位和 25% 的根基部位覆盖了 75 mm 厚的海生物,不太可能出现密封部位的破裂和泄漏。Conf:可视化探测保证了高的置信度
清理器损坏	加速内衬管的磨损/内管出现漏洞,开缝点蚀,变薄或锁变形洞,护层损坏/耐压层纹防出现漏洞或阻塞		1	L	2	4(S)	8	IPR:采用球形清理器。Conf:置信度低。

四、柔性立管检测与监测技术

1. 目视检测

（1）一般或近距目视检测（General or Close Visual Inspection, GVI/CVI）

柔性立管及辅助设备需要通过潜水员和相关的设备来检测。海底操作受环境的限制，辅助装置若发生严重损伤可考虑使用视觉检测。

该检测方法已广泛应用于英国的相关部门。这种视觉检测需要考虑立管布置结构的总体设计和监控等。基于风险评估，检测频率为一年一次。

基准调查作为一般目视检测的一部分，经常用于检查安装和试运转后的总体设计及布置结构。一般目视检测决定了立管基点的位置、中拱位置、钻孔中心等。监控同时也要考虑受海洋生物附着的区域是否需要进行立管清洗。事实上，不可能对立管所有部位都进行清洗。近距目视检测通常在检测计划中担当特殊任务。

建议在安装和试运转后进行一般目视检测和近距目视检测，以探测发生的损伤或严重偏移。此外，建议使用近距离目视检测来监控立管、辅助装置及阴极保护系统的有效性。

通过对立管进行的评估来确定常规目视检测的时间间隔。常规目视检测的频率取决于系统操作的强度及服役时间。

常规目视检测技术具有较大的随机性，仅限于检测较为严重的损伤及油气渗透。常规目视检测技术不能够检测细微的外壳缺陷或潜在的环面溢流。

对抗弯装置及浮筒位置的常规目视检测通常具有局限性，这是由于大多数的立管系统处于动态形式，很难进行检测。常规目视检测可以直接检测抗弯装置的损伤，也可以由立管的幅值响应算子或潜水员检测的结果间接地获取动态特征。任何损伤对检测动态特征都有较大的影响。

使用辅助技术进行常规目视检测可以评定表面发生裂痕的刚体结构的完整性，交变电流方法是较有潜力的一种方法。

（2）内部视觉检测

该技术包括内部检测相机及履带装置，能够进入较长的管子。需要编制检测程序，除此之外还有能够导致操作中断的净化处理等。

内部检测技术还没有被广泛采用。它仅用于通过立管上部截面来评定连接于抗弯装置的压力外套。该技术感官上的限制作用很强，只能获取有限数量的信息。

该技术在检测内压力壳崩溃方面很有成效。也可以用于检测管道的潜在损伤和终端装置压力外套可能发生的泄漏。然而，此种技术不列入常规检测程序。检测时，需要使用一种履带装置进入管道。

2. 压力、温度和钻孔内流体检测及监控

（1）压力测试（水动力测试）

进行海面压力测试是为了论证柔性立管完整性符合工业标准及规范。泄漏检测通常是使用系统最大许用操作压力值的 1.1 倍进行测试。泄漏检测中经常使用无毒染料。小型泄漏可能检测不出来。

这项技术适用于所有的系统在安装和试运转后,证实其泄漏完整性。早先的调控要求不再适用了,风险评估在工业中被广泛采用。

在安装和试运转过程中进行柔性立管泄漏检测是一项强制要求。对泄漏测试的要求取决于服役情况和对柔性立管固有缺陷的检测情况。

水动力测试应该在岸上进行测试。测试压力应能反映原始规范,利用新系统的最大许用操作压力值的 1.5 倍,并保持 24 小时。这便形成了一个陆地上进行管子完整性的基础测试,同时将作为管子重新评估程序的一部分。对于管道回收的陆地测试应该考虑安全问题,这可能会花费几天或几周的时间。

在当地进行立管动态压力测试的好处是可以提高它的完整性。这种静态测试对测试施加了波浪情况的约束影响,这可能会导致仅仅记录下管线较为严重腐蚀、聚合材料脆化的失效,同时可能导致对动态力作用下立管测试的失败。

决定了立管的总体情况后,最好对静态管线进行水动力测试。静态测试能较好地反映管线的静态操作情况。水动力测试可以保证柔性立管具有相当的操作寿命。

(2)内压

对钻孔压力的监控通常是在顶部设施上,或偶尔在井口处进行测试。

监控的同时记录下钻孔压力。压力的设置与最大许用操作压力系统(Maximum Allowable Operating Pressure – MAOP)的设置相反。这种方法并不是必须指出管子的压力,对未来估算管子寿命有很大用处。操作压力在检测 PA – 11 的潜在损伤及水下立管的失效损伤中是非常重要的参数。目前的工业在实践中记录每一个立管顶部的数据,但这些数据没有反馈到柔性立管系统完整性管理策略中去。

钻孔压力是一个最基本的监控要素。在可能的情况下,数据应当反映出每根管的情况。如果压力是由分离开的浮体或船只来监控的,而且采用非直接的管压监控,那么应通过井口压力和立管之间的关联性来进行基础性的压力评估。建议在管顶部实施持续性的压力监控,为常规操作情况提供详细的数据资料。在设定的限制范围外,按时间间隔记录下任何失常的情况。

(3)内部温度

温度监控可通过多种途径实施,数据的质量取决于温度采样点的来源。大多数的监控是由上部设备实施的。在这种情况下必须建立顶部测量与海底情况之间的联系。由于从数个井口流出的流体混合流入一个通用管汇,所以对井口跨接软管进行此类温度监控较难实现。使用超常井下管温度可以保守地估计井口跨接软管的内部温度。

温度数据不是有规律地被记录下来。井口温度不经常被监控而且不用作评估海底管线。钻孔温度是基础监控的要素。温度监控应该是不间断的。如果没有其他的指导方针,建议使用温度监控日记。温度记录应该记录数值及范围。

钻孔温度的数值对于确定 PA – 11 的老化程度具有非常重要的作用。温度变化范围对于确定压力外套的损伤程度有着非常重要的作用。最合适的数据应该来自立管系统的最热端。这就需要在生产立管的井口附近安装温度监控设施。油气运输系统需要在顶端采样。关于远离高温区位置的监控数据的推断需要小心谨慎,并应该规定一个公差来测量聚合层降解结果的敏感程度。这个推断可能会被不同的流动情况所影响。

需要考虑由辅助装置或环境引起聚合物层的温度升高问题。该温度可能表征了水线以上的缓慢流动情况的位置。它包括终端装置、沉箱、抗弯装置以及绝缘管等。

（4）钻孔流体特征

所有的操作者都监控钻孔流体特征。然而，这些数据的使用及其频率在工业中通常有很大的变化，同时，不是所有的监控都与柔性立管的完整性相关。钻孔流体监控通常在顶端实施。它将提供立管的流体特征及扫描数据集。需要进行水流监控，同时需要考虑水的化学性质。

管内流体的 pH 值的监控评定管内流体的酸性，这是一种已知的 PA－11 降解方式。它需要先采样。pH 值可以以水的化学性质和有害因素为基础来进行计算。它预示了一个发展趋势，这更容易进行监控。井口测试的使用在二氧化碳的含量上提供了更精确的测量方法。这对预测流线或立管材料退化较有帮助。

总腐蚀数要求对钻孔中液体进行监测，因为钻孔液体中的有机酸性物质对 PA－11 型抗压涂层有着潜在的不利影响。

要求对有集中和持续处理作用的化学处理药剂聚合物进行监测，同时要求得到制造者的许可。此做法依据美国石油协会技术组对 PA－11 所作的粗略指南。

钻孔中的气体要求监控硫化氢、二氧化碳和甲烷的含量水平。尽管这种监控并没有被普遍实行，但是，如果气体被分离取样，那么必须确立各个立管与样本之间的对应关系。记录下分离出的气体特征，以便对注气或者气体外输管进行风险评估。

砂石生产要求来自井口测试和顶端信息的监控。系统所产生的砂石具有侵蚀系统的作用，因此它的产量对于系统来说非常重要。

抨击程度也要求被监测，因为它对立管或者连接管线有潜在的疲劳效应。

3. 管内试样监控与电子感应器（FDEMS）

（1）管内试样

这个方法包括对安置在生产液体当中的材料试样进行周期性的移除以及取样，该试样用于评估聚合物性能衰减状况，一般直接或者间接地放置在流动的液体当中。

聚合物试样在英国地区并不被广泛采用，一般用于上部设施较少的情况下。在一些不经常发生的情况中，建议操作人员考虑特定管道的操作特性，例如温度以及管口流体要保持良性，否则会导致了一些 PA－11 材料由于长时间超出管道设计极限的操作而导致性能衰减以至于失效。

腐蚀样片的取样一般应用在上部设施，采用梯架保持器包括一些对样本的破坏性的实验。顶部取样的一个最主要的缺点是管道内的流体温度在顶部的一般要比在海底井口处的低很多。所以，顶部试样的取样有可能低估了柔性立管中聚合物的性能衰减。进一步说，因为海底管汇的混合式流动，由顶部取样所得的结果不容易推断出海底聚合物的衰减。这些细致的问题应该在聚合物寿命计算中得到评估。

PA－11 是一种对老化敏感的聚合物，应该对其性能衰减进行评估。这些评估应该基于一些基础的计算方法，以反映管口的流体组分以及温度范围。如果采用管内试样，则试样监控的频率就应该按照合适的与不确定的聚合物寿命以及基于顶部取样的柔性立管的服役情况的安全因素来设定。PA－11 试样的测试应该基于 API 工作组最近的研究成果中修正过的内部黏度。取样时考虑采用可替代的抗压装甲材料，以便于将来进行完整性监控。

（2）试样在线电磁感应技术

频谱电磁感应分析（FDEMS）包含安置在生产流体当中的管内对于材料试样的电子分

析。被测量的电子响应直接与聚合物的黏度有关,黏度是衡量聚合物衰减情况的一个指标。聚合物取样测试是非破坏性的,可以安装到水面或者水下。

这项技术包含一套管内感应器系统,可以用在上部或者是水下,其优点是把聚合物试样安装在海底系统中温度最高的部分。这项技术与一些有关顶部试样取样所带来的问题有关。然而,这项系统依旧处于发展阶段,并且是目前联合工业项目的一个主题,并没有被广泛采用。这种技术的能力以及可靠性的反馈基本没有。

如果可以证明这套系统对于确定每根管道的试样性能的衰减能起到良好的效果,那么它就可以提供远程海底地点的取样资料,但是需要在概念设计阶段就开始计划,以容纳这套设备。另外,这套系统对于特定的化学注射抑制剂敏感,例如甲醇,它会导致寿命预测不准确。基于合适的取样间隔,资料一般被下载到海底的远程操纵潜水器(ROV)里。

4. 基于气体取样及分析的环面完整性监测

气体取样以及分析过程,是通过一个流量计系统分析立管环中排出的气体,然后排放到低压火炬系统或者是安全区域。这个过程测量聚合物气体的渗透压,有害气体的成分(CO_2,H_2S,水蒸气)以及由于CO_2腐蚀造成的氢气的形成。这一过程也可以发现由于流体进入内外聚合物层的破坏。

使用从末端排气口进行气体取样以及分析的方法至今都存在问题,并且在工业界没有得到广泛的采用。这些困难源于实践监控中的低流量,以及取样结果的精确度(大约 0.1 升/天,取决于立管尺寸以及部分气压)。因为操作过程中的低流量,立管环面容量监控已经作为流量监控或者气体取样的一种替代。首先收集一份立管面环气体样本,采用压力积累测试,随后由操作人员执行立管气体分析,以查明立管环中的水的成分以及氢的浓度。这些测量的结果随后与计算出的管内流量一起用于总的腐蚀量的评估。

使用环面真空体积预测技术并没有在监控环状空间完整性上得到广泛的认可。但是,环状真空体积测量对确定动力立管的大体情况来说是有好处的。对大多数近期的过程来看,环面体积是根据它能够保持的压力以及部分真空来测量的。这些技术用来确定由于时间流逝而导致环面体积减少所造成的环面空区域淹没的可能性。所以在柔性管道刚安装时就进行环面真空测量是比较合适的,这样可以把测量结果与将来所要进行的实际生产过程中的环面真空体积测试结果进行比较。

进行环面真空测试,以及压力积累测试的纲要如下:

(1)环面真空测试

环面真空测试把环形出流系统隔离,以形成环形空间中的部分真空。将已知数量的氮气填充到立管环面中的真空部分,以获得自由或者未被淹没的环空体积。真空是由水驱真空泵形成的。压力计要安置在隔离的区域中,氮气瓶应该被仔细地监控以保证不会发生环空压力过高的情况。泄压阀应该考虑设定为 1.0 ~ 1.5 barg(需要咨询立管制造商)。取代真空的氮气的体积是作为衡量自由环面空间以及潜在发生淹没等级的标准。测试过程大概需要 12 个小时。

以下是测试过程的信息纲要,由此可以得知这些步骤需要分别检验以及复查。

①对进行离岸真空测试的风险进行估价。

②根据流程图安装设备。

③回顾以前的立管环结果。

④在实验过程中记录立管管口情况。这应该包括压力、温度以及环境温度。

⑤根据标准的离岸过程请求作业许可。

⑥压力试验要达到操作压力的110%并保持15分钟。

⑦检查流体的出流口。如果出流超过0.5升/天则应当进行评估并且停止试验。

⑧确定隔离阀完整性。

⑨隔离阀门系统并且抽空环状空间,记录环空压力随时间的变化。

⑩减少环空压力至200 mbar,并且与真空泵隔离,以使环空中的压力稳定。

⑪用氮气瓶减少环空中的真空,记录氮气瓶中测试前以及测试后的压力。

⑫重置所有的阀门至正常操作状态。

⑬通过所需的填充立管环中部分真空所需的氮气的体积,计算出立管环的容积。

(2)环面压力积累测试

压力积累测试评估了立管环中自由体积中的压力随着时间趋于稳定的最大值。在这个独立的部分当中应该包括泄压阀,它的低压设为2 barg。当顶部的压力等级达到之后,用流量计测量从环空中出流的气体体积。泄漏气体的量取决于立管的操作情况及其结构。每四个小时记录一次,以得到压力与体积的关系图。所以,这项实验可能需要几天才能完成。当压力达到1.5 barg,将其降为0.5 barg接着降为0 barg,监控释放的时间与泄露气体的体积。

环面空间可以通过压力积累率、压力以及气体泄露体积的测量结果得到评估。实验过程需要4~5天的时间。这项测试的优点是可以取得立管环面中的气体以进行分析。

这个测试过程的纲要如下:

①对进行离岸测试过程进行风险评估。

②按照流程图安装测试设备。

③回顾以往的立管环面的结果。

④记录测试过程中的管口的情况。应该测量压力以及温度。

⑤根据标准的离岸过程请求作业许可。

⑥在压力测试中设备的压力要达到110%设备的操作压力,并保持15分钟。

⑦检查流体的出流口。如果流体的流量大于0.5升/天,则应该得到评估并且终止测试。

⑧确定隔离完整性。

⑨隔离出流系统以允许压力积累。

⑩应该安装流量计,以测量排气时候的积累气体容积。出流管口的连续性以及立管环面应该按照FAT进行检查。

⑪每四个小时监控并记载压力直到读数接近1.5 barg,这个过程可以进行几天。

⑫如果要求的话可以保留气体样本,然后缓慢泄压,记录压力达到1.0 barg,0.5 barg以及环境大气压所需的时间。这个过程中排出气体的体积应该得到记录。

⑬重置所有的阀门至正常状态。

⑭通过压力计算环面自由容积,以及排出气体的体积。

⑮气体取样可以指示出由于水蒸气造成的湿环面。

(3)环面压力测试

这项测试并不能提供精确的结果,但是它可以趋近于立管环面的自由容积。这个方法包括缓慢的对顶部末端设备的出流管口加压,使其中的氮气压力达到1 barg。记录下由高压氮气瓶中注入的气体的体积,以计算立管环面中的自由容积。这项测试允许立管环中经历 20 ~ 30 分钟达到稳定状态。立管环面的容积由压力/容积之比的变化得出。压力测试应该设有低压泄压阀,设为 1.0 ~ 1.5 barg;用流量计测定出流至大气中的气体。这项测试的持续时间应该比上一节中的短。另外,该测试应该进行三次,以评估结果的可重复性。高压氮气瓶应该包括 10″的压力计以保证在测量压降的时候有足够的精确度。该测试大概需要 12 小时。

测试过程的纲要如下:

①进行风险评估。

②按照流程图安装设备

③检查以前的环面结果。

④在测试过程中记录立管口的情况。这应当包括压力、温度以及环境温度。

⑤获得工作的许可。

⑥测试压力的设备达到操作压力的 110% ,并保持 15 分钟。

⑦检查流体的出流口。出流量大于 0.5 升/天的时候应该得到评估并终止测试。

⑧确定隔离阀完整性。

⑨设定低压泄压阀至 1.2 barg。

⑩记录钢瓶中的初始压力。

⑪设置高压调节器至 2 barg(咨询生产商以获得指导)。

⑫把氮气注入立管环面中。要求管中的压力平缓地积累,可以使用高压调节器来控制立管环中的压力积累速率。

⑬当立管环面中的压力到达 1.0 barg 时关闭隔离阀。

⑭记录高压计的压力读数。

⑮在可控的状态下使立管卸压。

⑯重复两次实验以验证可重复性。

⑰记录并且核实结果。

环面测试用来对碳氢化合物立管的情况进行评估。如图 11 - 16 所示。发生湿环面的立管比干燥的立管更容易受到疲劳损伤的影响。损伤的等级与立管操作条件有关。

5. 放射线技术、涡流探伤法与断层投影技术

(1)放射线技术

此方法采用在线联机的双层放射技术(Double Wall Shot Technique),用于局部完整性检查。每层的放射技术要求到达管口并要求管道通路。

工业实践中一般不对管道采用放射线检查,除非确定或者怀疑发生了反常的情况。这项技术的主要缺陷是它只能应用于顶部。该技术要求通路以进行拍摄以及安置放射源,对于放射源要求有特定的曝光时间以及限定的正常区域。它一般应用于立管末端设备中以监控管线的拉拔,或者监控牵引链柔性跨接管的管线混乱程度。该技术可以探明管线的失效,但是这只适用于柔性立管多层结构以及放射角度的解释。一般优先采用双层放射技术,相对于单层放射技术而言(3 层),要求操作人员对拍摄结果进行更多的解读以评估多层装甲层(6 层)。这项技术的一个重要优势是不要求管道干扰。

放射线技术也可以用来评估管道中水垢的形成程度,使用伽马放射源以及探测器来测

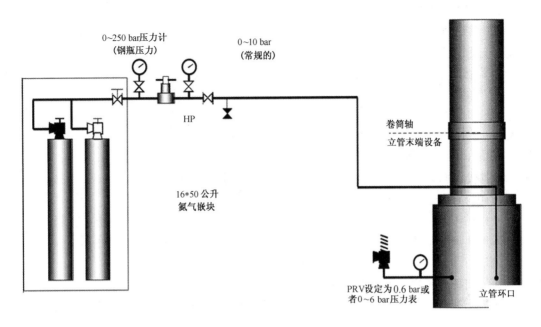

图 11 -16　立管环空测试(引自 PGS 产品)

量传递的放射线的强度。这个技术依赖于相近的密度的改变(例如金属以及聚合物管道层、水垢密度)以决定水垢形成的等级。它要求对类似的管道进行试验以对系统进行校准。

该技术一般用来监控装甲层的运动以及潜在的装甲线混乱、装甲线失效或者装甲线从末端设备中拉出状况(如果安装有金属镶嵌块)。此项资料提供持久的记录,可以用来评估未来的趋势,并可以用来开发潜在的管道监控或者更换程序。

可以在水下使用伽马放射源对出油管道的水垢积聚程度进行监控,但是至今在英国地区都没有得到广泛的采用,这可能跟被检查的系统的寿命有关。

放射线技术是一个基础的技术,对恢复柔性管道"与目的的符合程度"的情况进行评估。该方法只适用于发现装甲线上的重大的材料损耗或者装甲线失效的情况,这取决于放射角的角度。很难用该方法察觉一些缺陷点,例如装甲线上的伤痕。如果管道上面并没有看见任何伤痕,或者超出可被探查的最大深度 0.4 ~1.1 mm,则不宜使用放射线技术。

(2)涡流探伤法

该方法对抗拉装甲层外层进行调查,以确定异常情况以及横向破损情况。该方法适合事故监控,应用于立管的局部区域。要求对立管的外部进行清理,以消除海生生物的影响,以在外部放置调查设备。该设备也可以安置在内部,以提供合适的顶端通路出口。

虽然一些操作者采用了该技术,但该技术并没有得到广泛的应用。该技术主要的问题在于对探测第一金属层的装甲层破坏可靠性较低。大体上就是因为主要的探测结果需要更广泛的理解。

因为对于超出第一金属层的结果理解上的困难,涡流法就局限于对第一抗拉装甲层的外部检查上,或者应用到不锈钢内衬管的内部检查上。但是渗透的深度是个问题,并且是未来发展工作的主题。该系统还没有广泛地应用到水下,因为很难到达立管系统的关键区域,尤其是对疲劳很敏感的顶部抗弯加强筋处,以及发生中拱的浮力块分布区域。该技术可以应用到立管内层,但是依然受到不锈钢内衬管层中或者有可能是抗压装甲层中的渗透深度的限制,这取决于操作者的操作技术。

(3)X射线断层摄影术

这个过程是非破坏性的,用于检查柔性管道的所有聚合物层。虽然仍处于开发阶段,基于医疗技术的柔性立管的截面成像技术已经产生。

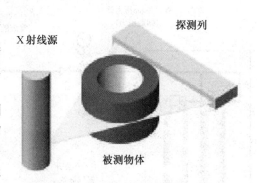

图11－17　X射线断层摄影术(CT)系统的布局(出自 TomX AS)

X射线CT系统包括X射线放射源、探测列(detector array)以及动作控制系统,如图11－17所示。X射线(例如一定频率范围内的光子)产生于放射源,按照线形路径发射穿透测试物体并被另一侧的闪晶接收。低密度区域相对于高密度区域产生更强的信号。在收集到足够多的截面信息之后,样本资料经过计算机的处理,使用各种信号过滤技术以产生数字图像。

CT图像的例子见图11－18,图11－19。在CT画面中,高亮区域表示金属层,阴暗的区域表示低密度区域。

CT图像的质量(分辨率以及对比度)取决于几个因素,包括探测器的直线度,探测器的数量,探测器电子学,计算软件,X射线路径(越线性化越好),信噪比,剂量率(dose rate),X射线能量以及被测物体(厚度以及密度)。

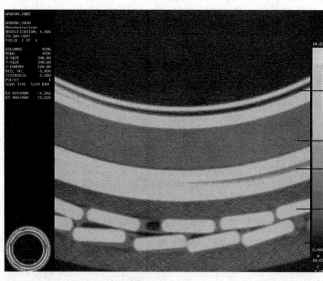

连锁的钢质内壳上存在空隙（阴暗区域）

存在剥离现象的双层PVDF抗压套

存在空隙于连锁的钢质抗压装甲层之间

存在空隙的钢质抗拉装甲线
（其间的阴暗区域）

与水接触的外部塑料套

图11－18　柔性管道截面放大的CT图

该监控工具是一项较新的发明,在英国以及挪威地区都没有实际应用经验。该工具最开始是用在顶部设备上(以探测PVDF从末端设备中拉出),并计划在近期应用到商业领域。将来的应用方向为工厂接受测试、管道重新鉴定以及水下检测。

该检测技术依然处于发展阶段,至今没有被实际使用,但是,CT图像的质量令人满意,可以清楚地显示内部聚合物层以及金属层的情况以及外形。该技术初步的发展致力于顶部

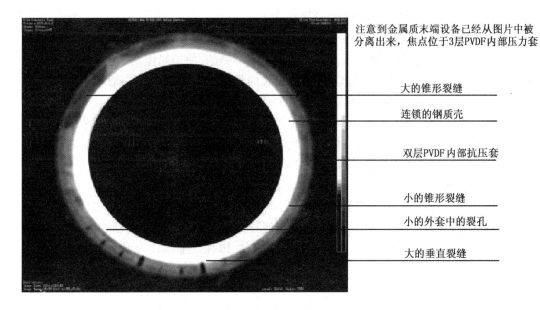

图 11-19　柔性立管双层 PVDF 内套的末端设备的 CT 图像

末端设备的检查。

（4）电磁以及放射线现场检测技术

目前正在发展的电磁以及放射线现场检测技术致力于确定抗压以及抗拉装甲线的情况，其应用可以合理地减少安全方面要求的 API 疲劳系数。

对于新的检测方法，首要探测区域是抗弯加强筋区域，因为这是疲劳载荷最大的区域。同时，该区域失效的结果代表了可能性最高的安全风险。

评估抗弯加强筋区域金属层的情况，其过程是将装有多种放射线以及电子设备的工具放入立管口。该设备通过使用依附于立管外部的运载器上的放射线源来探测各层的情况。至今为止，初始的设计原型已于实验室条件下被测试。

该设备依然处于发展阶段，并且在工业界没有得到商业化的应用。

总的来说，工业界很清楚这种检测设备将会对立管监控者提供极大的好处。该工具发展的下一个阶段就是进行实地测试以确定这种创新性的技术的能力。

6. 载荷、结构配置与外部环境监控

（1）载荷以及结构配置监控

载荷监控主要是指使用顶部张紧设备测量管道上实际的动力载荷，以此与立管结构配置预测的环境载荷进行对比。该监控设备包括一个事先安装的外部负载元件或者管内的负载环，或者在安装之后可以采用外部应变计进行测量。

至今为止的工业实践中尚未实行顶部张力的监控。此外，可能是因为设计阶段的负载元件的要求，少数的操作者采用了应变计测量技术。

（2）外部环境

该方法用于测量立管系统上真实的环境载荷，测量值用于与设计假定值作比较。目前存在数种用于测量风、波浪和海流的方法。此外，还应当监控船体在外部环境载荷作用下的

偏移情况,以保证船体的偏移在设计的偏移要求之内。

至今为止,工业实践在安装阶段通常利用一般的天气监控系统进行环境监控。大量的数据并没有被实时掌握,但是可以用回顾式的检查。类似的,使用船体偏移监控也可能做不到实时掌控,但是一旦有所要求,可以进行回顾式的检查。对风的监控一般不做特别的要求,除非考虑到可能有极大的载荷传递到管道上,但这种情况较少发生。

北海地区的环境资料非常详细,所以对于柔性立管油气田的开发来说,环境监控并不十分重要。但是,如果油气田开发区域处在严重的极端环境、疲劳环境,或者水深增加等情况,则推荐使用船载监控系统以确定设计假设,特别是有关疲劳载荷方面的问题。

对于具有特殊跨度的海底出油管来说,涡激振动的存在使得海流监控成为了潜在的热点问题。使用 GVI 方法应当监控跨距以保证管道没有发生过度弯曲。此外,船体偏移应该作为监控的对象,通过使用 DGPS 系统或者类似的技术可以监控船体的运动响应,借以证实模型测试的结果。这些工作应该在操作阶段得到评估,以保证船体以及动力立管系统保持在设计操作范围之内。

(3)旁侧扫描声呐

该方法包括沿着管道长度的方向牵引一个声呐扫描仪以确定埋藏的或者未埋藏的管道的形状。该技术用于探测上升式屈曲、管道盖子丢失、管道卷曲以及测量出油管以及跨接管的自由跨度。

该方法没有广泛应用于英国地区,一般用于确定可能直接或者非直接作用于管道从而产生海床扰动的异常状况。这种异常状况可以用 GVI 技术进行详细的评估。

该方法可以用于确定出油管形状的异常,或者在 GVI 的帮助下测量上升式屈曲。市场上用多波束旁侧扫描声呐取代单光束声学声呐的趋势导致了光束扩散问题、问题处理方式、牵引速度问题以及集中问题等多方面的进步。被测管道的长度可能会限制该技术的使用。

(4)埋藏管道的检查(脉冲感应系统)

脉冲感应系统安置在远程操纵的潜水器上,以监控立管埋藏的深度,从而用来探测立管的上升屈曲。

脉冲感应系统目前还没有得到使用,现在一般使用远程操纵潜水器上的 GVI 系统,探测由于立管盖子的缺失所造成的上升式屈曲。对于大范围区域,可以使用声呐系统以监控出油管和潜在的海床干扰。相对于脉冲感应系统而言,这两个监控方法对于海床情况的变化感应效果更明显。

(5)内部形状监控

该过程监控管线纵向的轮廓,并且采用安装了船载感应包的清管器,探测上升式屈曲、管道卷曲以及管道轮廓的历史的改变情况。

英国地区没有采用这个技术,这可能是因为缺乏采用该方法所需的合适的顶部以及海底的清管设备,或者是由于过去的管线干扰方面信息存在着不良的信息反馈。这样只能依靠远程操纵潜水器使用 GVI 来探测管道的大概分布情况。

(6)柔性管道中的光纤光学监控

有一个比较新的发明——关于在抗拉层结构中使用光学光纤以监控立管的实时动力响应,并获得柔性立管的疲劳,装甲线的极限应力,以及立管环情况的详细信息。这项技术可以应用于腐蚀的探测,所以可视光纤技术是未来的发展方向。

7. 内部检测

该过程要求在柔性管道系统中使用一个清管器,并要求有预先设计好的清管设备。该清管过程的进行基于对柔性管以及刚性管事故的探测。

使用传统的智能清管器以获得柔性管道的性能衰减的信息是不可行的。但可以使用计数清管器来发现管道中的流量限制。应该小心看管有金属部件的读数清管器,并寻求制造商的建议以避免对柔性管道造成潜在的损伤。总而言之,考虑到内部的聚合物衬套,对于光滑的管道口不能使用清管器。

可以使用计数清管器来确定柔性管道中的不锈钢内衬管的压溃情况,椭圆度的缺失和流量的限制。但是要咨询生产商的意见,以关注由于使用清管器而对管道造成潜在的损伤。假设有条件进行测试,推荐通过外部观察方法或者一般目视检测(GVI)做一个初始的评估。

8. 外套修复过程

目前存在一些对柔性管道外套的局部损伤进行修补的过程。外套修复可以分为干修复和湿修复。

管道在服役过程中的损伤一般需要修复或者更换,这取决于损伤的严重程度、损伤被发现的时间以及更换时间表。决定是修复还是更换要基于生产商的设计评估以及相关利益集团。接下来要决定是采用干修复法还是湿修复法。干修复法控制性更好,因为可以把管道回收到岸边。

（1）干修复方法

怀疑疲劳敏感区域出现损伤的时候,应该对外部整条管道进行肉眼检查,必要时还要使用放射线方法进行检查。

可以使用聚合物片焊接修补法,但是该方法不是一个很好的修复措施。由于聚合物的水饱和度水平以及很难成功干燥,用碎片焊接修补术非常困难;聚合物焊接修补术可能无法承受一系列由于放管以及重新安装过程中所产生的卷曲造成的应变载荷;局部聚合物焊接修补术的可靠性较差。所以,该修补技术在应用前应该先论证其可行性。

另一个更好的修复方法是使用传统的机械夹具修补。经常采用环境障碍密封的方式,即采用一个或者两个密封夹安置在损伤的位置上。夹具修补术应对处理过的立管环保持完整性的能力进行评估。选择夹具位置时应该考虑管道的柔性,以决定夹具的大小以及柔性立管上曲度的极限。同样的,该修复方法在使用前要得到证实。

轻质管道修复夹具的压力保持修复技术还在继续发展。该技术可以应用于管道表面的广大区域以及飞溅区域的修复,并且可以保持内部立管环的压力水平。

在修复之前,应该对立管环中的液体取样,以评估 pH 水平,氧化亚铁含量等。因为这些信息对将来的管道寿命评估很有价值。

应该在一个统一的极限上对立管环进行压力测试,以证明修复后的完整性。推荐寻求生产商的建议,但是如果没有建议时,立管环测试压力应该设定为最大 1.5 bar。

在修复之后,管口压力测试时应该到达 150% MAOP,以证明立管的完整性。

（2）湿修复方法

该方法要对外套的损伤段进行密封,以把立管环与海水环境隔离开来。因为被海水淹没的环状空间可能会被有抑制性的液体冲刷,这就会减缓海水对碳钢装甲线上的裂口的影响。或者,基于对管道的风险评估,早期发现损伤区域可以对夹具进行调整。湿修复方法需要潜水员或者 ROV 来进行,对于动力立管来说,这会是一个复杂的过程。

混合作用式环氧树脂黏合剂(Two – Part Epoxy Adhesive)一般应用于水下设备,可以用于外套的修复。该过程提供了一个没有压力保留能力的障碍式密封方式。

该方法的主要优势是这个修补方法很轻,对立管浮力没有影响。如图 11 – 20 所示。

图 11 – 20   GRP 夹具被用来放置环氧树脂粘合剂

但是,环氧树脂修复方法有以下缺点:

①环氧树脂修复时间坐标的设定限制了水下修复工作。

②环氧胶的控制以及准备要求有合理的方法以及训练有素的人员。

③要求对围绕损伤区域的立管层的表面进行准备工作。这对于有着严重损伤以及大量海生物的地方来说很难进行。

④修复的质量好坏不可以量化。

⑤修补的补丁曾经因为受到检测的 ROV 的冲撞或者是立管的动力运动而被移出。

还有一种湿修复技术要求在被损伤区域安装机械夹具,如图 11 – 21 所示。

传统的钢质管道修复夹具已经成功地安装到损伤区域的 WROV 上。这些夹具可以安装在管道中以进行对常规的立管环中抑制性流体的监控。该类型夹具提供了对立管套的全额压力的修理。传统的管线修复夹具的缺点是:

①阳极的夹具,要求被分别放置在海底,以使 WROV 可以停靠。

②由于 WROV 工具的复杂性,要求有特殊受训的 ROV 工作小组才能胜任。

另外一种轻质的夹具,可以保留住压力并能被快速安装到 WROV 上,如图 11 – 22 所示。该夹具可容纳一系列的夹具,这些夹具可以沿着 WROV 上的安装工具被迅速安装到立管上,并对立管中的抑制性流体进行常规的检验。该轻质夹具还需要长远的发展以证实实地工作中的可靠性。

相对于修复夹具的制造以及安装,对损伤区域的立管外径的测量精确更重要。

当完成修复之后,如果怀疑立管装甲层的修复情况,还要进行管口压力测试,需要达到

图 11 – 21　典型的钢制管线修复夹具

图 11 – 22　正在开发中的轻质修复夹具

110% MAOP,以确定立管完整性。

该修复技术在使用前应当得到论证。

9. 立管解剖

对柔性管道进行解剖以查明其失效模式,或者对一个没有失效的回收管道进行解剖以进行性能衰减方面的评估,这一般要在熟悉管道构造的操作者代表的监督之下由管道供货商进行。

详细的失效检测以及解剖过程取决于实际的管道设计,但是还应该遵循以下标准:

(1)如果对情况不了解,就对最容易发生失效的地方进行评估。

（2）逐层地去除所有的管道层，记录并且标记从末端设备到其他相关点的距离。

（3）每移除一层都要拍照，进行局部的观察。

（4）测量并记录相关的尺寸，例如直径、间距长度以及装甲线空隙大小。

（5）测量并记录管道的异常情况，例如装甲线混乱或者损伤，抗压装甲层解锁，裂缝，压溃或者聚合物突出等。

如果有必要，可以要求对聚合物或者金属部件进行深入的实验分析以查明导致失效的原因。这可能包括对钢质金属线的详细检查（UTS，硬度，伸长，轮廓）或者显微镜聚合物检测措施。

详细的管道解剖很费时间，所以服役阶段内的管道载荷检查应该对最容易失效的地方进行评估。例如，对于10英寸的管道来说，对整个剖面的解剖工作被限制在每天8米左右，这取决于管道的设计。

可以进行末端设备的解剖以查明管道失效的原因。这要求具有对末端设备的设计方面的知识，并包括对聚合物褶皱环的详细的检验。

该方法被工业界广泛采用，以查明失效的模式并用于阻止类似的失效在其他地方发生。有些时候，为了重复使用而把没有失效的立管回收，对装甲线进行腐蚀检验。

对于以往低风险管道的失效事故，首先要进行详细的解剖。如果类似的设计管道在与失效的管道处于一样的环境中，那么管道解剖十分重要。进一步说，如果立管作业在恶劣的操作环境下，操作者应该考虑换下立管，对其进行详细的解剖以及完整性的评估，以保证余下的立管适合继续使用。

参 考 文 献

[1] FLEXCOM – 3D, Version 3. 1. 1[M]. Marine Computational Services, 1994.

[2] The Composite Catalog of Oilfield Equipment & Services [M]. 45th Edition. World Oil, 2003.

[3] Marine Computational Services. Flexcom – 3D, Version 6. 1, User Manual [Z]. MCS, 2004.

[4] ABS. Guide for Building and Classing Subsea Pipeline Systems and Risers[S]. American Bureau of Shipping, 2001.

[5] ABS. Commentary on the guide for the Fatigue Assessment of Offshore Structures [S]. American Bureau of Shipping, 2004.

[6] ALLIOT V, LEGRAS J L, PERINET D. A Comparison between Steel Catenary Riser and Hybrid Riser Towers for Deepwater Field Developments [C]. Deep Offshore Technology Conference, New Orleans, 2004.

[7] API. RP 1111 Design, Construction, Operation and Maintenance of Offshore Hydrocarbon Pipelines[S]. API, 2009.

[8] API. Specification 17J Specification for Unbonded Flexible Pipe[S]. API, 2008.

[9] API. Specification 17K Specification for Bonded Flexible Pipe[S]. API, 2005.

[10] API. RP 17B Recommended Practice for Flexible Pipe[S]. API, 2008.

[11] API. RP 2RD Design of Risers for Floating Production Systems (FPSs) and Tension – Leg Platforms (TLPs)[S]. API, 1998.

[12] API. 5L Linepipe[S]. API, 2007.

[13] API. RP 2T Recommend Practice for Planning, Designing, and Constructing Tension Leg Platforms[S]. API, 2010.

[14] API. RP 2A Recommend Practice for Planning, Designing and Constructing Fixed offshore platforms – Load and Resistance Factor Design[S]. API, 2000.

[15] API. Spec 5LD Specification for CRA Clad or Lined Steel Pipe[S]. API, 2009.

[16] Bai Y, Bai Q. Subsea pipelines and risers[M]. Elsevier Science, 2005.

[17] Bai Y, O'Sullivan E, Galvin C, et al. Ultra – Deepwater SCRs Design Challenges and Solutions for Semi – Submersibles[C]. Deep Offshore Technology Conference, 2004.

[18] Bai Y, Tang A, O'Sullivan E, et al. Steel catenary riser fatigue due to vortex induced spar motions[C]. Offshore Technology Conference, 2004.

[19] Baxter C, Schutz R, Caldwell C. Experience and Guidance in the Use of Titanium Components in Steel Catenary Riser Systems[C]. Offshore Technology Conference, 2007.

[20] Bruce E U. CRA Clad Downhole Tubing – An Economical Enabling Technology[C].

AADE National Drilling Technical Conference, Houston, 2001.

[21] Buitrago J, Weir M S. Experimental fatigue evaluation of deepwater risers in mild sour service[C]. Deep Offshore Techology Conference, 2002.

[22] Burke R. TTR Design and Analysis Methods, Deepwater Riser Engineering Course[C]. Clarion Technical Conferences, 2004.

[23] Carl G L, Bharat C S. Code Conflicts for High Pressure Flowlines and Steel Catenary Risers [C]. Offshore Technology Conference, Houston, 1997.

[24] Chaudhury G, Kennefick J. Design, Testing, and Installation of Steel Catenary Risers [C]. Offshore Technology Conference, 1999.

[25] Connelly L M, Zettlemoyer N. Stress Concentration at Girth Welds of Pipes with Axial Wall Misalignment[C]. Proceedings of the Fifth International Symposium on Tubular Structures, UK, 1993.

[26] D'Aloisio G, Fosoli P, Sykes C, et al. Single Hybrid Risers: Development and Installation of a Novel Deepwater Riser Concept[C]. Deep Oil Technology Conference, 2004.

[27] des D Serts L. Hybrid Riser for Deepwater Offshore Africa[C]. Offshore Technology Conference, 2000.

[28] DNV. RP - B401 Cathodic Protection Design[S]. DNV, 2010.

[29] DNV. OS - F201 Dynamic Risers[S]. DNV, 2001.

[30] DNV. VISFLOW Users Manual[M]. DNV, 1998.

[31] Elman P, Alvim R. Development of a Failure Detection System for Flexible Risers[C]. International Offshore and Polar Engineering Conference, Vancouver, BC, Canada, 2008.

[32] Fishe E, Hoolley P. Development and Deployment of a Freestanding Production Riser in the Gulf of Mexico[C]. Offshore Technology Conference, 1995.

[33] Fisher E, Berner P. Non - Integral Production Riser for Green Canyon Block 29 Development[C]. Offshore Technology Conference, 1988.

[34] Franciss R. Vortex Induced Vibration Monitoring System in the Steel Catenary Riser of P - 18 Semi - Submersible Platform[C]. OMAE, Rio de Janeiro, 2001.

[35] Gore C T, Mekha B B. Common Sense Requirements (CSRs) for Steel Catenary Risers (SCR)[C]. Offshore Technology Conference, Houston, 2002.

[36] Grealish F, Lang D, Stevenson P. Integrated Riser Instrumentation System - IRIS 3D [C]. IBC Conference on Deepwater Risers, Moorings & Anchorings, 2001.

[37] Hatton S, McGrail J, Walters D. Recent Developments In Free Standing Riser Technology [C]. 3rd Workshop on Subsea Pipelines, 2002.

[38] Hibbitt, Karlsson, Sorensen. ABAQUS/post manual[M]. Hibbitt, Karlsson and Sorenson Inc. , 1998.

[39] Hogan M. Flex Joints[Z]. ASME ETCE SCR Workshop, 2002.

[40] Hugh H, Frank L. Deepwater Riser VIV Monitoring: IBC Conference, Aberdeen, 1999 [C].

[41] ISO. ISO 13628 - 7 Petroleum and natural gas industries - Design and operation of subsea production systems - Part 7: Completion/workover riser system[S]. ISO, 2005.

[42] Jordan R, Otten J, Trent D, et al. Matterhorn TLP Dry – Tree Production Risers[C]. Offshore Technology Conference, 2004.

[43] Kaasen K, Lie H, Solaas F, et al. Norwegian deepwater program[C]. Analysis of vortex – induced vibrations of marine risers based on full – scale measurements: Offshore Technology Conference, 2000.

[44] Karayaka M, Xu L. Catenary Equations for Top Tension Riser Systems[C]. ISOPE, 2003.

[45] Ken H, Xiaohong C, Chi – Tat K. The Impact of Vortex – Induced Motions on Mooring System Design for Spar – based Installations[C]. Offshore Technology Conference, 2003.

[46] Kopp F, Light B, Preli T, et al. Design and installation of the Na Kika export pipelines, flowlines and risers[C]. Offshore Technology Conference, 2004.

[47] Kopp F, Perkins G, Prentice G, et al. Production and Inspection Issues for Steel Catenary Riser Welds[C]. Offshore Technology Conference, 2003.

[48] Korth D, Chou B, McCullough G. Design and implementation of the first buoyed steel catenary risers[C]. Offshore Technology Conference, 2002.

[49] Lotveit S A, Bjaerum R, Patel M H, et al. Second Generation Analysis Tool for Flexible Pipes[C]. European Conference on Flexible Pipes, Umbilicals and Marine Cables, London, 1995.

[50] Lund K M, Jensen P, Karunakaran D, et al. A Steel Catenary Riser Conceptfor Statfjord C [C]. OMAE, Portugal, 1998.

[51] Mason W, Jean – Francois S, Paul J, et al. The dynamics of flexible jumpers connecting a turret moored FPSO to a hybrid riser tower[C]. OTC, Houston, 2006.

[52] Mekha B B, O'Sullivan E, Nogueira A. Design Robustness Saves Marco Polo Oil SCR During Its Installation[J]. ASME Conference Proceedings, 2004, 2004(37432): 867 – 874.

[53] MR N S. Sulfide stress cracking resistant metallic materials for oilfield equipment[J]. Houston, TX: NACE, 2002.

[54] NPD. Regulations Relating to Pipeline Systems in the Petroleum Activities[Z]. NPD, 1990.

[55] Petruska D, Zimmermann C, Krafft K, et al. Riser System Selection and Design for a Deepwater FSO in the Gulf of Mexico[C]. Offshore Technology Conference, 2002.

[56] Phifer E, Kopp F, Swanson R, et al. Design and installation of auger steel catenary risers [C]. Offshore Technology Conference, 1994.

[57] Qiu W, Bai Y, Kavanagh K. Vortex – Induced Vibration Analysis of Deepwater Steel Catenary Risers[C]. Chinese Petroleum University Symposium, Petroleum University of China, 2003.

[58] Remery J R G, Balague B. Design and Qualification Testing of a Flexible Riser for 10,000 psi and 6300 ft WD for the Gulf of Mexico[C]. Deep Offshore Technology Conference, New Orleans, 2004.

[59] Sándor A, Tibor N, András B. Improvement of Bonded Flexible Pipes according to New API Standard 17K[C]. Offshore Technology Conference, Houston, 2003.

[60] Serta O, Mourelle M, Grealish F, et al. Steel catenary riser for the marlim field FPS P – XVIII[C]. Offshore Technology Conference, 1996.

[61] Serta O, Mourelle M, Grealish F, et al. Steel catenary riser for the marlim field FPS P – XVIII[C]. Offshore Technology Conference, 1996.

[62] Seymour B, Zhang H, Wibner C. Integrated Riser and Mooring Design for the P – 43and P – 48 FPSOs[C]. Offshore Technology Conference, Houston, USA, 2003.

[63] SINTEF. RIFLEX – Flexible Riser System Analysis Program – User Manual: Marintek and SINTEF Division of Structures and Concrete Report[Z]. SINTEF, 1998.

[64] Stephen A H, Neil W. Steel Catenary Riser for Deepwater Environments[C]. Offshore Technology Conference, Houston, 1998.

[65] Thompson H, Grealish F, Young R, et al. Typhoon Steel Catenary Risers: As – Built Design and Verification[C]. Offshore Technology Conference, 2002.

[66] Thrall D E, Pokladnik R L. Garden Banks 388 Deepwater Production Riser Structural and Environmental Monitoring System[C]. Offshore Technology Conference, Houston, 1995.

[67] Utt M E, Emerson E, Yu J. West Seno Drilling and Production Riser Systems[C]. Offshore Technology Conference, Houston, 2004.

[68] Vandiver J K, Li L. SHEAR7 Program Theoretical Manual. Department of Ocean Engineering[Z]. MIT, Cambridge, MA, USA, 1994.

[69] Vandiver J K, Li L. A User Guide for SHEAR7 Version 2. 0[Z]. MIT, September, 1996.

[70] Vandiver J K, Li L. User Guide for SHEAR7, Version 2. 1 & 2. 2, For Vortex – Induced Vibration Response Prediction of Beams or Cables With Slowly Varying Tension In Sheared or Uniform Flow[M]. MIT, 1998.

[71] Vandiver J K. Research Challenges in the Vortex – induced Vibration Prediction of Marine Risers[C]. Offshore Technology Conference, Houston, 1998.

[72] Veritec. Guidelines for flexible pipe design and construction: Joint Industry Project[Z]. Oslo: 1987.

[73] Vincent A, Olivier C. Riser Tower Installation[C]. Offshore Technology Conference, Houston, 2002.

[74] Wald G. Hybrid Riser Systems[C]. Deepwater Riser Engineering Course, Clarion Technical Conferences, Houston, 2004.

[75] Wei D, Yong B. Development of an Acoustic – Based Riser Monitoring System[C]. OMAE, Honolulu, Hawaii, USA, 2009.

[76] Yu A, Allen T, Leung M. An Alternative Dry Tree System for Deepwater Spar Applications [C]. Deep Oil Technology Conference, New Orleans, 2004.

[77] Zhang Y, Chen B, Qiu L, et al. State of the Art Analytical Tools Improve Optimization of Unbounded Flexible Pipes for Deepwater Environments[C]. Offshore Technology Conference, Houston, 2003.

[78] ANSI. ANSI/API Spec 17E Specification for Subsea Umbilical[S]. American Petroleum Institute, 2003.

[79] ANSI. ANSI/API RP2RD – 1998 浮动生产系统(TLPs)和稳定的半潜式钻井平台用提

升设备设计推荐惯例[S]. 美国国家标准学会, 1998.

[80] ISO/TC 67. ISO 13628 - 5 - 2009 石油和天然气工业. 海底采油系统的设计和操作. 第 5 部分: 海底缆线和管道[S]. 国际标准化组织, 2009.

[81] Almar - Naess A. Fatigue handbook: offshore steel structures[M]. 3rd ed. Norway: Tapir Academic Press, 1985.

[82] Bjørnstad B. Umbilical stretches subsea performance[J]. E&P, 2004, 77(8): 63 - 65.

[83] DNV. DNV OS F101 Submarine Pipeline Systems [S]. Norway: Det Norske Veritas, 2007.

[84] DNV. DNV RP C203 Fatigue Strength Analysis of Offshore Steel Structures[S]. Norway: Det Norske Veritas, 2001.

[85] Heggdal O. Integrated Production Umbilical (IPU®) for the Fram Ost (20 km Tie - Back) Qualification and Testing[C]. Deep Offshore Technology, New Orleans, 2004.

[86] Hoffman J, Dupont W, Reynolds B. A Fatigue - Life Prediction Model for Metallic Tube Umbilicals[C]. Offshore Technology Conference, Houston, USA, 2001.

[87] Kavanagh W, Doynov K, Gallagher D, et al. The effect of tube friction on the fatigue life of steel tube umbilical risers - new approaches to evaluating fatigue life using enhanced nonlinear time domain methods [C]. Offshore Technology Conference, Houston, USA, 2004.

[88] Knapp R H. Helical Wire Stresses in Bent Cables[J]. Journal of Offshore Mechanics and Arctic Engineering, 1988, 110(1): 55 - 61.

[89] MCS. Flexcom Version 7 User's Manual[Z]. Houston, USA: Marine Computation Services Inc, 2004.

[90] Stephens R I, Fuchs H O. Metal fatigue in engineering[M]. 2nd ed. New York, USA: Wiley Interscience, 2001.

[91] Suresh S. Fatigue of Materials[M]. New York, USA: Cambridge University Press, 1998.

[92] Swanson R, Rae V, Langner C, et al. Metal Tube Umbilicals - Deepwater and Dynamic Considerations[C]. Offshore Technology Conference, Houston, USA, 1995.

[93] Terdre N. Nexans Looking beyond Na Kika to Next Generation of Ultra - Deep Umbilical [J]. Offshore Magazine, 2004, March.

[94] ANSI. ANSI/API SPEC5CT - 2007 套管和管道规范[S]. 美国国家标准学会, 2007.

[95] ASTM. ASTM E 140 - 2002 金属标准硬度换算表(布氏硬度、维氏硬度、洛氏硬度、表面硬度、努氏硬度和肖氏硬度之间的关系)[S]. 美国材料与试验协会, 2002.

[96] Det Norske Veritas. Fatigue Strength Analysis for Mobile Offshore Units[M]. Norway: Det Norske Veritas, 1984.

[97] World Oil. The Composite Catalog of Oilfield Equipment & Services [M]. World Oil, 2002.

[98] API. API RP 1111 Design, Construction, Operation and Maintenance of Offshore Hydrocarbon Pipelines (Limit State Design)[S]. Washington, USA: American Petroleum Institute, 1998.

[99] API. API RP 16Q Recommended Practice for Design, Selection, Operation and

Maintenance of Marine Drilling Riser System[S]. Washington, USA: American Petroleum Institute, 1993.

[100] API. API RP 2A WSD Recommended Practice for Planning, Designing and Constructing Fixed Offshore Platforms – Working Stress Design[S]. Washington, USA: American Petroleum Institute, 2000.

[101] Archard J F. Contact and Rubbing of Flat Surfaces[J]. J. Appl. Physics, 1953,24(8): 981 –988.

[102] Archard J F, Hirst W. The Wear of Metals under Unlubricated Conditions [J]. Proceedings of the Royal Society of London. Series A:Mathematics and Physical Sciences, 1956,236(1206):397 –410.

[103] Bhushan B. Principles and applications of tribology[M]. Wiley – Interscience, 1999.

[104] Booser E R. CRC handbook of lubrication. Theory and practice of tribology: Volume II: Theory and design[M]. New York, USA: CRC Press, 1983.

[105] Geiger P R, Norton C V. Offshore vessels and their unique applications for the systems designer[J]. Marine technology, 1995,32(1):43 –76.

[106] Matlock H. Correlations for Design of Laterally Load Piles in Soft Clay[C]. Offshore Technology Conference, Houston, USA, 1970.

[107] Vandiver K, Lee L. User Guide for Shear7 Version 4. 1[Z]. Cambridge: Massachusetts Institute of Technology, 2001.

[108] Winterstein,Steven R. and Kumar. Reliability of Floating Structures:Extreme Response and Load Factor Design [R]. OTC7758,1994.

[109] 孙海.结构体系抗震可靠度的优化与控制研究[D].哈尔滨:哈尔滨工程大学,2009.

[110] 范佰明.深海立管的疲劳寿命预报方法[D].镇江:江苏科技大学,2008.